有机化学（工学类）
ORGANIC CHEMISTRY

有机化学（工学类）

ORGANIC CHEMISTRY

- 主 编 陈国辉
- 副主编 王宏青 王微宏 喻 鹏

中南大学出版社 ·长沙·
www.csupress.com.cn

图书在版编目（CIP）数据

有机化学：工学类／陈国辉主编. —长沙：中南
大学出版社，2019.6
 ISBN 978 - 7 - 5487 - 3637 - 0

Ⅰ.①有… Ⅱ.①陈… Ⅲ.①有机化学－高等学校－
教材 Ⅳ.①O62

中国版本图书馆 CIP 数据核字(2019)第 102515 号

有机化学(工学类)
YOUJI HUAXUE (GONGXUE LEI)

陈国辉　主编

□**责任编辑**	刘锦伟	
□**责任印制**	易建国	
□**出版发行**	中南大学出版社	
	社址：长沙市麓山南路	邮编：410083
	发行科电话：0731 - 88876770	传真：0731 - 88710482
□**印　　装**	长沙雅鑫印务有限公司	

□**开　　本**	880×1230　1/16	□**印张** 13　□**字数** 440 千字
□**版　　次**	2019 年 6 月第 1 版	□2019 年 6 月第 1 次印刷
□**书　　号**	ISBN 978 - 7 - 5487 - 3637 - 0	
□**定　　价**	58.00 元	

前言
Foreword

　　本书为工学类专业本科生用书，主要依据短学时(32～48学时)工学类有机化学教学大纲组织编写。有机化合物结构复杂，有机反应种类繁多，但有机化学知识的系统性很强。本书立足于工科类专业教学要求，力求在短学时内，根据有机化合物的结构与性能的关系规律，将有机化学基础知识逻辑化和系统化，提高学生学习有机化学的效率。

　　本书根据教学改革的新思路对教材编写内容做了适当调整，全书分为15章，力求突出以下几点：(1)将有机化合物命名单独成章，其他则按有机化合物官能团分类进行编写，以突出有机化合物结构与性质的紧密关系。(2)紧扣"结构决定性质，性质反映结构"这一化学基本原则，将各类有机化合物的性质按结构归属进行归类，将有机化学知识系统化，建立有机化合物性质的逻辑系统。(3)适当应用有机结构理论来理解、分析和比较各种有机化合物的化学性质。例如，在分析不同的共轭二烯的亲电加成产物时，要运用取代基效应分析反应活性中间体和产物的稳定性。(4)有机反应机理分析是理解和掌握有机反应的重要基础，也是有机化学学习的难点。本书为短学时有机化学教材，重点不在于详细解释其机理，而是归纳总结有机反应条件与活性中间体类型的关系，让学生学会根据物质间的基本相互作用规律和电荷守恒、质量守恒等物理和化学的基本原理，能简单分析和掌握有机反应机理。(5)结合工学类专业特点，对冶金、选矿、核工业等工业和日常生活中常用的有机化合物进行了简单介绍。

　　本教材由陈国辉老师担任主编，并负责第1章和第13章的编写；副主编为南华大学王宏青老师(第3章和第14章)、中南大学王微宏老师(第15章)和湖南农业大学喻鹏老师(第9章)。其他参加编写的

老师有：国防科技大学刘钧老师(第4章)，中南大学李芬芳老师(第2章和第5章)，湖南工程学院阳海老师(第6章)，长沙理工大学李志伟老师(第7章)，中南大学王蔚玲老师(第8章)，湖南农业大学王锦老师(第10章)，湘南学院陈长中老师(第11章和第12章)。湖南人文科技学院汲长艳老师负责相关内容的校核工作。

本书在编写过程得到了中南大学化学化工学院有机化学系教师的大力支持和帮助，尤其是罗一鸣老师，对本书提出了许多修改建议，在此表示衷心感谢。

编 者

2019 年 7 月

目录
Contents

第 1 章

绪 论

（Introduction）

1.1   有机化合物和有机化学

有机化学是研究有机化合物的来源、制备、结构、性质和应用以及有关理论与方法的一门科学。有机化合物在组成上都含碳元素，如人们常见的酒精、醋酸、油脂、糖等，因此有机化合物被定义为含碳的化合物。而一些具有典型无机化合物性质的含碳化合物，如二氧化碳、碳酸盐及金属氰化物等，则被列入无机化合物。通常而言，有机化合物都含有碳和氢两种元素，因此，可将碳氢化合物看作有机化合物的母体，而将其他的有机化合物看成碳氢化合物中的氢原子被其他原子或基团直接或间接取代生成的衍生物。因此，有机化合物也可以定义为碳氢化合物及其衍生物。所以，有机化学是研究碳氢化合物及其衍生物的化学。组成有机化合物的元素不多，除碳、氢两种元素外，还有氮、硫、氧、卤素、磷等少数几种元素，但有机化合物数量非常庞大，远远超过了无机化合物的总和。

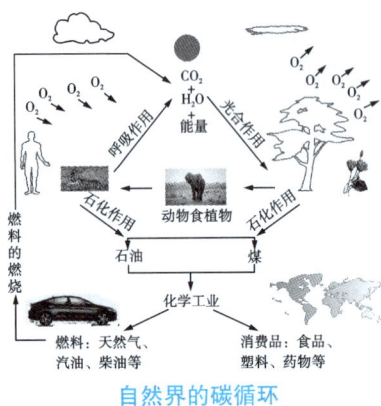

自然界的碳循环

有机化合物与人们的生活密切相关，衣、食、住、行都离不开有机化合物。维持人体生命活动重要的基础物质脂肪、蛋白质和碳水化合物是有机化合物，木材、煤、天然气和石油是有机化合物，橡胶、纸张、棉花、羊毛和蚕丝也是有机化合物，尤其是现在的合成纤维、合成橡胶、合成塑料、各种药物、添加剂、染料、化妆品几乎都是有机化合物。可以说，有机化合物是人们生活中一刻也离不开的必需物质。

有机化学是一门基础科学，是化学的一个分支。它是有机化学工业的理论基础，与经济建设和国防建设密切相关，无论是化学工业、能源工业、材料工业的发展，还是国防工业的发展都离不开有机化学的成就。同时，掌握有机化学的基本理论和基本原理对掌握和发展其他学科也是必不可少的。今天生物学已发展到分子生物学、遗传工程学的领域，作为生命现象的物质基础蛋白质就是天然高分子有机化合物。有机化合物的研究对揭开蛋白质结构的奥秘，探索生命现象有着重要的意义。另一方面，传统上属于无机工业过程的矿物加工与浮选、湿法冶金、环境工程和金属材料工程等工程学科领域，随着环境保护、能源节约、原子经济学等绿色工业概念的提出，也在不断加深与有机化学的学科交叉。发展新型的绿色环保高效的矿物捕收药剂、金属浮选药剂，开发新一代金属材料润滑、抗磨和耐腐蚀助剂都需要加强有机化学基础知识的学习。

1.2   共价键与有机化学反应

1.2.1   有机化合物的特点

有机化合物与无机化合物之间没有绝对的界限，也不存在本质的区别。然而，由于碳元素在周期表中的特殊位置，使得有机化合物在组成、结构和性质等方面有着明显的特点：绝大多数有机化合物可以燃烧，燃烧时炭化变黑，最后生成二氧化碳和水，这是识别有机化合物的简单方法之一。固体有机化合物的熔点较低，一般在300℃以下，熔点是固体有机化合物非常重要的物理常数，纯净的固体有机化合物

有固定的熔点和很窄的熔距。有机化合物一般在水中溶解度很小，遵循"相似相溶"的原则。有机化学反应速度较慢，且常伴有副反应，所以有机反应通常需要加催化剂、加热、搅拌等，由于产物复杂，须经分离提纯才能得到纯净物。由于反应不是定量进行的，故一般情况下有机化学反应不用配平，只写出主要产物即可。当然这些并不是绝对的，如四氯化碳不但不能燃烧，还曾用作灭火剂；乙醇、丙酮能与水混溶；在光照下甲烷的氯代反应可瞬间完成。但这些是极少数情况，一般特性仍如上所述。有机化合物的这些特性，是由有机化合物结构上的特点决定的。

1.2.2　共价键及其特点

　　有机化合物都含有碳，碳元素位于元素周期表第二周期第四主族，它有四个价电子，在形成分子时，它既不易失去也不易得到四个电子使其成为惰性元素的电子结构。因此，当碳与其他原子结合时，是采取各自提供数目相等的电子，作为双方共有，并使每个原子达到稳定的八隅体结构（氢满足二隅体）。这种由共用电子对所形成的化学键叫作共价键。

1. 共价键类型

　　按共用电子对的数目共价键可分为：单键、双键和三键，双键和三键也叫作重键。描述共价键的形成的理论有价键理论和分子轨道理论。价键理论的基本要点是：两个形成共价键的电子自旋方向必须相反；元素原子的共价数等于该原子的未成对电子数；共价键是由原子轨道重叠而成的，形成共价键时，原子轨道重叠越多，形成的键越稳定。按轨道的重叠方式，共价键可分为 σ 键和 π 键。两个成键原子轨道沿着两个原子核间的连线（键轴）"头碰头"地重叠形成的共价键叫作 σ 键，σ 键的重叠程度大，成键电子云与键轴呈圆柱形对称。任一成键原子绕键轴旋转时，不改变原子轨道的重叠程度，因此，σ 键可以"自由旋转"。s 轨道之间、p 轨道之间、s 轨道和 p 轨道之间均可形成 σ 键。有机化合物中的单键都是 σ 键。由两个 p 轨道"肩并肩"地重叠形成的键叫 π 键，π 键的重叠部分对称分布于键轴所在平面的上、下方，由于 π 键没有轴对称性，所以 π 键不能自由旋转，又因 π 键电子云不是集中于两个原子核之间，受核的约束小，易受外界极性试剂的影响而发生极化，因此 π 键比 σ 键反应活性大。π 键不能单独存在，只能与 σ 键共存。

　　能量相近的原子轨道可以杂化，杂化轨道的数目等于参与杂化的原子轨道的数目，并包含原原子轨道的成分。杂化轨道的方向性更强，成键的能力更强。在有机分子中，碳原子都是以杂化轨道参与成键的。碳原子有三种杂化形式：sp^3、sp^2 和 sp，杂化轨道和杂化轨道重叠形成 σ 键，杂化轨道与 s 或 p 轨道重叠也形成 σ 键。

2. 共价键的键参数

　　键长（bond length）　键长是指成键原子核间的距离。即两个原子核对成键电子的吸引力与两核之间的排斥力达到平衡时的距离，键长单位常以 nm 或 pm 表示。键长取决于成键的两个原子的大小及原子

　　电子云（electron cloud）**图**：电子云就是用小点疏密来表示空间各电子出现概率的一种图形。

　　电子云是电子在核外空间出现概率密度分布的一种形象描述。原子核位于中心，小点的密疏表示核外电子概率密度的大小。

s 轨道电子云图：

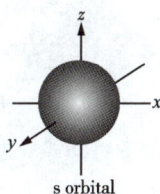

s orbital

p 轨道电子云图：

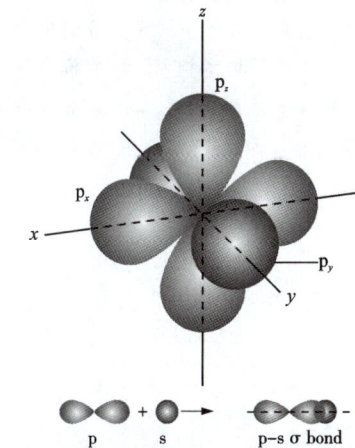

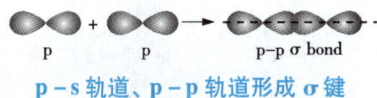

p + s → p-s σ bond

p + p → p-p σ bond

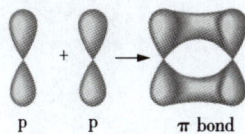

p－s 轨道、p－p 轨道形成 σ 键

p + p → π bond

p－p 轨道形成 π 键

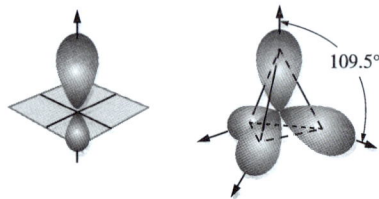

碳原子的 sp³ 杂化态

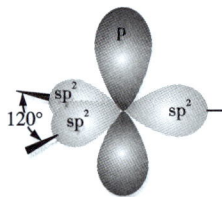

碳原子的 sp² 杂化态

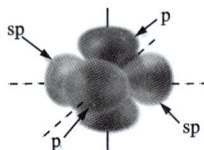

碳原子的 sp 杂化态

许多有机化合物含有氮原子和氧原子，它们与碳原子同属第Ⅱ周期元素，外层电子构型相似。在有机分子中，氮原子通常以 sp³、sp² 或 sp 的杂化形式参与成键，而氧原子通常以 sp³ 或 sp² 的杂化形式参与成键。

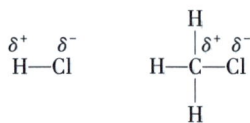

轨道重叠的程度。成键原子及成键的类型不同，其键长也不相同。例如，乙烷的 C—C 键长为 154 pm，乙烯中的 C=C 的键长为 134 pm，而乙炔中的 C≡C 的键长是 120 pm，即单键最长，双键次之，三键最短。同一种键在不同化合物中，其键长的差别很小，如环己烷中的 C—C 键长为 153 pm。

键角(bond angle) 键角是指两个共价键之间的夹角。它的大小与分子的空间构型有关。例如，烷烃的碳原子都是 sp³ 杂化，所以 H—C—C 或 H—C—H 的键角都接近于 109°28′；乙烯是平面型分子，碳原子是 sp² 杂化的，乙烯中的 H—C—H 或 H—C—C 的键角接近 120°；炔烃是线型分子，碳原子的杂化方式是 sp，所以乙炔中 H—C—H 的夹角为 180°。键角对研究分子的立体结构有着重要的意义。

键能(bond energy)**和键离解能**(bond dissociation energy) 共价键形成时要放出能量，使体系能量降低；反之，共价键断裂时，则必须从外界吸收能量。气态的原子 A 和原子 B 结合成气态的 AB 分子时所放出的能量，通常称键能；而气态的 AB 分子离解为气态的 A 和 B 原子时所吸收的能量则称键的离解能。对于双原子分子来说，键能就等于键离解能。如将 1 mol H_2 分解成两个氢原子需要吸收 436 kJ 的热量，这个数值就是氢分子的键能，也是 H—H 键的离解能。但对多原子分子来说，键能和键离解能不是同一概念。如多原子分子的离解能是指断裂一个特定的键时所消耗的能量，而键能则是断裂同类型共价键中的一个键所需要的平均能量。例如，甲烷的四个 C—H 键依次离解时所需的能量是不相同的，分别为 435 kJ/mol、444 kJ/mol、444 kJ/mol、339 kJ/mol，而 C—H 键的键能为 (1662 ÷ 4) = 415.5(kJ/mol)。

键能与键的离解能是表示共价键牢固程度的物理量。对于相同类型的键，键能或键的离解能越大，键越稳定。

极性与极化(polarity and polarization) 当两个不同原子成键时，由于两种元素的电负性不同，成键电子云发生不对称的分布，即正、负电荷中心不能重合，产生了极性。电负性较大的原子带部分负电荷，另一原子带部分正电荷，分别用 δ^- 和 δ^+ 表示。

两个成键原子的电负性相差越大，键的极性越强。在元素周期表中，越是位于右边的元素电负性越大，同一族中越往下的元素吸引电子的能力越弱，因此氟的电负性最大。

键的极性大小常用偶极矩(键矩)μ 来表示，单位为库仑·米(C·m)。它是指正、负电荷中心间的距离 d 与电荷 q 的乘积。

$$\mu = q \times d$$

偶极矩是一个向量，具有方向性，通常用 ⟼ 表示，箭头指向负电荷一端。有机分子中一些常见共价键的偶极矩在 $(1.334 \sim 5.167) \times 10^{-30}$ C·m 之间。偶极矩越大，键的极性越强。对于双原子分子来说，键的偶极矩就是分子的偶极矩。但多原子分子的极性不只决定于键的极性，还决定于分子的空间构型，分子的偶极矩是各键矩的向量和，如图 1-1 所示。

在外界电场(极性试剂或极性溶剂)作用下，共价键的极性发生改变的现象，称为键的极化。不同的化学键受外界电场影响的难易程度是不同的，这种键的极化难易程度简称为极化度。键的极化度主要决定于成键电子云的流动性。

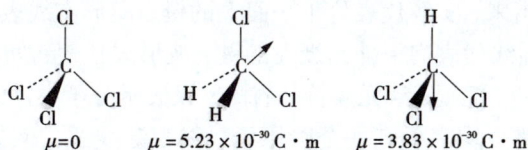

图 1-1   几种化合物的偶极矩

如 C—X 键的极化度顺序是：C—I > C—Br > C—Cl > C—F。

在碳碳共价键中，π 键比 σ 键容易极化。

键的极性和极化度是共价键的重要性质之一，与分子的物理性质和反应性能密切相关。

键的极性是固有的。因键的极性能导致分子的极性，分子具有极性，分子之间的作用力就会增加，故键的极性影响到化合物的熔点、沸点和溶解度。键的极性还能影响在这个键上发生什么类型的反应，并影响与它相连的键的反应活性。

键的极化是暂时的。当除去外界电场后，键的极性便恢复到原来的状态。键的极化现象常常促进化学反应的进行。

3. 分子结构的表达

由化学键构成的有机化合物分子具有一定的空间结构。分子结构包括分子的构造、构型和构象。

构造（constitution）是分子中原子成键的顺序和键性，以前叫作结构，根据国际纯粹和应用化学联合会的建议改为"构造"。表示化合物的化学式叫作构造式。

构型（configuration）指的是一个有机分子中各个原子特有的固定的空间排列。这种排列不经过共价键的断裂和重新形成是不会改变的。构型的改变往往使分子的光学活性发生变化。一般情况下，构型都比较稳定，一种构型转变为另一种构型则要求共价键的断裂、原子（基团）间的重排和新共价键的重新形成。

构象（conformation）指的是有机化合物分子中各原子（基团）绕 σ 键旋转导致分子中其他原子或基团在空间排列的不同。所形成的异构体称为构象异构体。不同的构象之间可以相互转变，在各种构象形式中，势能最低、最稳定的构象是优势构象。当一种构象改变为另一种构象时，不要求共价键断裂和重新形成。构象改变不会改变分子的光学活性。

有机化合物分子结构的常用表示方法有以下几种。

分子式：用元素符号表示分子的组成，书写时将同种元素的原子合并到一起。例如：乙烷为 C_2H_6。

最简式（实验式）：表示物质组成的各元素原子的最简整数比。例如：乙烯最简式为 CH_2，葡萄糖（$C_6H_{12}O_6$）为 CH_2O。

结构式：用短线"—"表示分子中原子间成键情况从而图示原子间连接情况的式子。

结构简式：略去原子间成键的短线，突出表示物质性质特征部分的式子称为结构简式。如乙烷的结构简式为 CH_3CH_3，或 $CH_3—CH_3$。乙醇的结构简式为 CH_3CH_2OH。

键线式：只用单、双线表示碳碳单键、双键，如需要将其立体化

甲烷结构式：

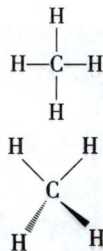

"——"表示键在纸平面上；

"⁙⁙⁙⁙"表示键在纸平面内侧；

"◣"表示键在纸平面外侧

甲烷的球棍模型

丙酮的球棍模型

学特征表现出来,实线代表位于平面上的键,楔形实线表示向上伸出纸面的键,虚线代表向下伸出纸面的键,波形线代表键可以处于上述两种位置之一,把碳、氢元素符号省略,只表示分子中键的连接情况,每个拐点或终点均表示有一个碳原子,称为键线式。例如,反-2-丁烯(CH₃CH = CHCH₃)可表示为 ⟍=⟋ 。2-甲基丁烷〔(CH₃)₂CHCH₂CH₃〕可表示为 ⟍⟋⟍⟋ 。

分子模型:有机化合物由多原子构成,具有复杂的结构,不同的分子结构对化合物的物理和化学性质有很大的影响,因此研究分子结构有重要意义。科学工作者为研究方便建立了不同的数学模型,利用计算机进行计算和研究,可以帮助了解化合物的结构、性质与功能应用。大量的化学软件除了用结构简式表示分子外,也常用**球棍模型**(**ball – and – stick models**)、分子比例模型、陶氏模型(Stwarts)和**3D模型**等。常用的**球棍模型**是一种空间填充模型(space – filling model),用来表现化学分子的三维空间分布。在此作图方式中,线代表共价键,可连接以球表示的原子中心。现在大量的化学相关的分子模拟软件如 ChemOffice、Materials Studio 和 Gaussian 等都可以采用该模型建立分子模型。

1.3　共价键的断裂和反应类型

1.3.1　共价键的断裂

有机物分子之间发生化学反应,必然包括原有化学键的断裂和新的化学键的形成。共价键的断裂方式有两种:均裂和异裂。

1. 均裂

共价键断裂后,两个成键原子共用的一对电子由两个原子各保留一个,这种键的断裂方式叫均裂。均裂往往在较高的温度或光的照射下发生。

$$Cl \cdot\cdot Cl \xrightarrow{能量} 2Cl \cdot \qquad H_3C—A \xrightarrow{能量} CH_3 \cdot + A \cdot$$
　　　　氯自由基　　　　　　　　　　　甲基自由基

由均裂生成的带有未成对电子的原子或原子团叫自由基或游离基(free radical)。通过共价键的均裂而发生的反应叫作自由基反应。按照反应物和产物的关系,自由基反应又可分为自由基取代反应和自由基加成反应。这种反应往往被光、高温或过氧化物所引发。自由基反应是高分子化学中的一个重要的反应,它也参与许多生理或病理过程。

2. 异裂

共价键断裂后,其共用电子对只归属于原共价键的某一原子,产生了正、负离子,这种键的断裂方式叫作异裂。它往往被酸、碱或极性溶剂所催化,一般在极性溶剂中进行。

碳原子与其他原子间的 σ 键断裂时,可得到碳正离子(carbonium ion)或碳负离子(carbanion):

摩西·冈伯格

(Moses Gomberg 1866—1947),美国化学家,自由基化学之父,首次发现了可以稳定存在的自由基——三苯甲基自由基,因此他被认为是自由基化学的奠基人。

$$R-\overset{\overset{\displaystyle H}{|}}{\underset{\underset{\displaystyle H}{|}}{C}}-A \xrightarrow{\text{催化剂}} R-\overset{\overset{\displaystyle H}{|}}{\underset{\underset{\displaystyle H}{|}}{C}}{}^{+} + A^{-}$$

碳正离子

$$R-\overset{\overset{\displaystyle H}{|}}{\underset{\underset{\displaystyle H}{|}}{C}}-A \xrightarrow{\text{催化剂}} R-\overset{\overset{\displaystyle H}{|}}{\underset{\underset{\displaystyle H}{|}}{C}}{:}^{-} + A^{+}$$

碳正离子

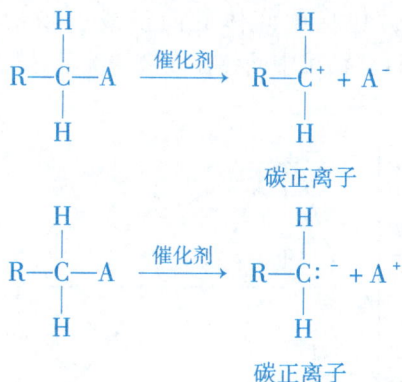

通过共价键的异裂而进行的反应叫作离子型反应,它有别于无机化合物瞬间完成的离子反应,通常发生于极性分子之间,是通过共价键的异裂产生离子型的活性中间体而完成的。

1.3.2 有机化学反应过渡态与活性中间体

发生化学反应的可能性是由作用物与生成物的热力学性质决定的,而化学反应的具体历程则属于动力学范畴。对有机化学反应的具体过程研究通常称为反应机理研究,涉及过渡态和中间体的形成。因此,了解基本的有机化学反应过渡态和中间体对于学习和应用化合物的化学性质具有相当重要的意义。

过渡态理论认为:化学反应从反应物转变成产物,是一个连续不断的过程,必须经历一个过渡态,过渡态的结构介于反应物与产物之间。例如:

$$A-B + C \rightleftharpoons [A{\cdots}B{\cdots}C] \rightleftharpoons A + B-C$$

其动力学反应进程可用图1-2表示。从反应物到过渡态,体系的能量不断升高,过渡态时能量达到最高值,以后体系的能量迅速降低。反应物与过渡态的能量之差称为活化能,用 E_a 表示。过渡态处于能量最高峰,从反应物到产物必须攀越此能量峰。在类似的反应中,过渡态越稳定,其能量越低,反应的活化能越低,反应的活性就越大,即反应速率就越快。对于多步反应,活化能较高的步骤为决定速率的步骤。

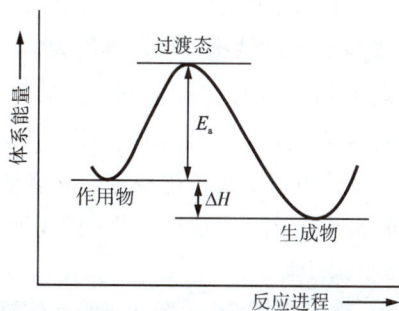

图1-2 化学反应进程图

图1-2所示为作用物相互结合先形成过渡态,然后再转变为生成物的过程,E_a 是活化能。作用物必须获得足够的能量活化形成过渡态后才能转化为生成物。按照动力学理论,化学反应的速率常数 $k\propto\exp(-E_a/(RT))$,可见活化能越低,化学反应的速率常数越大。

当然,有机化学反应并不都是按以上模式完成的,在很多情况

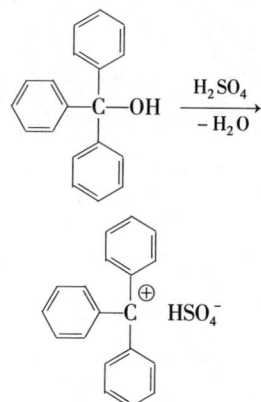

三苯基阳离子,是特别稳定的,因为该正电荷能够分散在10个碳原子上(3个苯环的邻位和对位9个碳原子,再加上中心碳原子)。它存在于化合物中的三苯基甲基六氟磷酸盐和高氯酸三苯基中。

下，反应可能通过包括中间体的两步或多步系列反应进行，如图1-3所示。而这些活泼中间体在多数情况下是难以分离出来的。

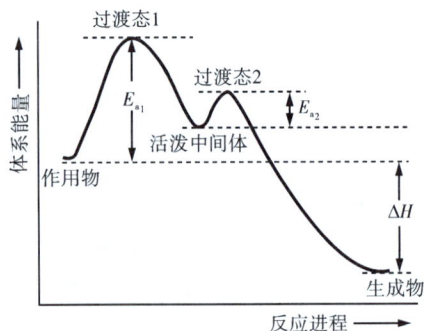

图1-3　化学反应进程及其中间体

由图1-3可知，生成中间体的过渡态能量越低，中间体越稳定，则化学反应越快。有机化学反应中，常见三类活泼中间体：碳自由基（R·）、碳正离子（R$^+$），碳负离子（R$^-$）。它们的构型分别表示如下：

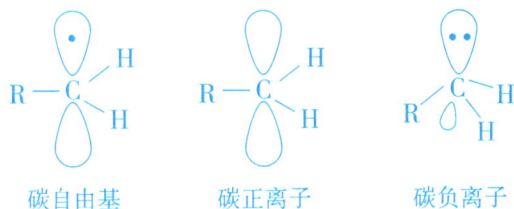

碳自由基　　　　碳正离子　　　　碳负离子

碳自由基（R·）　　碳自由基是通过共价键的均裂而生成的，是一类带有未成对电子的活泼中间体。中心碳原子为sp^{2}杂化，平面结构，含有未成对电子的p轨道与该平面垂直。各类碳自由基的稳定性有如下次序：3° > 2° > 1° > CH$_3$·。碳自由基的稳定性可由烷基的给电子效应加以解释：p轨道只有一个电子，因此中心碳原子需要补充电子以形成稳定的八隅体，而烷基具有供电子诱导效应（+I）和σ-p超共轭效应（+C），故中心碳原子的烷基取代基数目越多，形成的碳自由基越稳定，越容易在化学反应过程中生成。

碳正离子（R$^+$）　　碳正离子是具有一个正电荷的碳原子，外层仅有6个电子，为sp^{2}杂化，平面结构，其p$_z$轨道为空轨道。碳正离子的稳定性次序为：3° > 2° > 1° > CH$_3^+$。由于碳正离子p轨道为空轨道，中心碳原子需要补充电子，而烷基为给电子基团，故中心碳原子的烷基取代数目越多，形成的碳正离子越稳定，越容易在化学反应中生成。碳正离子大都非常不稳定，它仅存在极短的时间（约10^{-9} s），且会夺取一对电子形成八隅体。

碳负离子（R$^-$）　　碳负离子为sp^{3}杂化，四面体结构。它也是由键的异裂形成的，往往需要强碱才能实现，如：

$$CH_3COCH_2COOC_2H_5 \underset{}{\overset{C_2H_5O^-}{\rightleftharpoons}} CH_3CO\bar{C}HCOOC_2H_5 + C_2H_5OH$$

在有机金属化合物中也常有类似碳负离子的情况，例如：有机锂R$^{\delta-}$Li$^{\delta+}$。各类碳负离子的稳定性有如下次序：CH$_3^-$ > 1° > 2° > 3°。显然，碳负离子已经具有八隅体结构，因此，烷基越多，则碳负离子的负电荷越多，越集中，故稳定性越低。

有机化学反应机理：

反应机理是化学中用来描述某一化学变化所经由的全部基元反应，就是把一个复杂反应分解成若干个基元反应，然后按照一定规律组合起来，从而达到阐述复杂反应的内在联系，以及总反应与基元反应内在联系之目的。机理详细描述了每一步转化的过程，包括过渡态的形成、键的断裂和生成，以及各步的相对速率大小等。完整的反应机理需要考虑到反应物、催化剂、反应的立体化学、产物以及各物质的用量。

1.3.3 化学反应类型

有机化学反应根据断键与成键化学动力学过程不同可以分为三个大类的反应类型。

1. 自由基反应

自由基反应由均裂引发，一般为链式反应。常见的有自由基取代反应，例如烷烃的卤代反应、烯烃的 α – H 卤代反应等，以及自由基加成与自由基聚合等。反应速度和产物往往与自由基的稳定性密切相关。

2. 离子型反应

离子型反应由共价键的异裂引发。反应速度与产物往往与碳正离子或碳负离子的稳定性密切相关。根据反应机理的不同分为亲电反应和亲核反应。常见的离子型反应有：烯烃的亲电加成反应，芳烃的亲电取代反应，卤代烃的亲核取代反应以及醛、酮的亲核加成反应，等等。

3. 协同反应

有些化学反应其断键和成键过程几乎同时发生，则该反应属于协同反应，例如共轭烯烃的环加成反应、烯烃的硼氢化反应等。

1.3.4 Lewis 酸碱理论

路易斯(Lewis)酸碱概念是我们认识和理解离子型反应的基础，有必要回顾一下。Lewis 酸碱是以接受或提供电子对为判断标准的，又称电子论。它定义酸为能接受电子对的物质，碱为能提供电子对的物质。酸碱反应实际上是形成配位键的过程，或者说 Lewis 酸是亲电试剂，Lewis 碱是亲核试剂。

常见的 Lewis 酸如 H^+、R^+、Cl^+、Br^+、BF_3、$AlCl_3$ 等，它们或者是缺少电子不满足八隅体(氢是二隅体)电子构型的正离子，或者是含具有空轨道可接受电子对的原子或原子团。在反应中总是进攻反应中电子云密度较大的部位，所以是一种亲电试剂。碳正离子属于 Lewis 酸，也是亲电试剂。

常见的 Lewis 碱如 I^-、OH^-、CN^-、R^-、H_2O、NH_3、ROH、烯烃和芳烃等，它们或者是负离子，或者是具有未共用电子对的原子或原子团，或者是富电子的 π 键，在反应中往往寻求质子或进攻一个带正电的中心，是亲核试剂。碳负离子属于 Lewis 碱，也是亲核试剂。

由亲电试剂进攻而发生的反应叫亲电反应，由亲核试剂的进攻而发生的反应叫亲核反应。根据反应物和产物之间的关系，又可分为亲电取代和亲电加成、亲核取代和亲核加成。

Lewis 酸碱理论在有机化学中特别重要，其概念已成为了解有机化合物和运用有机反应的基础。同时，许多有机化合物虽然不像无机酸那样能使石蕊试纸变红或尝起来有酸味，但它们仍有失去质子的倾向，它们的酸度，是构成官能团转换和反应的基础之一。

2015 年，美国能源部斯坦福线性加速器中心(SLAC)国家加速器实验室的 X－射线激光让科学家第一次看到了化学键形成的过渡状态：两个原子开始形成一个弱键，处在变成一个分子的过程中。

把 CO 和 O 附着在一种钌催化剂表面，用光学激光脉冲驱动反应进行。脉冲将催化剂加热到 2000 K，使附在上面的化学物质不断振动，大大增加了它们碰撞结合在一起的机会。利用 LCLS 的 X 激光脉冲，能探测到原子电子排布的变化，即化学键形成的微细信号，时间仅有几飞秒(千万亿分之一秒)。

"首先是氧原子被激活，随后一氧化碳被激活。它们开始振动，一点点地来回移动，大约在一万亿分之一秒后，它们开始碰撞，形成了这些过渡状态。许多反应物都进入了过渡态，但只有一小部分形成了稳定的二氧化碳，其余的又分开了。"

思考：酸碱理论是阐明何为酸碱，以及什么是酸碱反应的理论。最早提出酸碱概念的是 Robert Boyle，在其理论基础上，酸碱的概念不断更新，逐渐完善，其中最重要的有：酸碱电离理论、酸碱质子理论与酸碱电子理论〔路易斯(Lewis)酸碱〕。

请总结以上三种酸碱理论的异同。

![习题]

1. 解释下列术语
(1) 有机化合物　　(2) 构造式
(3) 电子云　　(4) 电负性
(5) 均裂　　(6) 异裂
(7) 键能　　(8) 解离能
(9) 极性　　(10) 极化度
(11) Lewis 酸　　(12) Lewis 碱

2. 扼要归纳典型的以离子键形成的化合物与以共价键形成的化合物的物理性质。

3. 碳原子核外及氢原子核外各有几个电子? 它们是怎样分布的? 画出它们的轨道形状。当四个氢原子与一个碳原子结合成甲烷(CH_4)时,碳原子核外有几个电子是用来与氢原子成键的? 画出它们的轨道形状及甲烷分子的形状。

4. 下列各化合物哪个有偶极矩? 画出其方向。
(1) Cl_2　　(2) CH_2Cl_2
(3) HBr　　(4) $CHCl_3$
(5) CH_3OH　　(6) CH_3OCH_3

5. 指出下列化合物中带"*"碳原子的杂化方式:

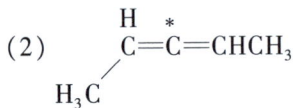

(1) ⟍╱⟍╱*

(2) $\overset{H}{\underset{H_3C}{}}C=C=\overset{*}{C}HCH_3$

(3) $CH_3\overset{*}{C}H=CHCH_2\overset{*}{C}\equiv CH$

(4) ⬡OH *

6. 下列化合物或离子哪些属于 Lewis 酸,哪些属于 Lewis 碱?
(1) CH_3OH　　(2) BF_3
(3) NH_3　　(4) $FeBr_3$
(5) CH_3OCH_3　　(6) $(CH_3)_3C^+$
(7) Br^+

7. 某碳氢化合物 C 和 H 的质量分数分别是 85.7% 和 14.3%,经测定其相对分子质量为 84。试写出该化合物的分子式。

第 2 章

有机化合物的分类与命名

（Classification and Nomenciature
of Organic Compounds）

2.1 有机化合物的分类

有机化合物数目繁多,结构复杂,而且每年都在合成和发现大量新的化合物,因此,严格而又科学的分类非常必要,否则在文献中会造成极大的混乱。同时,结构理论的建立和分析仪器的发展也为有机化合物的科学分类奠定了基础,提供了手段。有机化合物的结构与其性质密切相关,因此有机化合物的分类,通常按其分子结构采取两种方法,一种是按碳(骨)架分类,一种是按官能团分类。

2.1.1 按碳架分类

根据有机化合物的碳架不同,可将有机化合物分为四类。

1. 开链化合物

开链化合物是指分子中的碳原子连接成链状的化合物。由于脂肪类化合物具有这种结构,因此开链化合物亦称为脂肪族化合物。其中碳原子之间可以通过单键、双键或三键相连,例如:

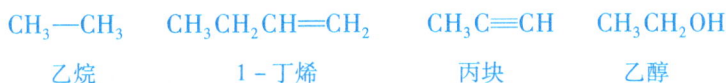

$$CH_3{-}CH_3 \qquad CH_3CH_2CH{=\!=}CH_2 \qquad CH_3C{\equiv}CH \qquad CH_3CH_2OH$$

乙烷   1 - 丁烯   丙炔   乙醇

2. 脂环族化合物

脂环族化合物是指分子中的碳原子连接成环状的化合物,其性质与脂肪族化合物相似。其中成环的两个相邻碳原子可以通过单键、双键或三键相连。例如:

环己烷   环戊二烯   环辛炔   环己醇

3. 芳香族化合物

芳香族化合物是指分子中一般含有苯环结构的化合物,其性质不同于脂环族化合物,而具有"芳香性"(aromaticity)(关于"芳香性",详见第 6 章)。例如:

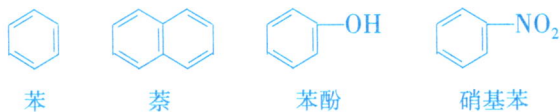

苯   萘   苯酚   硝基苯

4. 杂环化合物

杂环化合物是指由碳原子和其他原子(通常称为杂原子,如 O、N、S 等)连接成环的一类具有"芳香性"的化合物。例如:

呋喃   噻吩   吡啶   糠醛

2.1.2 按官能团分类

官能团(functional group)是指分子中比较活泼、容易发生化学反应的原子或基团。官能团对化合物的性质起着决定性的作用,含有相

同官能团的化合物具有相似的性质，因此可以把它们看成是同类化合物。常见的官能团如表 2 – 1 所示。

表 2 – 1　一些常见的重要官能团

官能团结构	名称	英文词尾	化合物类别	化合物举例
$\overset{\mid}{-}\text{C}=\overset{\mid}{\text{C}}-$	双键	– ene	烯烃	$CH_2\!=\!CH_2$
$-C\equiv C-$	三键	– yne	炔烃	$CH\equiv CH$
—X	卤原子		卤代物	CH_3—Br
—OH	羟基	– ol	醇或酚	CH_3OH　　C_6H_5OH
—O—	醚键	ether	醚	CH_3OCH_3
$\diagdown\!\!\diagup\text{C}=\text{O}$	羰基	– al， – one	醛或酮	$HCHO$, CH_3COCH_3
$\overset{O}{\overset{\|}{-C}}-\text{OH}$	羧基	– oic acid	羧酸	CH_3COOH
$\overset{O}{\overset{\|}{-C}}-\text{O}-$	酯基	– oate	酯	CH_3COOCH_3
$\overset{O}{\overset{\|}{-C}}-\text{X}$	酰卤基	– yl chloride	酰卤	CH_3COCl
$\overset{O}{\overset{\|}{-C}}-\text{O}-\overset{O}{\overset{\|}{C}}-$	酸酐基	– ic anhydride	酸酐	$(CH_3CO)_2O$
—NH₂	氨基	– amine	胺	$CH_3CH_2NH_2$
—NO₂	硝基		硝基化合物	$C_6H_5NO_2$
—SH	巯基	– mercaptan	硫醇	CH_3CH_2SH
—SO₃H	磺酸基	– sulfonic acid	磺酸	$C_6H_5SO_3H$

2.2　有机化合物的命名

　　有机化合物数量庞大，必须有一个严格的命名原则来区分各个化合物。因此，认真学习各类化合物的命名是学习有机化学的一项重要内容。基本要求是：能根据化合物的名称写出它的结构；反之，给出化合物的结构能写出它的名称。目前，最常用的命名方法有两种：普通命名法和系统命名法。

2.2.1　基及表示碳链异构的形容词

　　有机化合物常常带有支链，在学习命名法之前，先介绍基团的名称及表示碳链异构的形容词。

1.基

　　脂肪烃基一般用 R 表示，芳香烃基一般用 Ar 表示。

　　基：一个化合物从形式上消除一个单价的原子或基团，余下的部分称为基。

　　烷基：烷烃分子中去掉一个氢原子后剩下的部分叫烷基。烷基是

常见直链烷烃的英文名称：
甲烷 methane　　乙烷 ethane
丙烷 propane　　丁烷 butane
戊烷 pentane　　己烷 hexane
庚烷 heptane　　辛烷 octane
壬烷 nonane　　癸烷 decane
十一烷 undecane　　十二烷 dodecane

直链烯烃和炔烃的英文名称是将烷烃名称的后缀"ane"分别改为"ene"和"yne"。

烷基的英文名称是将烷烃的词尾（ane）改为"yl"。

常见烃基的中英文名称:
甲基 methyl(Me)
乙基 ethyl(Et)
丙基 propyl(Pr)
异丙基 isopropyl(iso-Pr)
正丁基 n-butyl(n-Pr)
异丁基 isobutyl(iso-Pr)
仲丁基 s-butyl(s-Bu)
叔丁基 t-butyl(t-Bu)
苯基 phenyl
苯甲基 benzyl
正戊烷 n-pentane
异戊烷 isopentane
新戊烷 neopentane

有机化合物最基本的基团,例如:

$$-CH_3 \qquad -CH_2CH_3 \qquad -CH_2CH_2CH_3 \qquad (CH_3)_2CH-$$

甲基(Me) 　　　乙基(Et) 　　　丙基(Pr) 　　　异丙基(iso-Pr)

用"n-"表示"正",用"iso-"表示"异",用"t-"表示"叔"。

烯基和炔基:烯烃或炔烃分子中去掉一个氢原子剩下的部分称为烯基或炔基,常见的烯基和炔基如下:

$$CH_2\!=\!CH- \qquad CH_3CH\!=\!CH- \qquad CH_2\!=\!CHCH_2-$$

乙烯基 　　　　丙烯基 　　　　烯丙基

$$CH\!\equiv\!C- \qquad CH_3CH\!=\!C- \qquad CH\!\equiv\!CHCH_2-$$

乙炔基 　　丙炔基(1-丙炔基) 　　炔丙基

芳基:苯分子去掉一个氢原子所剩下的部分(C_6H_5-)称为苯基(phenyl),简写为 Ph-。甲苯去掉甲基上的氢原子,剩下的部分($C_6H_5CH_2-$)叫苯甲基或苄基(benzyl)。

(2)**亚基:**一个化合物从形式上消除两个原子或基团,剩下的部分称为亚基,例如:

$$CH_2 \qquad C(CH_3)_2 \qquad NH \qquad -CH_2CH_2-$$

亚甲基 　　　亚异丙基 　　　亚氨基 　　1,2-亚乙基(乙撑基)

(3)**次基:**一个化合物从形式上消除三个单价的原子或基团,剩余部分为次基,命名中的次基限于三个价集中在同一个原子上的结构。例如:

$$-CH \qquad -C-CH_3 \qquad -N \qquad -C-\text{(苯)}$$

次甲基 　　　次乙基 　　　次氨基 　　　苯次甲基

(4)**复基:**若一个烃基上的氢原子被其他的烃基或官能团取代,所得到的复杂基团称为复基。例如:

$$(CH_3)_2NCH_2- \qquad -CH_2COOH \qquad -CH_2CH_2OH$$

二甲氨(基)甲基 　　　羧甲基 　　　2-羟(基)乙基

其中有支链的基或复基,常须用编号表示支链或复基中基的位置,将消除单价原子或基团的原子编号为1,其余按顺序编号。例如:

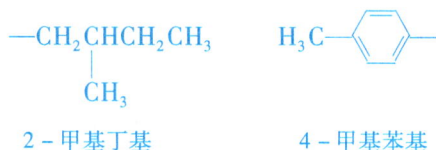

$$-CH_2CHCH_2CH_3 \qquad H_3C-\text{(苯)}-$$

$$\qquad\qquad |$$

$$\qquad\quad CH_3$$

2-甲基丁基 　　　　　　4-甲基苯基

2. 表示碳链异构的形容词

"**正**":直链烃或官能团取代直链烃末端碳上的氢原子所得的化合物,用"正"表示碳链结构,例如:

$$CH_3CH_2CH_2CH_3 \qquad CH_3CH_2CH_2CH_2OH \qquad CH_3CH_2CH_2CHO$$

正丁烷 　　　　　正丁醇 　　　　　正丁醛

"**异**":直链结构一末端带有两个甲基的特定结构,称为"异"某某,例如:

$$CH_3 \qquad\qquad CH_3 \qquad\qquad CH_3$$

$$| \qquad\qquad\quad | \qquad\qquad\quad |$$

$$CH_3CHCH_2CH_3 \qquad CH_3CHCH_2CHO \qquad CH_3CHCH_2CH_2CH_2COOH$$

异戊烷 　　　　　异戊醛 　　　　　异庚酸

"**新**"：直链结构一末端带有三个甲基的特定结构，称为"新"某某，例如：

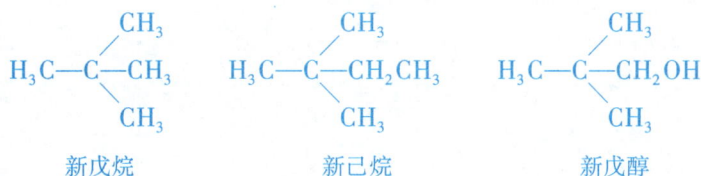

$$CH_3-\underset{\underset{CH_3}{|}}{\overset{\overset{CH_3}{|}}{C}}-CH_3 \qquad H_3C-\underset{\underset{CH_3}{|}}{\overset{\overset{CH_3}{|}}{C}}-CH_2CH_3 \qquad H_3C-\underset{\underset{CH_3}{|}}{\overset{\overset{CH_3}{|}}{C}}-CH_2OH$$

新戊烷　　　　　　新己烷　　　　　　新戊醇

伯、仲、叔、季：表示碳链异构或碳原子不同取代程度的形容词，例如：

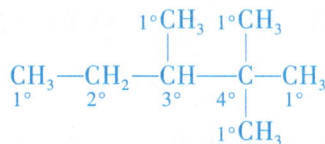

$$\underset{1°}{CH_3}-\underset{2°}{CH_2}-\underset{3°}{\overset{\overset{1°CH_3}{|}}{CH}}-\underset{4°}{\overset{\overset{1°CH_3}{|}}{\underset{\underset{1°CH_3}{|}}{C}}}-\underset{1°}{CH_3}$$

分子中连有一个、两个、三个或者四个烃基的碳原子分别称为伯、仲、叔或季碳原子，或相应地称为一级、二级、三级或四级碳原子，可以分别用 1°、2°、3° 或 4° 表示。伯、仲、叔碳原子上连接的氢原子，分别称为伯、仲、叔氢原子；连有 —OH、—X（X＝F、Cl、Br、I）的则分别称为伯、仲、叔醇和伯、仲、叔卤代烷，它们也可分别称为一、二、三级醇和一、二、三级卤代烷。

伯、仲、叔、季还用于表示氮原子被不同程度取代的胺类或季铵类化合物，例如：

注意醇和胺的分类差别：
叔丁醇（叔醇）
叔丁胺（伯胺）

$CH_3CH_2NH_2$　　　$(CH_3CH_2)_2NH$　　　$(CH_3CH_2)_3N$

乙胺（伯胺）　　　　二乙胺（仲胺）　　　三乙胺（叔胺）

$(CH_3CH_2)_4NI$　　　　$(CH_3CH_2)_4NOH$

碘化四乙铵（季铵盐）　　氢氧化四乙铵（季铵碱）

2.2.2　普通命名法

普通命名法亦称习惯命名法。碳原子数在十以内的用甲、乙、丙、丁、戊、己、庚、辛、壬、癸表示，十一个碳原子以上的用汉字数字十一、十二……表示，用表示碳链异构的形容词表示碳链的结构，例如：

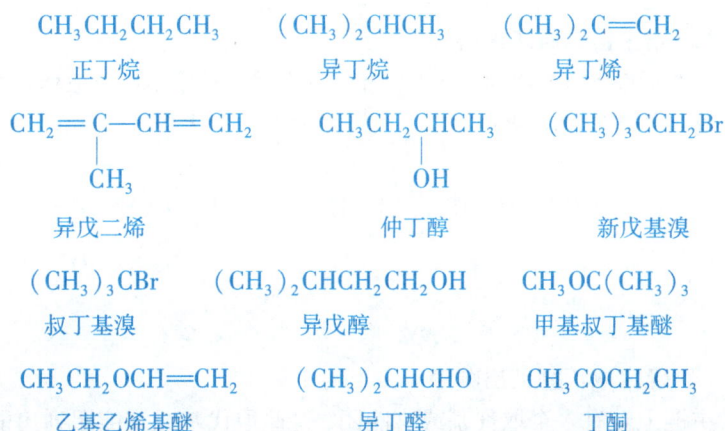

$CH_3CH_2CH_2CH_3$　　　$(CH_3)_2CHCH_3$　　　$(CH_3)_2C=CH_2$

正丁烷　　　　　　异丁烷　　　　　　异丁烯

$$CH_2=\underset{\underset{CH_3}{|}}{C}-CH=CH_2 \qquad CH_3CH_2\underset{\underset{OH}{|}}{CH}CH_3 \qquad (CH_3)_3CCH_2Br$$

异戊二烯　　　　　　仲丁醇　　　　　　新戊基溴

$(CH_3)_3CBr$　　　$(CH_3)_2CHCH_2CH_2OH$　　　$CH_3OC(CH_3)_3$

叔丁基溴　　　　　异戊醇　　　　　甲基叔丁基醚

$CH_3CH_2OCH=CH_2$　　　$(CH_3)_2CHCHO$　　　$CH_3COCH_2CH_3$

乙基乙烯基醚　　　　异丁醛　　　　丁酮

在有机化合物的命名中，不少有机化合物还保留着俗名，使用起来较为方便。俗名大多是在有机化学发展初期，根据有机化合物的来源、存在或性质（物态、气味等）而得名，例如：

国际通用的有机化合物系统命名法即 IUPAC 命名法是由国际纯粹与应用化学联合会(International Union of Pure and Applied Chemistry, 简称 IUPAC)规定的, 最近一次修订是在 <u>1993 年</u>, 其前身是<u>1892 年</u>日内瓦国际化学会的"系统命名法"。我国的系统命名法是<u>中国化学会</u>在 IUPAC 命名法的基础上, 结合<u>汉字</u>的特点制定的。最初制定于<u>1960 年</u>, 最新版本是<u>2017 年</u>中国化学会公布的《有机化合物命名原则》, 它是根据 1993 年 IUPAC《有机化合物命名法》英文版修订而成的。无论是 IUPAC 命名法还是我国的系统命名法, 最理想的情况是, 每一种有确定<u>结构式</u>的有机化合物都可以用一个确定的名称来描述它。两种命名法虽紧密联系, 但还是有区别的, 对于有的化合物的名称, 两者不能简单地相互直译, 主要因为两种命名系统关于取代基的先后排列顺序的确定原则是不一样的。在 IUPAC 命名法中, 取代基的先后排列顺序是按基团名称中第一个字母的优先次序而定的, 比如 CH_3—(methyl)优先于 CH_3CH_2—(ethyl)。而在我国的系统命名法中取代基的先后顺序是根据"次序规则", 按优先次序由小到大排列, 如甲基先于乙基写出。

当主链编号有可选择时, 应给予优先写出的基团以较小的位次, 这样就有可能导致在两种命名法中, 同一个化合物的取代基的位次和表达次序不同。

$$HCOOH \quad CH_3COOH \quad CH_2CHCH_2 \quad$$
$$\qquad\qquad\qquad\qquad OH\ OHOH$$

蚁酸	冰醋酸	甘油	水杨酸
(来自蚂蚁)	(16℃结晶)	(味甘甜)	(取自杨树叶)

2.2.3 系统命名法

系统命名方法(system nomenclature)是中国化学会根据国际纯粹化学与应用化学联合会公布的《有机化学命名法》和《有机化合物 IUPAC 命名指南》, 结合我国文字特点修订的一种命名方法。

1. 基本方法

有机化合物系统命名法分为四步: 选择主链, 以阿拉伯数字给主链碳原子编号, 确定取代基的位次并列出顺序, 写出化合物名称的全称。

(1)选择主链

选择含有主要官能团、取代基多的最长连续碳链为主链, 官能团词尾取法一般按以下优先次序排列:

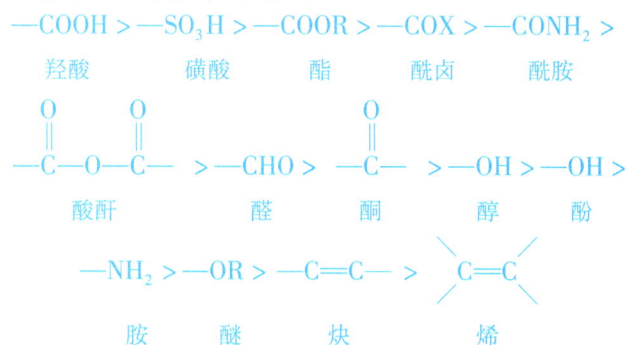

$$—COOH > —SO_3H > —COOR > —COX > —CONH_2 >$$
羟酸　　　磺酸　　　酯　　　酰卤　　　酰胺

$$—\overset{O}{\overset{||}{C}}—O—\overset{O}{\overset{||}{C}}— \ > —CHO > —\overset{O}{\overset{||}{C}}— \ > —OH > —OH >$$
酸酐　　　　　　醛　　　酮　　　　醇　　　酚

$$—NH_2 > —OR > —C \equiv C— \ > \ C = C$$
胺　　　醚　　　炔　　　　烯

习惯上把排在前面的官能团选作主要官能团, 命名时称为某化合物, 排在后面的官能团看作取代基。例如: $HOCH_2CH_2COOH$、$HOCH_2CH_2COOCH_3$ 和 $HOCH_2CH_2NH_2$ 的主要官能团分别是 —COOH, —COOCH₃ 和—OH, 分别取词尾称作酸(全名: 3 - 羟基丙酸)、酯(全名: 3 - 羟基丙酸甲酯)和醇(全名: 2 - 氨基乙醇)。

(2)给主链碳原子编号

从靠近母体官能团的一端开始给主链编号, 给定主链上取代基的位置。编号要遵守"最低系列原则", 即最先遇到的取代基位次较小。例如:

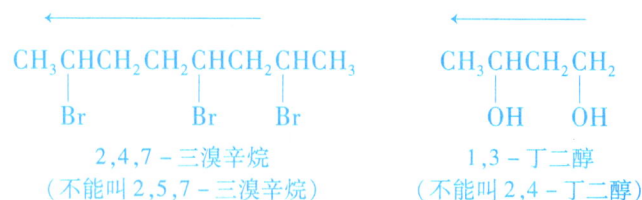

$$CH_3\underset{Br}{CH}CH_2CH_2\underset{Br}{CH}CH_2\underset{Br}{CH}CH_3 \qquad CH_3\underset{OH}{CH}CH_2\underset{OH}{CH_2}$$

2,4,7 - 三溴辛烷　　　　　　　1,3 - 丁二醇
(不能叫 2,5,7 - 三溴辛烷)　　(不能叫 2,4 - 丁二醇)

(3)确定取代基列出顺序

主链上若有多个取代基或官能团, 这些取代基或官能团列出的顺序应遵守"次序规则", 较优基团后列出。

(4)写出化合物名称的全称

写化合物全名称时, 取代基的位次号写在取代基名称前面, 用半字线" - "与取代基分开; 相同取代基或官能团合并写, 用汉字二、三

等表示其数目。在不混淆的情况下，可省去位次号，多数情况下"1"可以省略。例如：

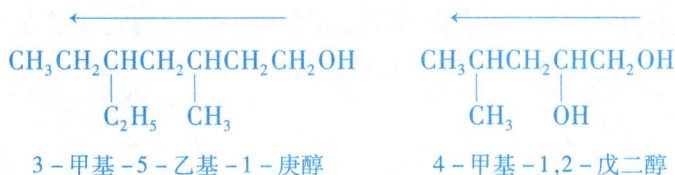

$$CH_3CH_2CHCH_2CHCH_2CH_2OH$$
$$\underset{C_2H_5}{\quad} \underset{CH_3}{\quad}$$

$$CH_3CHCH_2CHCH_2OH$$
$$\underset{CH_3}{\quad} \underset{OH}{\quad}$$

3 - 甲基 - 5 - 乙基 - 1 - 庚醇　　　　4 - 甲基 - 1,2 - 戊二醇

2. 次序规则

次序规则是关于命名时排列原子或基团次序的几项规定，主要内容如下：

1）按原子序数排列，原子序数大的为"较优基团"。若为同位素，重同位素优先。例如：

$$—I > —Br > —Cl > —SH > —F > —OH > —NH_2 > —D > —H$$

2）如果两个基团的第一个原子相同，则依次比较后面所连接原子的原子序数，原子序数大的为"较优先基团"。比较时，先比较各组中最大者，若仍相同，再依次比较第二、第三个，依次类推。例如：

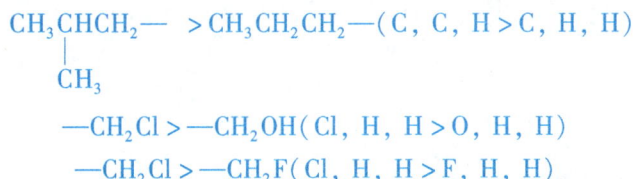

$$CH_3CHCH_2— \ > CH_3CH_2CH_2—(C, C, H > C, H, H)$$
$$\underset{CH_3}{\quad}$$

$$—CH_2Cl > —CH_2OH(Cl, H, H > O, H, H)$$

$$—CH_2Cl > —CH_2F(Cl, H, H > F, H, H)$$

3）含有双键或三键时，可将其看作连有两个或三个相同的原子，然后进行比较。例如：

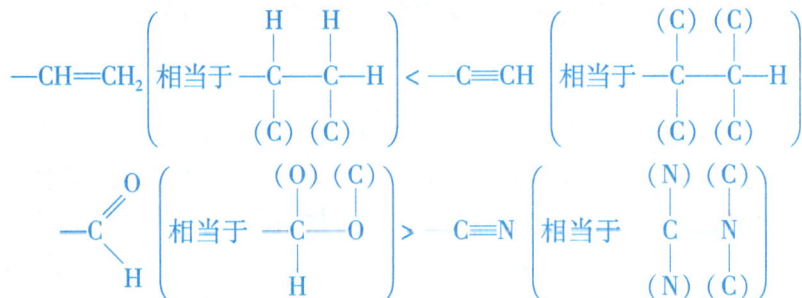

> 思考：比较—COOH 与—CH_2SH 的优先次序，哪个较高？
>
> 解答：$—CH_2SH > —COOH$，因为，S 的原子序数高于 O。

2.2.4　烃类化合物的命名

1. 烷烃的命名

选择含有支链最多的最长碳链为主链，主链按最低系列原则编号，支链表达按次序规则给出。如果支链中还有分支链，一般用括号将有分支链的支链括上。

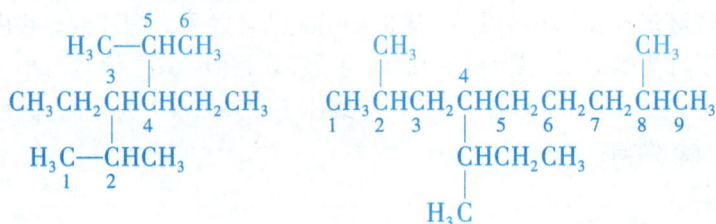

2,5 - 二甲基 - 3,4 - 二乙基己烷　　2,8 - 二甲基 - 4 - (1 - 甲基丙基)壬烷

（或 2,8 - 二甲基 - 4 - 仲丁基壬烷）

> 注意：有机化合物的英文命名，须遵守 IUPAC 命名法，即取代基首字母原则。例如：
>
>
>
> 2,5 - 二甲基 - 3,4 - 二乙基己烷
>
> 3,4 - diethyl - 2,5 - dimethylhexane

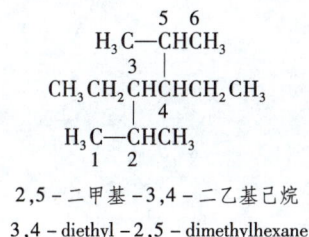

2. 烯烃和炔烃的命名

选择含双键或三键在内的最长碳链为主链，从靠近双键或三键一端开始编号，并标明双键或三键的位次。例如：

5-甲基-3-庚烯
5-methyl-3-heptene

3-甲基-1-戊炔
3-methyl-1-pentyne

4-甲基-1-己烯-5-炔
4-methyl-1-hexen-5-yne

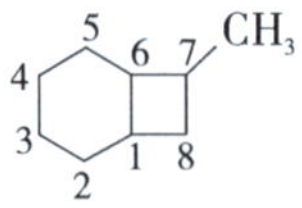

$$CH_3CH_2CHCH=CHCH_2CH_3$$

5-甲基-3-庚烯

3-乙基-4-丙基-1,3,5-己三烯

$$CH_3CH_2CHC\equiv CH$$

3-甲基-1-戊炔

2-十四碳炔

若化合物中同时含有双键和三键，应选择含双键和三键最多的最长碳链为主链，称为某烯炔。按最低系列原则给双键或三键尽可能低的编号；在双键、三键位号有选择时，优先给双键最低编号。例如：

$$CH_3CH=CHC\equiv CH$$

3-戊烯-1-炔

4-甲基-1-己烯-5-炔

3. 脂环烃的命名

单环脂环烃包括单环烷烃、单环烯烃和单环炔烃(少见)。命名方法与开链化合物相同，只要在名字前面加一"环"字。例如：

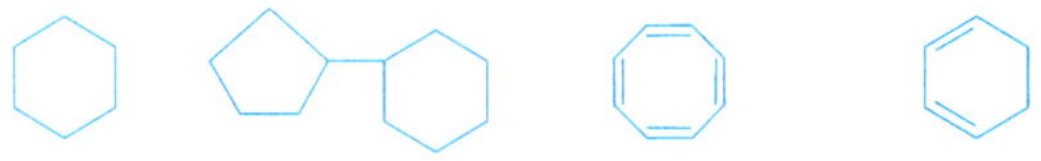

环己烷　环戊基环己烷　环辛四烯　1,3-环己二烯

桥环烃：两个环共用两个或两个以上碳原子组成的环烃称为桥环烃，环与环间相互连接的两个碳原子称为**桥头碳原子**，其余称为桥碳原子。编号顺序是从一个桥头碳开始，沿最长的桥路到第二个桥头碳，再沿次长的桥路回到第一个桥头碳，再按桥路渐短的次序将其余的桥路编号，如编号有选择时，则使官能团或取代基的位号尽可能小。命名时，写明取代基的名称和位次，桥碳原子数目(桥头碳除外)从大到小写在方括号中，并写出官能团的位次及名称。例如：

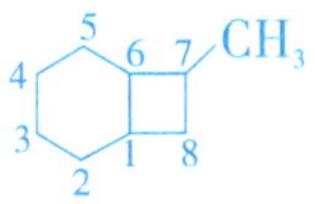

7-甲基二环[4.2.0]辛烷 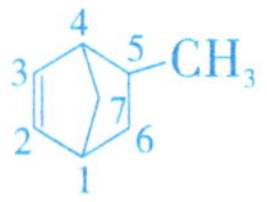
7-methylbicyclo[4.2.0]heptane

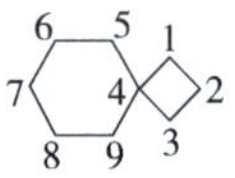

7-甲基二环[4.2.0]辛烷　　5-甲基二环[2.2.1]-2-庚烯

螺环烃：两个环共用一个碳原子组成的环烃称为螺环烃，共用的碳原子称为螺原子。螺环烃的命名与桥环烃相似，只是编号沿小环编到大环，先写小环上碳原子的数目(螺原子除外)，再写大环上碳原子的数目。例如：

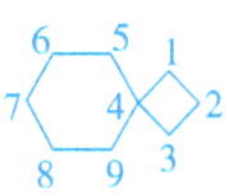

螺[3.5]壬烷 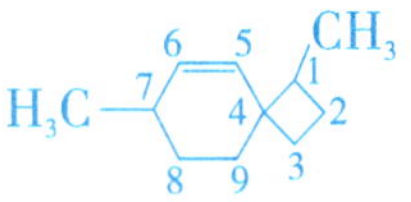
spiro[3.5]nonane

螺[3.5]壬烷　　1,7-甲基螺[3.5]-5-壬烯

4. 芳烃的命名

简单芳烃以苯为母体，环上取代基位次用数字标明，二取代化合物也可以用“邻”“间”“对”表示，相同的三元取代基还可以用“连”“偏”“均”表示，例如：

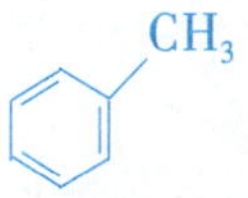
甲苯

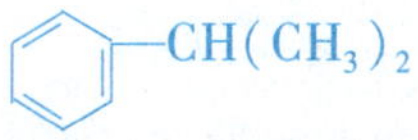
异丙苯

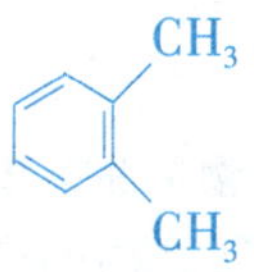
1,2-二甲苯或邻二甲苯

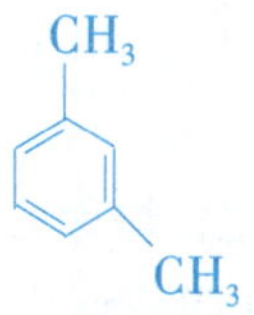
1,3-二甲苯或间二甲苯

1,4-二甲苯或对二甲苯

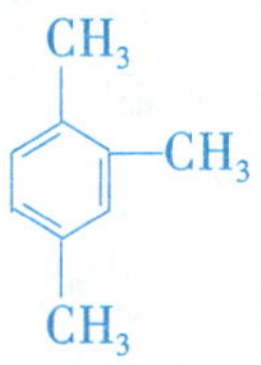
1,2,4-三甲苯或偏三甲苯

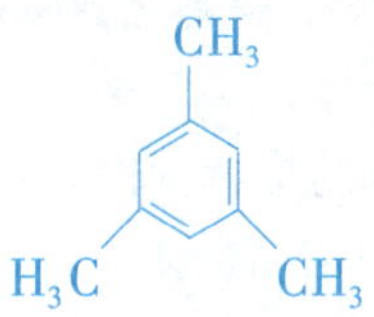
1,3,5-三甲苯或均三甲苯

当苯环上连有复杂的烷基或不饱和烃基时，把苯环看作取代基，如：

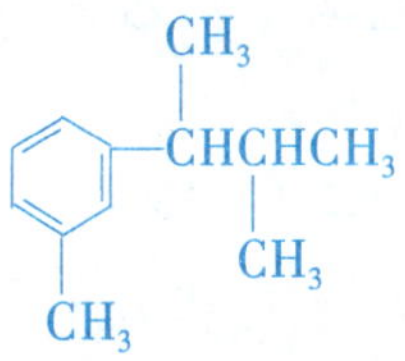
2-甲基-3-(3-甲基苯基)丁烷

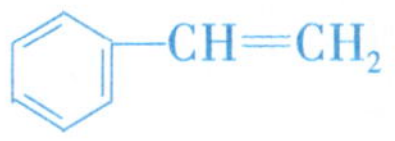
苯乙烯

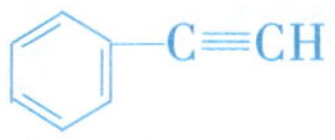
苯乙炔

分子中含有两个或两个以上的苯环称为多环芳烃，有联苯型和多苯基烷烃两类。

联苯型化合物命名时须分别对两个苯环编号，给有较小定位号的取代基以不带撇的数字编号。多苯基烷烃则将苯环作为取代基，烷烃作为母体。例如：

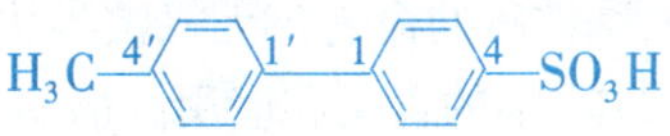
4′-甲基-4-联苯磺酸

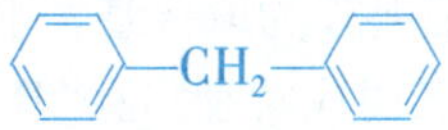
二苯甲烷

分子中含有两个或两个以上苯环彼此用两个相邻的碳原子稠合而成的芳烃称为稠环芳烃。简单的稠环芳烃给予特定的名称和位次编号。例如：

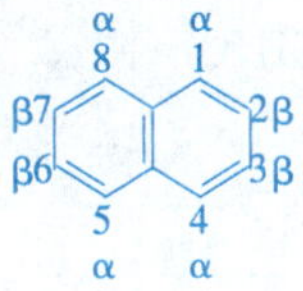
萘

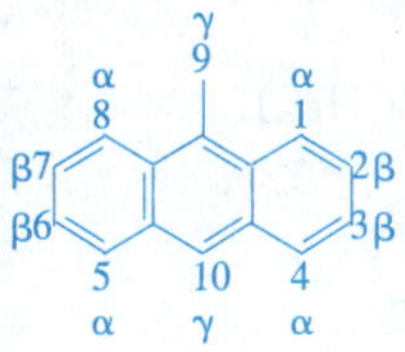
蒽

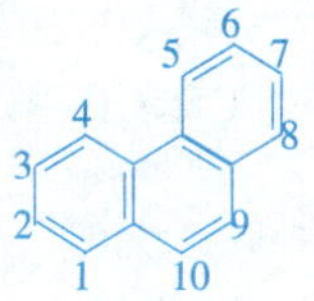
菲

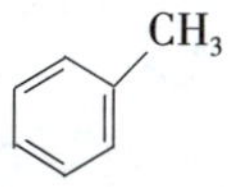
methylbenzene(toluene)

o-(ortho)，*m*-(meta)，*p*-(para)分别表示邻、间和对位。

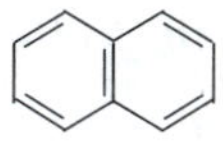
萘(naphthalene)
有两类氢

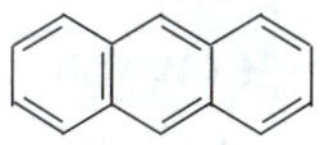
蒽(anthracene)
有三类氢

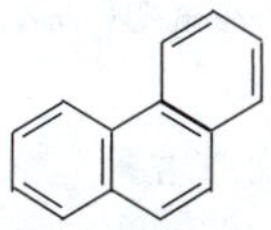
菲(phenanthrene)
有五类氢

卤原子的英文名称是将相应卤素英文名称的后缀“ine”去掉，加上“o”即可。-F、-Cl、-Br、-I的词头分别为fluoro-、chloro-、bromo-、iodo-。

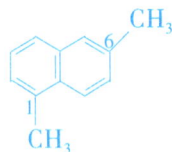

1,6 – 二甲基萘　　　　　2 – 甲基蒽或β – 甲基蒽

2.2.5　烃类衍生物的命名

烃分子中的氢原子被官能团取代所得化合物称为**烃类衍生物**。按官能团优先顺序选择主要官能团决定化合物的母体名称。

1. 单官能团化合物的命名

分子中只有一个官能团的化合物称为**单官能团化合物**。命名单官能团化合物时，选取含官能团在内或连接官能团的碳原子在内的最长碳链为主链，称为某类化合物。

（1）卤代烃、硝基化合物的命名

以烃为母体，以卤素、硝基为取代基，从官能团一端开始编号，并标明取代基的位置。例如：

$$CH_3CHCHCH_3 \qquad ClCH_2CH=CH_2 \qquad CH_3C\equiv CBr$$

　　｜　｜
　　Cl　CH₃

2 – 甲基 – 3 – 氯丁烷　　　3 – 氯丙烯　　　　1 – 溴丙炔

3 – 氯环己烯　　　4 – 溴甲苯　　　1,2,4 – 三氯苯

$$CH_3CH_2NO_2$$

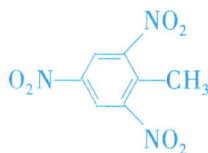

硝基乙烷　　　硝基苯　　　2,4,6 – 三硝基甲苯

（2）胺的命名

简单的胺用普通命名法，称为某（基）胺，比较复杂的胺则以烃为母体，氨基作为取代基。季铵盐和季铵碱的命名与无机铵类化合物相似。命名时应特别注意**"氨""胺""铵"**字的含义和应用。例如：

$$CH_3CH_2NCH_3 \qquad CH_3CH_2CHCH_3$$

　　　　　　　　　　　　　　｜
　　　　　　　　　　　　　NH₂

甲乙胺　　　仲丁胺　　　环己胺　　　β – 萘胺

2 – 甲基 – 4 – 氨基己烷　　　　乙二胺

N – 乙基对甲苯胺

NH_4Cl　　$(CH_3)_4N^+Cl^-$　　$(CH_3)_3N^+(C_2H_5)OH^-$
氯化铵　　　氯化四甲基铵　　　氢氧化三甲基乙基铵

（3）醇、酚和醚的命名

醇的命名选择连有醇羟基的碳原子在内的最长碳链为主链，靠近官能团一端开始编号，醇羟基的位置通常要标明。

$ClCH_2CH_2OH$　　　$HOCH_2CH_2CH_2CH_2OH$　　　
2－氯乙醇　　　　　1,4－丁二醇　　　　2－环戊烯醇

酚类化合物命名时，常以酚作母体，其他基团作为取代基，多元酚命名时应在酚名称前标明羟基的位次，并使其编号尽可能小。

对甲基苯酚　　　对苯二酚　　　2－萘酚或 β－萘酚

醚命名时，简单醚按普通命名法，即在相同的两个烃基名称前加上"二"字，但通常将"二"字省去。**混合醚**则按次序规则将两个烃基由小到大依次列出，但芳香烃基要写在其他烃基的名称前。较复杂的醚则将烃氧基作为取代基命名。例如：

$CH_3OCH_2CH_3$　　　$CH_3OC(CH_3)_3$　　　$C_6H_5OCH_3$
甲基乙基醚　　　　甲基叔丁基醚　　　　苯甲醚

4－甲氧基苯酚　　　　　3－乙氧基戊烷

$CH_3CH_2OCH_2CH_2OCH_2CH_3$
1,2－二乙氧基乙烷（乙二醇二乙醚）

（4）醛和酮的命名

选择含有醛基或羰基碳在内的最长碳链为主链，从靠近羰基的一端开始编号，酮的羰基位置通常要标明。醛基处于链端，不必标明。醛的普通命名法用 α、β、γ 等表示取代基位置，与官能团相连的碳为 α 碳。酮的普通命名是将酮（ketone）的前面加上两个烷基的名称。醛、酮的英文名称是将烷烃或烯烃的词尾"e"去掉，分别改为"al""one"。例如：

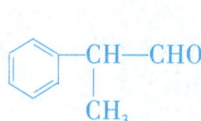
2－甲基丙醛　　　3－丁烯醛　　　3－甲基环己（基）甲醛
或 α－甲基丙醛　或 β－丁烯醛

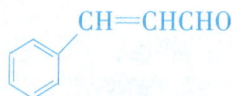
苯甲醛　　　2－苯基丙醛　　　3－苯基丙烯醛

丙酮　　　2－甲基－3－戊酮　　　4－甲基环己酮

更正下列化合物命名：

（1）$\quad$—Br　（2）$\quad$—OH
2－溴环己烯　　2－羟基环己烯

解：（1）中编号错误，应从双键碳开始编号，正确名称为：3－溴环己烯。（2）中母体选择错误，应以醇为母体，正确名称为：2－环己烯－1－醇，其中醇的位次可省略。

苯酚的英文名为"phenol"，这也是其他一元酚的母体。例如，

对甲苯酚：p－methylphenol
2,4－二硝基苯酚：2,4－dinitrophenyl
乙醚：(di)ethyl ether
甲乙醚：ethyl methyl ether
苯甲醚：benzyl methyl ether
3－乙氧基戊烷：3－ethoxypentane

醛、酮的英文名称是将烷烃或烯烃的词尾"e"去掉，分别改为"al""one"。例如：

苯甲醛：phenylmethanal
2－甲基－3－戊酮：2－methyl－3－pentone

羧酸的英文名称是将烷烃或烯烃的词尾"e"用"oic acid"替换。

例如：
丙酸：propanoic acid
己二酸：hexanedioic acid
蚁酸：formic acid
冰醋酸：glacial acetic acid
甘油：glycerol
水杨酸：salicylic acid

羧基直接与环碳相连的化合物的英文命名是在相应环烃名称之后加上"carboxylic acid"。

酰卤的英文命名是将相应羧酸的词尾 oic acid 或 ic acid 换成 yl halide。

例如：

$$CH_3\overset{\displaystyle O}{\overset{\displaystyle \|}{C}}—Cl$$

IUPAC name：ethanoyl chloride

Common name：acetyl chloride

酰胺的英文名称是将羧酸的后缀 oic acid 或 ic acid 换成后缀 amide。

例如：

$$H_3C—\overset{\displaystyle O}{\overset{\displaystyle \|}{C}}—NH—CH_2CH_3$$

IUPAC name：N－ethylethanamide

Common name：N－ethylacetamide

酸酐的英文名称是将"acid"改成"anhydride"。

例如：

$$CH_3\overset{\displaystyle O}{\overset{\displaystyle \|}{C}}—O—\overset{\displaystyle O}{\overset{\displaystyle \|}{C}}CH_3$$

IUPAC name：ethanoic anhydride

Common name：acetic anhydride

酯的英文名称是醇在前(作为烃基)，酸在后，并将酸的后缀"ic acid"改为"ate"。

例如：

$$CH_3\overset{\displaystyle O}{\overset{\displaystyle \|}{C}}—OC_2H_5$$

IUPAC name：ethyl ethanate

Common name：ethyl acetate

(5)羧酸及羧酸衍生物的命名

羧酸的系统命名与醛类似，因羧基(carboxyl group)也处在链端，不必标出羧基位次。羧酸的英文名称是将烷烃或烯烃的词尾"e"用"oic acid"替换即可。英文普通命名的词尾是"ic acid"，但词头没有规律。

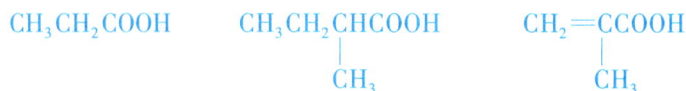

丙酸　　　2-甲基丁酸或α-甲基丁酸　　2-甲基丙烯酸

对于脂环族和芳香族羧酸，以脂肪酸为母体，把脂环和芳环作为取代基来命名。例如：

$$\text{CH}_2\text{COOH},\ \text{CH}_3\qquad \text{COOH},\ \text{COOH}\qquad HOOC(CH_2)_4COOH$$

邻甲基苯乙酸　　　邻苯二甲酸　　　己二酸

酰卤、酯、酸酐和酰胺，统称为羧酸衍生物。酰卤和酰胺，常根据它们所含的酰基来命名。酰胺分子中氮原子上的氢原子被烃基取代后所生成的取代酰胺，称为 N－烃基某酰胺。

 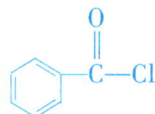

乙酰氯　　　　丙烯酰溴　　　　苯甲酰氯

  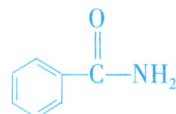

N－乙基乙酰胺　　N,N－二甲基甲酰胺　　苯甲酰胺
　　　　　　　　　　　(DMF)

酸酐常根据相应的酸来命名。酯是根据生成它的酸和醇来命名，称为"某酸某酯"；但多元醇的酯，一般把"酸"名放在后面，称为"某醇某酸酯"。

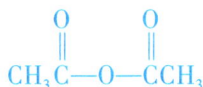 

$$\begin{array}{c}CH_2OOCCH_3\\|\\CH_2OOCCH_3\end{array}$$

乙酐　　　　苯甲酸乙酯　　　乙二醇二乙酸酯

2. 多官能团化合物的命名

当分子中含有多种不同的官能团时，按2.2.3的基本方法中所列原则确定主官能团，然后，选含主官能团及尽可能多的官能团(尽量含重键)的最长碳链为主链，靠近主官能团一端开始编号，根据主官能团确定母体的名称，其他官能团作为取代基用词头表示。例如：

3-丁酮酸或　　　3-丁酮酸乙酯　　　2-甲基-3-氯丙酰氯
β-丁酮酸　　　(乙酰乙酸乙酯)

$$H_2NCH_2CH_2OH\qquad CH_3OCH_2CH_2\overset{\displaystyle }{\underset{\displaystyle |}{C}}HCOOH$$
$$\qquad\qquad\qquad\qquad\qquad NH_2$$

2-氨基乙醇　　2-氨基-4-甲氧基丁酸　　邻乙酰氧基苯甲酸或乙酰水杨酸

含有脂环或芳香环的化合物,如取代基复杂,选择碳链做主链。如下列化合物,选择含双键和连接醇羟基的碳链为主链,从靠近醇羟基一端开始编号,母体为3－丁烯－2－醇。

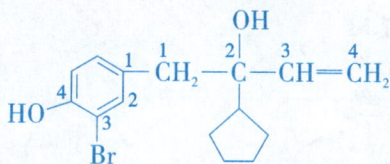

2－环戊基－1－(4－羟基－3－溴苯基)－3－丁烯－2－醇

3. 杂环芳烃的命名

杂环芳烃因其结构中含有杂原子而显得较为复杂,命名时主要采用英文的音译2~3个汉字并以"口"字旁作为杂环的标志。杂原子优先编号,若有多种杂原子,按O、S、N顺序编号;若含两个氮原子,优先将含氢的氮原子编号。

呋喃(furan)　噻吩(thiophene)　吡咯(pyrrole)　噻唑(thiazole)　吡唑(pyrazole)

咪唑(imidazole)　吡啶(pyridine)　嘧啶(pyrimidine)　喹啉(quinoline)　吲哚(indole)

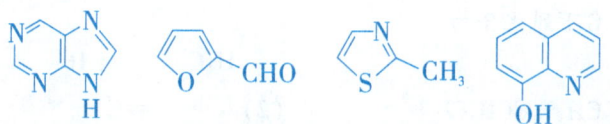

嘌呤(purine)　2－呋喃甲醛　2－甲基噻唑　8－羟基喹啉

对于稠杂环则有固定的编号顺序,通常从杂原子开始,依次编号,公用的碳原子一般不编号,并尽可能使杂原子位次较小。

例如:

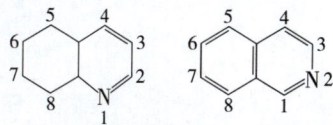

喹啉(quinoline)　异喹啉(isoquinoline)

值得注意的是:嘌呤,不仅公用碳参与编号,而且编号的顺序很特殊。

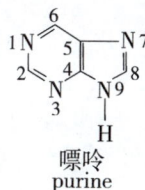

嘌呤
purine

✦ ### 习 题

1.写出下列化合物的结构式:

(1)2,3－二甲基戊烷

(2)2－甲基－3－异丙基己烷

(3)2,4－二甲基－4－乙基庚烷

(4)新戊烷

(5)甲基乙基异丙基甲烷

(6)2,3－二甲基－1－丁烯

(7)2－甲基－2－丁烯

(8)反－4－甲基－2－戊烯

2. 写出下列化合物的结构式:

(1)苯甲醇

(2)β - 萘酚

(3)甲基叔丁基醚

(4)苯乙醛

(5)1,3 - 环己二酮

(6)异丁酸

(7)苯甲酰氯

(8)苯甲酸乙酯

(9)乙酸酐

(10)乙酰苯胺

(11)N - 甲基 - N - 乙基苯胺

(12)8 - 羟基喹啉

3. 用 IUPAC 命名法命名下列化合物:

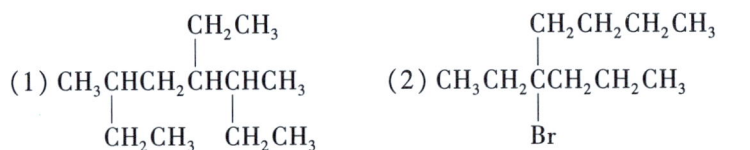

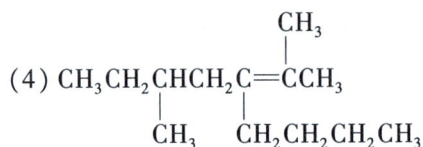

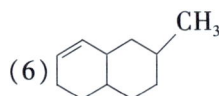

(1) $CH_3CHCH_2CHCHCH_3$ (侧链 CH_2CH_3 上方, CH_2CH_3 和 CH_2CH_3 下方)

(2) $CH_3CH_2CCH_2CH_2CH_3$ (上方 $CH_2CH_2CH_2CH_3$, 下方 Br)

(3)

(4) $CH_3CH_2CHCH_2C{=}CCH_3$ (上方 CH_3, 下方 CH_3 和 $CH_2CH_2CH_3$)

(5)

(6) CH_3

4. 命名下列化合物:

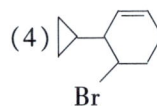

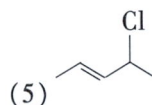

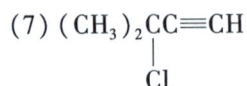

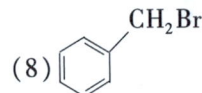

(1) $(CH_3)_3CCH_2Cl$

(2) (H_3C, H, H, CH_2Br 在 C=C 上)

(3) CCl_2F_2

(4) (Br)

(5) (Cl)

(6) (Br)

(7) $(CH_3)_2CC{\equiv}CH$ (下方 Cl)

(8) (CH_2Br)

5. 命名下列化合物

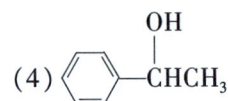

(1) $(CH_3)_2CHOH$

(2) $H_2C{=}CHCH_2OH$

(3) CH_2OH

(4) $CHCH_3$ (上方 OH)

(5) $(CH_3)_2CHCH_2CHCH_2OH$
　　　　　　　　　　$|$
　　　　　　　　　CH_3

(6)

(7) $HC\equiv C-\underset{CH_3}{\overset{\displaystyle H\quad\quad H}{\underset{|}{C}}}-\overset{C=C}{\underset{CH_2OH}{}}$

(8)

(9)

(10) $HO-\!\!\!\bigcirc\!\!\!-OH$

(11) $HOCH_2\underset{CH_3}{\overset{|}{C}H}-\underset{CH_3}{\overset{|}{C}H}CH_2OH$

(12) $\bigcirc\!\!-OC_2H_5$

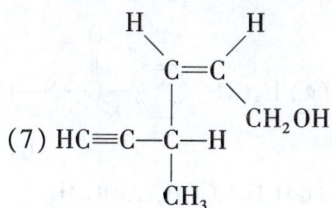

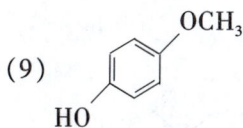

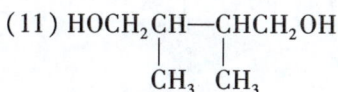

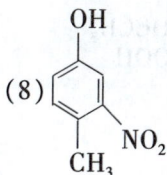

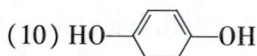

6.命名下列化合物：

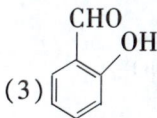

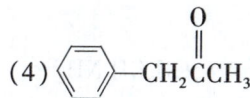

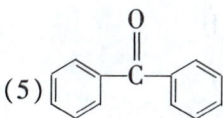

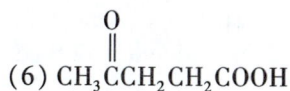

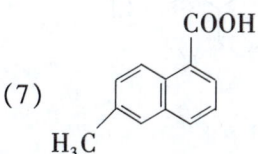

(1) $(CH_3)_2CH(CH_2)_2CHO$

(2) $C_6H_5CH_2CH_2COCH_3$

(3)

(4) $\bigcirc\!\!-CH_2\overset{\displaystyle O}{\overset{\|}{C}}CH_3$

(5)

(6) $CH_3\overset{\displaystyle O}{\overset{\|}{C}}CH_2CH_2COOH$

(7)

(8)

7.命名下列化合物：

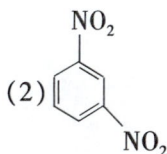

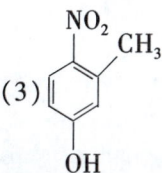

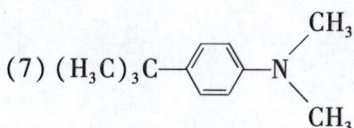

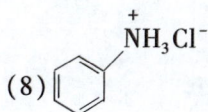

(1) $CH_3\underset{NO_2}{\overset{|}{C}H}CH_3$

(2)

(3)

(4) $(CH_3)_2CHNH_2$

(5) $(CH_3)_2NCH_2CH_3$

(6) $CH_3CH=CHCH_2N(CH_3)_2$

(7) $(H_3C)_3C-\!\!\!\bigcirc\!\!\!-N\!\!\begin{array}{c}CH_3\\CH_3\end{array}$

(8)

(9) $[(CH_3)_2\overset{+}{N}(C_2H_5)_2]OH^-$

8.命名下列化合物：

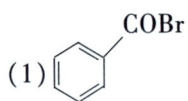

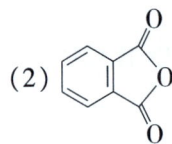

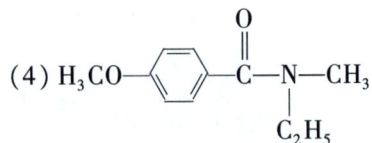

(1)

(2)

(3)

(4) H_3CO—C$_6H_4$—$\overset{\displaystyle O}{\underset{\displaystyle}{C}}$—$N\overset{\displaystyle CH_3}{\underset{\displaystyle C_2H_5}{}}$

(5) $\begin{array}{c}COOC_2H_5\\ |\\ COOC_2H_5\end{array}$

(6) $CH_3COCH_2COOC_2H_5$

9.命名下列化合物：

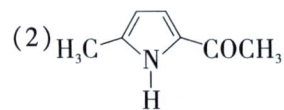

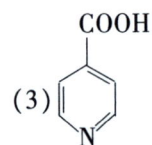

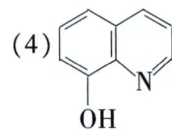

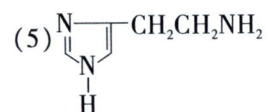

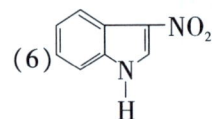

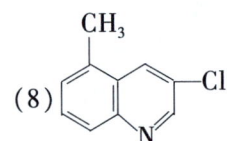

(1)

(2)

(3)

(4)

(5)

(6)

(7)

(8)

第 3 章

烷烃和环烷烃
(Alkanes and Cycloalkanes)

只含有碳和氢两种元素且分子中只有 C—C、C—H σ 键的有机化合物叫作饱和烃，包括**烷烃**(alkane)和**环烷烃**(cycloalkane)。烃是有机化合物的母体。本章主要讨论烷烃和环烷烃的结构和性质，其中，烷烃的结构、物理性质变化规律、自由基的稳定性以及自由基反应机理的分析，是后续各章学习的重要基础。

3.1　烷烃

3.1.1　烷烃的结构

烷烃分子中所有的碳原子都是 sp^3 杂化，碳碳键和碳氢键都是 σ 键。甲烷(CH_4)是最简单的烷烃，是由碳的 4 个 sp^3 杂化轨道与 4 个氢的 s 轨道形成的 4 个等同的 C—H σ 键，分子构型为正四面体，键角为 109°28′，键长为 109 pm，如图 3-1 所示。

其他烷烃分子中，除具有 C—H σ 键以外，还有 C—C σ 键。乙烷分子的碳碳 σ 键是通过相互成键碳原子的 sp^3 杂化轨道沿键轴方向"头碰头"重叠形成的，如图 3-2 所示。对于碳数更多的烷烃，其碳链中每个碳原子都有类似于甲烷的构型，碳碳单键间的夹角约为 109.5°，碳碳键长为 154 pm，碳氢键长为 110 pm。

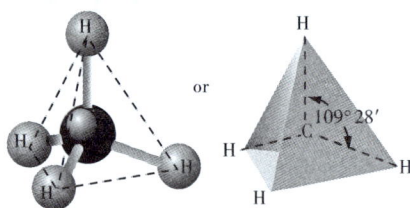

图 3-1　甲烷的结构　　　　图 3-2　乙烷中的碳碳 σ 键

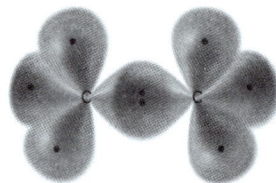

烷烃中的 σ 键是通过成键原子的原子轨道沿键轴方向重叠形成的，其重叠程度大，键较牢固，对化学试剂很稳定。由于成键电子云沿键轴近似呈圆柱形对称分布(图 3-3)，任何一个原子绕键轴旋转不会改变成键轨道的重叠程度，所以 σ 键可以绕键轴"自由"旋转，产生构象异构，相关内容将在第 5 章讨论。

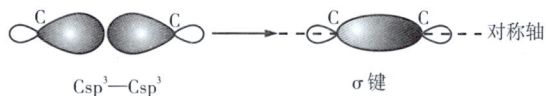

图 3-3　σ 键的轨道轴对称

3.1.2　分子间作用力与物理性质规律

有机化合物的物理性质通常指物态、熔点、沸点、折光率、溶解度、密度、旋光度和偶极矩等。这些性质在有机化合物的合成、分离、提纯、使用、保存和纯度检验等方面都是十分有用的。同时，有机化合物的物理性质在人类生活和生命的各个方面也起着重要的作用。纯粹有机化合物的物理性质在一定条件下都有固定的数值，称为物理常数。许多有机化合物的物理性质可在化学手册中查阅到。

有机化合物都是以共价键为基础的烃类及其衍生物。因此各类有机化合物的物理性质随着其官能团和碳链的不同，会发生有规律的变

凯库勒(Kekulé，1829—1896)，德国化学家，1857—1858 年，他提出了有机物分子中碳原子为四价而且可以互相结合成碳链的思想，为现代有机分子结构理论奠定了基础。他的另一重大贡献是在 1865 年发表的《论芳香族化合物的结构》论文，第一次提出了苯的环状结构理论，解决了长期困扰有机化学界的一个问题。

化。常见的物理性质往往与分子间的作用力以及分子和晶体结构的空间对称性有关。同系列化合物表现出来的物理性质往往随化合物相对分子质量的增加，发生有规律的递增。总的说来，有机化合物的物理性质取决于它们的结构和分子间的作用力。

1. 分子间的作用力

分子间的作用力主要有以下三种：

偶极－偶极作用力（dipole－dipole interaction）　极性分子具有固定的偶极矩，而呈现电荷分离状态，当这样的两个分子相互靠近时，一个分子的正端对另一分子的负端产生吸引作用。这种极性分子间的作用力称为**偶极－偶极作用力**。

色散力（dispersion force）　分子中的电子处于不断的运动状态中，产生瞬时偶极，这个瞬时偶极将会诱导周围分子也产生瞬时偶极，这种瞬时偶极间的相互作用力，称为**色散力**。色散力的大小与化学键的极化度有关，极化度越大，分子间的色散力越大。极性分子和非极性分子都存在色散力。有时将色散力叫作范德华力。色散力的作用范围较小，只在分子间靠得很近的部分才起作用，即它和分子的接触面积有关。

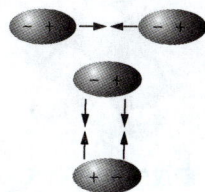
偶极－偶极相互作用

氢键（hydrogen bond）　当氢原子与原子半径较小、电负性较大并带有未共用电子对的原子 Y（Y 主要是 N、O、F）结合后，带部分正电荷的氢可以与另一个电负性强的 Y 原子相互吸引而与其未共用电子对以静电引力结合，这种分子间的作用力称为**氢键**。如 O—H…O，其中 O—H 是极性共价键，H…O 是氢键。由于氢原子很小，只能与两个电负性大的原子结合，因而氢键具有饱和性。实际上，氢键也是偶极－偶极间的静电吸引。它是一种最强的分子间作用力，其键能介于共价键键能与范德华引力之间，为 8～50 kJ/mol。分子内和分子间均可形成氢键。F 的电负性最大，原子半径又很小，F—H…F 是最强的氢键。碳氢键（C—H）一般难以形成氢键，但在某些分子中也存在此类现象，如甲腈分子间的作用：H—C≡N…H—C≡N，丙酮上的氧原子和氯仿上的氢原子之间也存在氢键。

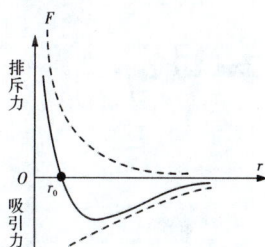
分子间作用力跟分子间距离的关系

2. 烷烃的物理性质规律

烷烃是非极性分子，分子间只存在微弱的范德华力。一些烷烃的物理性质见表 3－1。

从表 3－1 中可看出，直链烷烃的物理性质随相对分子质量的增加呈现出一定的递变规律。

状态：常温常压下，甲烷至丁烷是气体，戊烷至十七烷是液体，十八烷以上是固体。

沸点（boiling point, b. p.）：正构烷烃的沸点随碳原子数增多而呈规律性的升高。液态正烷烃，每增加一个碳原子，沸点增加 20～30℃。**相对分子质量越大，沸点越高**。这是因为，烷烃的碳原子数越多，分子间作用力越大，使之沸腾就必须提供更多的能量，所以，沸点升高。**碳原子数相同，支链越多，沸点就越低**。例如，正戊烷、异戊烷和新戊烷的沸点分别为 36.1℃、28℃和 9.5℃。这是因为随着

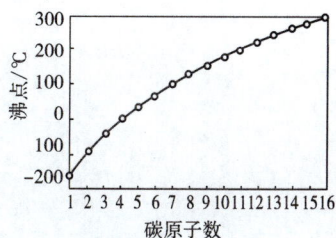
直链烷烃的沸点与分子中所含碳原子数的关系图

正戊烷沸点：36.1℃

异戊烷沸点：28℃

新戊烷沸点 9.5℃

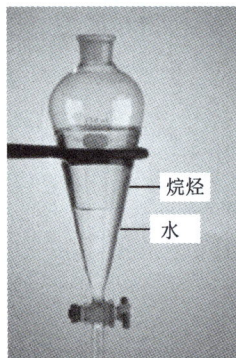

表 3-1　烷烃的物理性质

名称	英文名称	熔点/℃	沸点/℃	密度/(g·cm^{-3})
甲烷	methane	-183	-164	
乙烷	ethane	-183	-89	
丙烷	propane	-189	-42	
丁烷	butane	-138	-0.5	
戊烷	pentene	-130	36	0.63
己烷	hexane	-95	69	0.66
庚烷	heptane	-91	98	0.68
辛烷	octane	-57	126	0.70
壬烷	nonane	-51	151	0.72
癸烷	decane	-30	174	0.73
十一烷	undecane	-26	196	0.74
十二烷	dodecane	-10	216	0.75
十三烷	tridecane	-5	235	0.76
十四烷	tetradecane	6	254	0.76
十五烷	pentdecane	10	268	0.77
十八烷	octadecane	28	316	0.76
异丁烷	isobutane	-159	-12	0.60
异戊烷	isopentane	-160	28	0.62
新戊烷	neopentane	-17	9.5	0.61

氧化石蜡皂：红褐色膏状物或粉状物，溶于水，是非金属矿和金属氧化矿的捕收剂。

支链的增多，分子形状趋于球形，分子之间的有效接触程度减少，分子之间的作用力减弱，沸点降低。总之，沸点的高低主要决定于分子间作用力的大小。

熔点(melting point, m. p)：正构烷烃的熔点随碳原子数增多而升高，但变化不如沸点规则。含偶数碳原子的正烷烃熔点比相邻的含奇数碳的正烷烃高。同分异构体中，对称性较好的支链烷烃的熔点比直链烷烃高。熔点不仅与分子间的作用力有关，还与分子在晶格中排列的紧密度有关。分子对称性高，分子在晶格中排列越紧密，分子间作用力越大，熔点越高。例如，正戊烷的熔点为 -130℃，异戊烷为 -160℃，新戊烷为 -17℃，因为新戊烷分子规整，能紧密堆砌，分子间作用力大，熔点高。

烷烃分子是非极性或弱极性的化合物。按照"极性相似者相溶"的原则，烷烃易溶于非极性或极性较小的有机溶剂中，如苯、氯仿和四氯化碳等，难溶于水和其他强极性溶剂中。

烷烃是有机化合物中密度最小的一类化合物。正烷烃的密度随着碳原子数的增多而增大(在 0.8 g/cm^3 左右趋于恒定)。所有烷烃的密度都小于 1 g/cm^3。

3.1.3　烷烃的化学性质

由于烷烃的化学键只有稳定的碳碳 σ 键和碳氢 σ 键，而 σ 键较牢固，难于极化，具有较好的化学稳定性。因此，室温下，烷烃与强酸、强碱、强氧化剂均不反应。烷烃作为非极性或弱极性分子，常用作惰性溶剂或药物的载体。但在光照、加热或过氧化物作用下，烷烃可发生共价键均裂而进行自由基反应。烷烃被广泛用作燃料，是石油、天然气等的主要成分。

1. 烷烃的自由基卤代反应

烷烃可以在高温或光照下与氯或溴进行自由基取代反应，得到相应的一卤代物和多卤代物。碘代反应一般难以进行，而氟代反应太剧烈，难以控制，故烷烃的卤代反应一般指氯代和溴代。

甲烷的氯代　在漫射光、过氧化物的作用下或 250 ~ 400℃ 的较高温度下，甲烷和氯发生反应，生成氯甲烷和氯化氢，反应很难停留在一元取代的阶段，通常得到各种取代的混合物。

$$CH_4 \xrightarrow[hv\ 或\ \triangle]{Cl_2} CH_3Cl \xrightarrow[hv\ 或\ \triangle]{Cl_2} CH_2Cl_2 \xrightarrow[hv\ 或\ \triangle]{Cl_2} CHCl_3 \xrightarrow[hv\ 或\ \triangle]{Cl_2} CCl_4$$

利用四种氯代物沸点的不同，采用精馏法可将它们分开。

通过控制反应条件可以使一种氯代物为主要产物。例如，当上述反应在 400 ~ 500℃ 进行时，甲烷与氯气的物质的量比为 10∶1 时，一氯甲烷为主要产物。

共价键的均裂和自由基反应　任何有机反应都要涉及共价键的断裂与形成。共价键的断裂分为均裂和异裂两种方式。若共价键断裂后，两个成键原子共用的一对电子由两个原子各保留一个，这种键的断裂方式叫**均裂**(homolysis)。均裂往往在较高的温度或光的照射下发生。如：

$$A—B \longrightarrow A· + B·$$

$$Br··Br \xrightarrow{hv} 2Br·$$

$$H_3C—H + Br· \longrightarrow CH_3· + HBr$$

由共价键的均裂生成的带有未成对电子的原子或原子团叫**自由基或游离基**(free radical)。通过共价键的均裂而发生的反应叫作**自由基反应**(free radical reaction)。按照反应物和产物的关系，自由基反应又可分为自由基取代反应和自由基加成反应等。

卤代反应机理　反应机理(reaction mechanism)，又称反应历程或反应机制，是对反应过程逐步变化的详细描述。了解反应机理，认识反应的实质，掌握反应规律，从而达到控制和利用化学反应的目的。

研究表明，甲烷的卤代反应具有以下实验事实：加热或光照下才能反应，反应一旦引发便可自动进行，产物中有少量乙烷，少量氧的存在会推迟反应的进行。以上实验事实，说明该反应是自由基反应。反应机理分为链引发、链增长和链终止三个阶段：

链引发(chain initiation)：

首先是氯分子吸收光能，发生共价键均裂，产生具有高能量的带单电子的氯原子(氯自由基)：

石油液化气的主要成分是丙烷和丁烷，常温下是气体。当石油液化气快用完时，通常摇一摇或将气罐置于热水浴中，又可继续燃烧一段时间，这是因为石油液化气中含有少量戊烷，当振摇或热水浴时戊烷气化(常温下是液体)所致。

据认为多数燃烧属自由基反应。

思考: 实验表明乙烷氯代的产物中含微量正丁烷,而经检测,反应物乙烷中并不含正丁烷,正丁烷是如何产生的呢?

分析: 乙烷氯代反应的链增长阶段产生乙基自由基,乙基自由基可相互结合产生正丁烷。

自由基最基本的特征是具有未配对单电子,可以是中性分子,也可以是带电荷的离子。在人体内,自由基参与生理、病理和衰老等过程。如超氧阴离子自由基($\cdot O_2^-$),其毒性主要是使酶失活,降解 DNA 和细胞膜上的生物大分子及多糖,并引起脂质过氧化作用。

虽然自由基已被证实具有毒性,但并非有害无益,正常生命过程产生的自由基对维持生理功能十分重要。例如,白细胞吞噬外源性病原微生物时,就是利用活性氧自由基杀灭的;人体解毒的羟化反应需要羟基自由基 $\cdot OH$ 的参与;前列腺素、ATP 和凝血酶原的合成等都需要自由基的参与。正常情况下,生物体内自由基浓度极低,处于产生和清除动态平衡,只有在病理情况下,产生的自由基得不到及时清除或产生和清除失去了正常平衡,导致其浓度过高才会造成自由基对肌体的损伤。

阿伦尼乌斯公式:

$$K = Ae^{-E_a/(RT)}$$

K:速率常数。

Hammond 假设:过渡态总是与能量相近的分子的结构相近似。

摩西·冈伯格发现的三苯甲基自由基是可以稳定存在的自由基,对比 $(CH_3)_3C\cdot$、$(CH_3)_2CH\cdot$、$CH_3CH_2\cdot$、$CH_3\cdot$ 等自由基的结构特点,试从结构上来分析自由基的稳定性(参见4.3.3中"共轭效应和共轭体系")。

$$Cl:Cl \xrightarrow{h\nu} Cl\cdot + Cl\cdot \qquad \Delta H = +242.5 \text{ kJ/mol} \qquad (a)$$

链增长(chain propagation):

氯自由基非常活泼,具有强烈获得一个电子形成稳定八隅体(octet)的倾向。它与甲烷分子碰撞,使 C—H 键发生均裂,并与氢原子结合形成 HCl,同时产生甲基自由基 $CH_3\cdot$。活泼的甲基自由基为反应活泼中间体,为了满足碳原子稳定的**八隅体**结构,$CH_3\cdot$ 会很快与氯分子碰撞,夺取一个氯原子生成一氯甲烷和新的氯自由基。

$$Cl\cdot + H:CH_3 \longrightarrow HCl + CH_3\cdot \qquad \Delta H = +8 \text{ kJ/mol} \qquad (b)$$

$$CH_3\cdot + Cl:Cl \longrightarrow CH_3Cl + Cl\cdot \qquad \Delta H = -113 \text{ kJ/mol} \qquad (c)$$

新的氯自由基又可重复进行(b)、(c)反应,每循环一次,产生一个一氯甲烷分子。当一氯甲烷有一定的浓度时,一氯甲烷也可与氯自由基碰撞,产生一氯甲基自由基 $ClCH_2\cdot$ 和氯化氢分子,然后,一氯甲基自由基夺取氯分子中的氯原子生成二氯甲烷分子和氯自由基。如此循环下去,将生成三氯甲烷和四氯化碳。

可见,一旦引发产生自由基,链增长的步骤便自发进行,且步步相扣,不断地循环,每一步都消耗一个自由基,同时又产生一个新的自由基,反复进行着自由基的消耗和产生新自由基的反应,所以这种反应称为自由基链锁反应。

链终止(chain termination):

$$Cl\cdot + Cl\cdot \longrightarrow Cl_2 \qquad (d)$$

$$Cl\cdot + CH_3\cdot \longrightarrow CH_3Cl \qquad (e)$$

$$CH_3\cdot + CH_3\cdot \longrightarrow CH_3CH_3 \qquad (f)$$

反应体系中自由基与自由基相互结合形成中性分子,链锁反应终止。因此,两个自由基的结合叫链终止反应。链终止不再产生新的自由基,反应体系中的自由基数量不断减少,导致反应链断裂,即反应终止。链终止步骤中,甲基自由基相互结合即生成乙烷,产物中检测出少量乙烷即证实了该反应机理的正确性。

在自由基链锁反应中,加入少量能抑制自由基的产生或降低自由基活性的**抑制剂**(inhibitor),可使反应速率减慢或使反应停止。例如,在甲烷的氯代反应中,少量氧可与甲基自由基结合生成较不活泼的过氧自由基 $CH_3—O—O\cdot$ 而降低反应速率。只有当氧分子全部与甲基结合后,反应才能以正常速度进行。

自由基反应的共同特征是:通过共价键的均裂产生自由基而进行,通常包括三个阶段:链的引发、链的增长和链的终止。反应一般在光照、高温或过氧化物作用下进行。除烷烃的卤代外,烯烃中的 α-H 氯代、苯环侧链 α-H 的卤代一般都是自由基取代反应。

甲烷氯代链增长步骤的能量变化过渡态(transition state)理论认为:化学反应从反应物转变成产物,是一个连续不断的过程,必须经历一个过渡态,过渡态的结构介于反应物与产物之间。例如:

$$A—B + C \rightleftharpoons [A\cdots B\cdots C]^{\neq} \rightleftharpoons A + B—C$$

反应物　　　　　过渡态　　　　　产物

过渡态即反应物过渡到产物的中间状态,此时旧键没有完全断裂,新键没有完全形成,它极不稳定,不是一个独立存在的化合物,目前还不能分离出来加以研究。过渡态与中间体的区别:**中间体**

（intermediate），如自由基，它是带单电子的原子或原子团，中间体是非常活泼但真实存在的物质。例如，自由基可以用顺磁共振仪（ESR）来检测。

从反应物到过渡态，体系的能量不断升高，过渡态时能量达到最高值，以后体系的能量迅速降低。反应物与过渡态的能量之差称**活化能**（activation energy），用 E_a 表示。不同反应的活化能不同。活化能越高，反应越难进行。甲烷卤代反应链增长阶段的能量变化如图 3－3 所示。

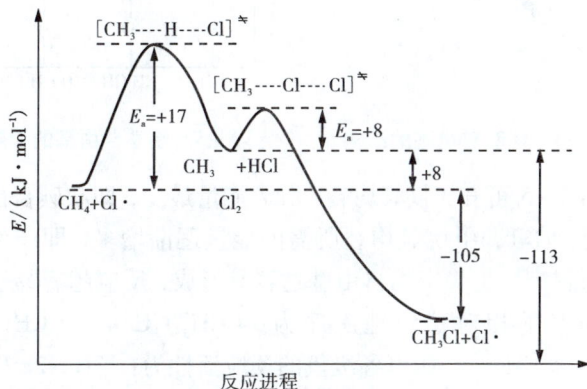

图 3－3　甲烷卤代反应链增长阶段能量变化

过渡态处于能量最高峰，从反应物到产物必须攀越此能量峰。在同一类型的反应中，过渡态越稳定，其能量越低，反应的活化能越低，反应的活性就越大，即反应速率就越快。对于多步反应，活化能较高的步骤反应速度较慢，是决定整个反应速度的步骤，**称为决速步骤**。甲烷氯代反应链增长的第一步，从反应热数据看，只需 8 kJ/mol 能量就能发生反应，但实验表明，必须提供 17 kJ/mol 的能量作为反应的活化能才能发生反应。而链增长的第二步只需活化能 8 kJ/mol 即可形成过渡态，故该反应中，链增长的第一步，即生成甲基自由基的这一步是链锁反应的决速步骤。由于链增长的两步反应所需的活化能都不高，很易发生。这就不难理解，甲烷的氯代反应，一旦链引发，即可迅速发生链锁反应。

卤代反应的取向　以丙烷和异丁烷的氯代为例：

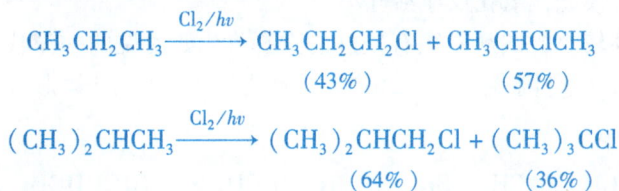

$$CH_3CH_2CH_3 \xrightarrow{Cl_2/h\nu} CH_3CH_2CH_2Cl + CH_3CHClCH_3$$
$$(43\%) \qquad\qquad (57\%)$$

$$(CH_3)_2CHCH_3 \xrightarrow{Cl_2/h\nu} (CH_3)_2CHCH_2Cl + (CH_3)_3CCl$$
$$(64\%) \qquad\qquad (36\%)$$

比较上述两个反应，可以估计伯、仲和叔氢的氯代反应的相对活性约为 5：4：1。因为仲氢：伯氢 = (0.57/2)：(0.43/6) ≈ 4：1，叔氢：仲氢 = 0.36：(0.64/9) ≈ 5：1。

多种烷烃氯代反应的实验结果表明：不同类型氢原子的相对活性与烷烃的结构基本无关，活性之比约为 5：4：1，即各级氢的反应活性顺序为：3°H > 2°H > 1°H。而各级氢的反应活性与相应的自由基的稳定性有关。

以甲基自由基为例，中心碳原子为 sp^2 杂化，三个 C—H σ 键处于同一平面，未成对的单电子处于与该平面垂直的未杂化的 p 轨道中，

思考：丙烷产生两种自由基：

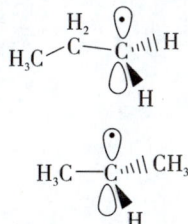

异丁烷产生的两种自由基结构是怎样的呢？

反应试剂活性越低，对于不同类型的氢或不同类型官能团的反应选择性越高。这是有机化学反应中的一个普遍规律。简言之，活性越低的反应，选择性越高。值得注意的是，氯代、溴代反应对氢的选择性，往往在温度不太高时有用。如果反应温度超过 450℃，因为有足够高的能量，反应就没有选择性，反应结果往往与氢原子的多少（即反应概率大小）有关。

其构型如图 3-4 所示。

其他烷烃的卤代产生的烷基自由基，其结构与甲基自由基类似。根据氢原子与各基团的键离解能，可知不同类型自由基的产生所需的能量是不同的，如图 3-5 所示。

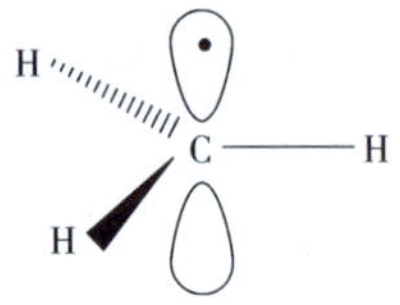

图 3-4   甲基自由基的结构 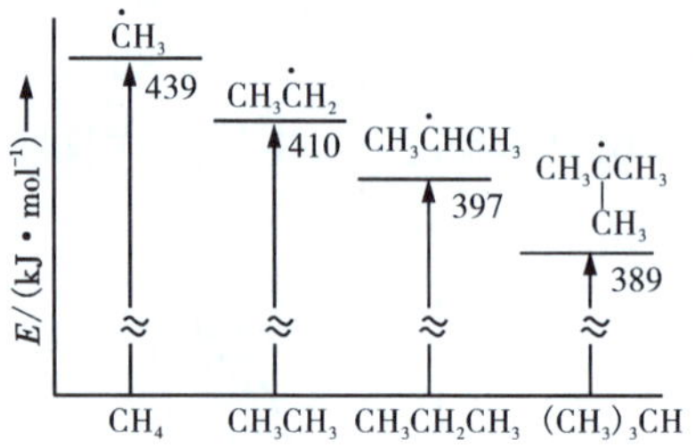   图 3-5   烷基自由基的相对稳定性

从图 3-5 可知，叔氢均裂，所需能量最少，即叔碳自由基最易形成；仲氢、伯氢和甲烷氢均裂所需的能量逐渐增多，即产生相应的自由基越来越难。越稳定的自由基越容易形成，反应越容易进行。因为各级自由基的相对稳定性次序为：$(CH_3)_3C \cdot > (CH_3)_2CH \cdot > CH_3CH_2 \cdot > CH_3 \cdot$。所以各级氢的反应活性为：$3°H > 2°H > 1°H$。

丙烷的氯代反应中，当氯原子夺取 $1°H$ 时，产生 $1°$ 自由基 $CH_3CH_2CH_2 \cdot$，而夺取 $2°H$ 时，产生 $2°$ 自由基 $(CH_3)_2CH \cdot$，由于 $2°$ 自由基比 $1°$ 自由基稳定，内能较低，则该自由基的产生所需活化能较低，即较容易形成。所以 $2°H$ 比 $1°H$ 容易被氯代。同理，在异丁烷的氯代反应中，由于 $3°$ 自由基 $(CH_3)_3C \cdot$ 比 $1°$ 自由基 $(CH_3)_2CHCH_2 \cdot$ 稳定得多，所以 $3°H$ 反应活性比 $1°H$ 高得多。

卤代反应活性和选择性   在同类反应中，可通过比较决定反应速度步骤的活化能大小，来了解反应活性的大小。

$$X \cdot + H—CH_3 \longrightarrow CH_3 \cdot + H—X$$

氟与甲烷反应只需 4.2 kJ/mol 的活化能，反应大量放热，以致破坏生成的氟甲烷，而得到碳与氟化氢，因此直接氟化难以实现。碘与甲烷反应，需要大于 141 kJ/mol 的活化能，反应难以进行。氯化只需活化能 16.7 kJ/mol，溴化需活化能 75.3 kJ/mol，故卤化主要是氯化和溴化。溴化比氯化反应活性小。

活性较小的试剂往往有较好的选择性，如丙烷的一溴代产物中，97% 为 2-溴丙烷。异丁烷的一溴代产物中，产物叔丁基溴多于 99%。

$$CH_3CH_2CH_3 + Br_2 \xrightarrow[127℃]{hv} CH_3CH_2CH_2Br + CH_3CHCH_3$$
$$\qquad\qquad\qquad\qquad\qquad\qquad\qquad\qquad\qquad\qquad | $$
$$\qquad\qquad\qquad\qquad\qquad\qquad\qquad\qquad\qquad\quad Br$$
$$\qquad\qquad\qquad\qquad\qquad\qquad 3\% \qquad\qquad 97\%$$

$$CH_3CHCH_3 + Br_2 \xrightarrow[127℃]{hv} CH_3CHCH_2Br + (CH_3)_3CBr$$
$$\quad\ |\qquad\qquad\qquad\qquad\qquad\qquad\ |$$
$$\ CH_3\qquad\qquad\qquad\qquad\qquad CH_3$$
$$\qquad\qquad\qquad\qquad\qquad 痕量 \qquad\qquad >99\%$$

烷烃的溴代反应，氢的相对反应活性为：$3°H : 2°H : 1°H = 1600 : 82 : 1$。可见溴代反应具有高度选择性，是制备溴代烷的一条合适的合成路线。**一般来说，较慢的反应选择性较高。**

2. 烷烃的氧化反应

在室温和大气压下，烷烃不与 O_2 反应，如果点火，则燃烧成 CO_2 和 H_2O。如：

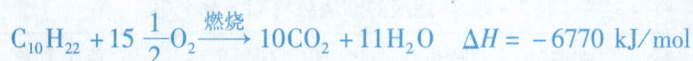

$$C_{10}H_{22} + 15\frac{1}{2}O_2 \xrightarrow{\text{燃烧}} 10CO_2 + 11H_2O \quad \Delta H = -6770 \text{ kJ/mol}$$

汽油燃烧推动汽车、液化气燃烧等都是烷烃的应用实例。在工业上，当有催化剂存在时，可利用烷烃与氧气发生部分氧化生成醇、醛、酮和羧酸等含氧有机物。

$$RCH_2CH_2R' \xrightarrow[\text{锰盐，1.5～3 MPa}]{O_2/120℃} RCOOH + R'COOH$$

例如，石蜡（主要为 C_{20}～C_{30} 烷烃的固态混合物）氧化后可得到 C_{10}～C_{20} 的脂肪酸，用于制皂、表面活性剂和选矿药剂等。

3. 烷烃的异构化与裂化反应

异构化反应是将烷烃的一种异构体转化为另一种异构体，异构化在工业上已用于汽油的生产，例如：

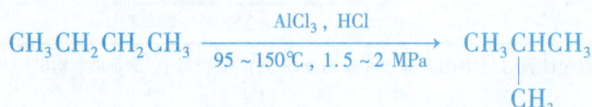

$$CH_3CH_2CH_2CH_3 \xrightarrow[95～150℃，1.5～2 MPa]{AlCl_3，HCl} CH_3\underset{\underset{CH_3}{|}}{C}HCH_3$$

在高温及隔绝空气的条件下使烷烃分子发生裂解的过程称为裂化。裂化过程非常复杂，主要是 C—C 键和 C—H 键的断裂，裂化产物既含有较低级烷烃，也有烯烃和氢。热裂化炼油通常在 5 MPa、500～600℃进行裂化反应，可提高汽油的产量和质量。

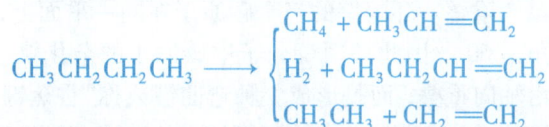

$$CH_3CH_2CH_2CH_3 \longrightarrow \begin{cases} CH_4 + CH_3CH=CH_2 \\ H_2 + CH_3CH_2CH=CH_2 \\ CH_3CH_3 + CH_2=CH_2 \end{cases}$$

在催化剂存在下的裂化叫作催化裂化。常用催化剂是硅酸铝等。碳链断裂的同时还有异构化、环化、脱氢等。催化裂化一般在 450～500℃、常压下进行，催化裂化生产的汽油已占汽油总量的 80%。

3.2　环烷烃

碳原子相互连接成环状结构的烃叫环烷烃。环烷烃的性质与烷烃相似，五元环以上的环烷烃稳定，在一定条件下可发生取代反应和氧化反应，如环戊烷与烷烃一样，在光或热的作用下发生卤代反应，生成相应的卤化物。但环状结构使其具有一些环的特性，如环丙烷由于角张力大等原因可发生类似烯烃的加成反应。

3.2.1　环烷烃的结构与稳定性

环烷烃的稳定性与环的大小有关。小环环烷烃不稳定，容易进行开环加成反应。表 3-2 列出了环烷烃的燃烧热数据，燃烧热的大小一定程度上反映了化合物内能的高低。

从表 3-2 中环烷烃的燃烧热数据可知，由环丙烷到环戊烷，每个 CH_2 单元的燃烧热逐渐降低，这说明，环越小能量越高，越不稳定。

汽油辛烷值是衡量汽油在气缸内抗爆震燃烧能力的一种指标，其值高表示抗爆性好。常以标准异辛烷（这是一种习惯名称，不规范，其结构为 2,2,4-三甲基戊烷）值规定为 100，正庚烷的辛烷值规定为零，这两种标准燃料以不同的体积比混合起来，可得到各种不同的抗震性等级的混合液。在发动机工作相同条件下，与待测燃料进行对比，即可判断汽油的抗爆等级。如 93 号汽油相当于 93% 的异辛烷和 3% 正庚烷混合液的抗爆性能。汽油中含有高支链成分及更多芳香族成分的烃类具有较高的辛烷值。

从环己烷起每个 CH_2 的燃烧热几乎是一个常数，这些分子稳定性是相同的。其中环己烷是最稳定的，每个 CH_2 燃烧热为 658.6 kJ/mol，与正烷烃的每个 CH_2 燃烧热相当。

表 3 – 2   环烷烃的燃烧热/$(kJ \cdot mol^{-1})$

环烷烃	碳原子数 n	燃烧热 $H_C^\ominus$	每个 CH_2 燃烧热 $H_C^\ominus/n$	总张力能 $n(H_C^\ominus/n-658.6)$
环丙烷	3	2091.3	697.1	115.5
环丁烷	4	2744.3	686.1	110.0
环戊烷	5	3320.0	664.0	27.0
环己烷	6	3951.8	658.6	0
环庚烷	7	4636.7	662.4	26.6
环辛烷	8	5310.3	663.8	41.6
环壬烷	9	5981.0	664.6	54.0
环癸烷	10	6635.8	663.6	50.0
环十四烷	14	9220.4	658.6	0
环十五烷	15	9884.7	659.0	0.6
正烷烃			658.6	

注：总张力能计算方法中的数据 658.6 kJ/mol 为正烷烃每个 CH_2 的平均燃烧热。

为什么环的大小不同，环烷烃的稳定性不同呢？现代结构理论能较好地解释环的稳定性与环大小的关系。

现代结构理论认为：环烷烃分子中的碳原子都以 sp^3 杂化轨道成键，当键角为 109°28′ 时，碳原子的 sp^3 杂化轨道与其他原子轨道成键时才能达到最大重叠。环丙烷的三个碳原子在同一平面上，碳原子之间连线的夹角是 60°，因此环丙烷分子中碳原子的杂化轨道不能像开链烷烃那样沿轴向重叠，而是形成一种弯曲键或称"香蕉键"。这种弯曲键由于成键轨道重叠程度小，使环丙烷中的碳碳 σ 键比开链烷烃中的碳碳 σ 键弱，导致环丙烷有较大的不稳定性。环丙烷的这种不稳定性表现在其具有较高的燃烧热和化学活性上。环丙烷还有球棍模型。

环丁烷的结构与环丙烷相似。分子中碳原子的 sp^3 杂化轨道也是弯曲重叠，形成弯曲键，但弯曲程度不及环丙烷，所以它比环丙烷较难开环。电子衍射证明，环丁烷的四个碳原子并不在同一个平面上，其中一个碳原子偏离另三个碳原子所在的平面约 25°，以"蝴蝶式"（简称蝶式）构象存在，如图 3 – 6 所示。

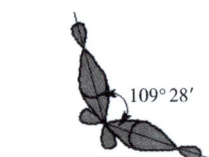

(a)正常 σ 键

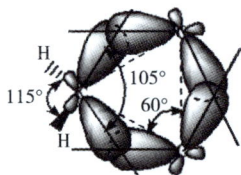

(b)弯曲键

(c)球棍模型

环丙烷的轨道结构和球棍模型

(a)

(b)

图 3 – 6   环丁烷的蝶式构象和球棍模型

环戊烷分子中，环上有一个碳原子离开其他四个碳原子所在的平面，形成"信封式"结构，这种形状的结构比较稳定。四元环和五元环的这种折叠式构象使分子中相邻碳上的氢尽可能地避免了重叠，减少了分子内的张力。

六元及六元以上的环，由于构成环的碳原子不在同一个平面，每个碳原子都能以正常键角与其他原子成键（参见第 5 章环己烷的构象），它们的稳定性与直链烷烃类似。

环烷烃的结构决定了它们的稳定性，单环环烷烃稳定性次序为：三元环 < 四元环 < 五元环 < 六元环。

3.2.2 环烷烃的物理性质

环烷烃的物理性质与烷烃相似，低级环烷烃为气体，从环戊烷开始为液体，高级环烷烃为固体。环烷烃难溶于水，比水轻。它的熔点、沸点和相对密度都比相应的烷烃高。一些环烷烃的物理性质如表 3-3 所示。

环戊烷的"信封式"构象和球棍模型

表 3-3 环烷烃的物理常数

化合物名称	英文名称	熔点/℃	沸点/℃	相对密度/(g·cm^{-3})
环丙烷	cyclopropane	-127.6	-32.7	0.720（-79℃）
环丁烷	cyclobutane	-80	11	0.703（0℃）
环戊烷	cyclopentane	-94	49.5	0.745
环己烷	cyclohexane	6.5	80.8	0.779
环庚烷	cycloheptane	-12	117	0.810
环辛烷	cyclooctane	11.5	148	0.836

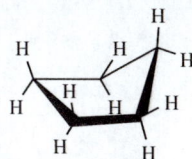

3.2.3 环烷烃的化学性质

1. 开环反应

小环特别是三元环最易开环，四元环次之，五元环和六元环很稳定，一般条件下难以开环。环丙烷易与氢气、卤素和卤化氢发生加成反应，体现了小环烷烃的不稳定性。

催化氢化 环烷烃催化氢化可生成烷烃，催化加氢的难易程度与环的大小有关。三元环在镍催化剂作用下 80℃ 发生加氢反应。四元环在 200℃ 下反应，五元环要 300℃ 才反应。

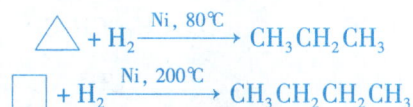

$$\triangle + H_2 \xrightarrow{Ni,\ 80℃} CH_3CH_2CH_3$$

$$\square + H_2 \xrightarrow{Ni,\ 200℃} CH_3CH_2CH_2CH_3$$

加卤素 环丙烷及其衍生物，在常温下也容易与卤素加成生成相应的二卤代烷烃，利用此反应可以区别小环环烷烃与其他烷烃。

$$\triangle + Br_2 \xrightarrow{CCl_4} BrCH_2CH_2CH_2Br$$

加卤化氢 环丙烷及环丙烷的烷基衍生物也可与卤化氢发生加成开环反应，环的破裂发生在含氢最少与含氢最多的相邻两个碳原子之间，即主要产物符合马氏规则。

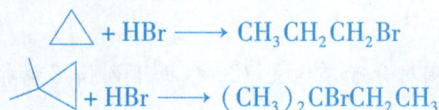

$$\triangle + HBr \longrightarrow CH_3CH_2CH_2Br$$

$$\text{▷⟨} + HBr \longrightarrow (CH_3)_2CBrCH_2CH_3$$

四元环不像环丙烷易开环，在常温下不与卤素、卤化氢发生加成反应。如环丁烷常温下不与溴发生开环加成反应，高温下则发生自由基取代反应。

2. 氧化反应

在常温下环烷烃与一般氧化剂(如高锰酸钾水溶液、臭氧等)不起反应,必须在加热和强氧化剂(如浓硝酸)作用下才能生成酸。例如,环己烷在加热时被硝酸氧化生成己二酸,在环烷酸钴的催化作用下和氧气反应生成环己醇和环己酮。

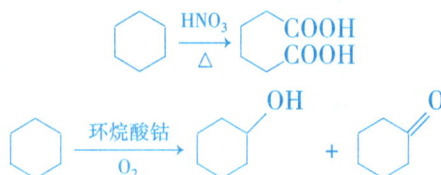

以上反应都有工业应用。环己酮是制备己内酰胺的原料,而己内酰胺是纤维锦纶 – 6 的单体,己二酸则是合成锦纶 – 66 的单体。

习 题

1. 不查表将下列烷烃按沸点降低次序排列:
(1)2,3 – 二甲基戊烷　(2)正庚烷　(3)2 – 甲基庚烷
(4)正戊烷　(5)2 – 甲基己烷

2. 鉴别下列各组化合物:

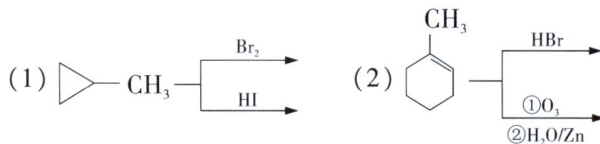

3. 排列下列自由基的稳定性次序:

4. 完成下列化学反应:

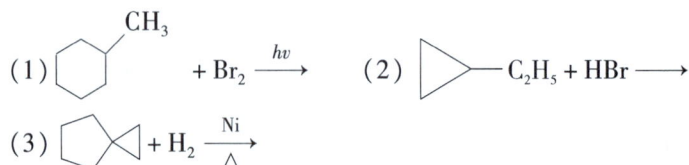

5. 某烷烃的相对分子质量是72,根据下列情况请推测此烷烃的构造,写出其构造式。

(1)一氯代产物只有一种;　(2)一氯代产物可以有四种;
(3)一氯代产物可以有三种;　(4)二氯代产物可能有两种。

第 4 章

不饱和烃
(Unsaturated Hydrocarbons)

分子中含有碳碳双键(C=C)的烃类化合物称为烯烃(alkene),其通式为 C_nH_{2n},碳碳双键是烯烃的官能团。烯烃在生物体内起着重要的作用,比如乙烯,它是一种植物激素,控制着植物的生长和其他一些组织的变化,也是一种重要的化工原料。很多植物中产生的香料物质也属于烯烃类化合物。

分子中含有碳碳三键(C≡C)的烃类化合物称为炔烃(alkyne),其通式为 C_nH_{2n-2},碳碳三键是炔烃的官能团。

分子中含有两个碳碳双键的不饱和烃,称为二烯烃;含有两个以上碳碳双键的不饱和烃,称为多烯烃。

烯烃和炔烃统称为**不饱和烃**(unsaturated hydrocarbons),双键和三键称为不饱和键,有时称为重键。它们的化学性质比烷烃活泼得多。

4.1 烯烃

4.1.1 烯烃的结构

烯烃中的双键碳原子为 sp^2 杂化,三个杂化轨道处于同一平面,夹角为120°,剩下的 p 轨道的对称轴与三个杂化轨道所形成的平面垂直。如乙烯的两个碳原子各以一个 sp^2 杂化轨道"头碰头"重叠形成 C—C σ 键,其余四个 sp^2 杂化轨道分别与四个氢原子的1s轨道形成四个 C—H σ 键,剩余两个未杂化的 p 轨道"肩并肩"地重叠形成 π 键,如图 4-1 所示。

乙烯的球棍模型

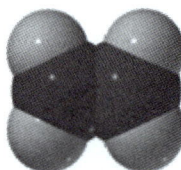

乙烯的空间实体模型

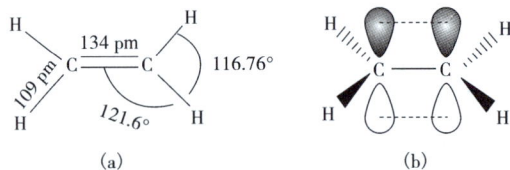

乙烯(ethylene)是最简单的烯烃,分子式为 $CH_2=CH_2$,少量存在于植物体内,是植物的一种代谢产物,能使植物生长减慢,促进叶落和果实成熟。

图 4-1 乙烯的结构示意图

乙烯结构中,五个 σ 键在同一平面上,π 键与该平面垂直,π 电子云分布在平面的上下方,受 C 原子核的约束力比较小,易于极化,反应活性高。故烯烃的化学性质比烷烃活泼,主要涉及 π 键断裂的反应。

4.1.2 烯烃的顺反异构

乙烯(其他烯烃可以看作乙烯的衍生物)是平面型的,两个碳原子和四个氢原子处于同一平面内;碳碳双键不能绕键轴自由旋转。因此,当两个双键碳原子各连有两个不同的原子或基团时,可产生两种不同的空间排列方式。以 2-丁烯为例,这两种不同的空间排列方式如图 4-2 所示。

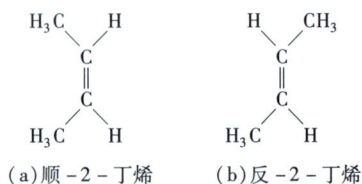

(a)顺-2-丁烯　　(b)反-2-丁烯

图 4-2 2-丁烯的顺反异构

图 4-2 中,(a)和(b)的分子式相同,构造也相同,但分子中的原子在空间排列不同且在通常条件下不能互相转化。因此,(a)和(b)是由于构型不同而产生的异构体,称为构型异构体。构型异构体具有不同的物理化学性质,它们是立体异构体中的一种类型。

两个双键碳原子上连接的两个相同的原子或基团处于双键同一侧的,称为顺式结构,如图 4-2(a)所示;反之,两个相同的原子或基团处于双键两侧的,称为反式结构,如图 4-2(b)所示。像(a)和(b)这种构型异构体通常用顺、反来区别,称为顺反异构体。这种现象称为顺反异构。

但当两个双键碳原子所连接的四个原子或基团都不相同时,则难用顺反标记法命名,需要采用 Z、E 标记法,具体内容见第 5 章。

思考:环烯烃在什么条件下存在顺反异构?

4.1.3　烯烃的物理性质

烯烃的物理性质随碳原子数的变化规律和烷烃基本相似,熔点、沸点随着碳原子数的增加而逐渐升高。常温常压下,四个碳以下的烯烃都是气体。它们都比水轻,不溶于水,易溶于有机溶剂,直链烯烃的沸点比同碳原子数的支链烯烃高;一般烯烃的顺式异构体的沸点比反式烯烃的高,熔点则比反式烯烃的低。这是因为顺式异构体的偶极矩比反式的大,在液态下,除范德华引力(又称色散力)外,还有偶极与偶极之间的作用力,使得其沸点较反式高;而顺式异构体又因为其对称性较低,在晶格中的排列不如反式紧密,故熔点通常较反式的低。表 4-1 所示为一些烯烃的物理常数。

表 4-1　烯烃的物理常数

名称	英文名称	熔点/℃	沸点/℃	相对密度/$(g \cdot cm^{-3})$
乙烯	ethene	-169	-103	
丙烯	propene	-185	-48	0.52
1-丁烯	1-butene	-130	-6.5	0.59
顺-2-丁烯	(Z)-2-butene	-139	3.7	0.62
反-2-丁烯	(E)-2-butene	-106	0.9	0.60
1-戊烯	1-pentene	-165	30	0.64
1-己烯	1-hexene	-138	63	0.68
1-庚烯	1-heptene	-119	93.6	0.70
1-辛烯	1-octene	-102	121	0.72

4.1.4　烯烃的化学性质

1. 催化加氢

烯烃在催化剂作用下能与氢气发生加成反应生成烷烃。常用的催化剂有 Pt、Ni 等。

$$RCH\!=\!CH_2 + H_2 \xrightarrow{\text{催化剂}} RCH_2CH_3$$

催化剂的作用是将不饱和烃和氢吸附在金属表面,使 π 键和

H—H σ键松弛,降低反应所需活化能,然后两个氢原子与不饱和键在催化剂表面同侧完成加成过程。

1 mol 不饱和烃氢化反应所放出的热称为氢化热(heat of hydrogenation),每个双键大约是 125 kJ/mol,直链丁烯的三个异构体的氢化热和燃烧热数值见表 4-2。

表 4-2　直链丁烯的氢化热与燃烧热

参数	1-丁烯	顺-2-丁烯	反-2-丁烯
氢化热/(kJ·mol^{-1})	126	119.6	115.6
燃烧热/(kJ·mol^{-1})	2728	2711	2708

可以看出,三个异构体的稳定性顺序为 反-2-丁烯 > 顺-2-丁烯 > 1-丁烯,与从燃烧热得到的结论一致。利用氢化热数据也可以比较不同碳架烯烃的相对稳定性次序,即双键碳原子上烷基(一般指空间体积不太大的烷基)取代基越多的烯烃越稳定。如

$$R_2C{=}CR_2 > R_2C{=}CHR > RCH{=}CHR > RCH{=}CH_2 > H_2C{=}CH_2$$

2. 亲电加成反应

烯烃 π 键受原子核的束缚较小,易极化,使得烯烃具有给电子性能,能够与带正电或带部分正电的分子或离子(如 HX、H_2SO_4、H_2O、X_2 和 $X_2 + H_2O$)进行加成反应。不对称烯烃与不对称试剂加成一般符合**马氏规则**。马氏规则是俄国化学家马尔科夫尼科夫(Markovnikov)根据大量实验事实总结出的经验规律:不对称试剂与不对称烯烃加成时,试剂中带正电的部分主要加在含氢较多的双键碳原子上,而试剂中带负电的部分则加在含氢较少的双键碳原子上。

(1)**加卤素**　烯烃在常温下能与卤素发生加成反应,生成相应的多卤代烃。不同卤素的反应活性不同,氟太活泼,往往使碳碳键断裂,碘则难以反应,因此烯烃通常与氯和溴发生加成反应。在实验室里,常利用溴的四氯化碳溶液来检验不饱和碳碳键的存在。例如

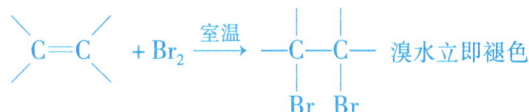

$$C{=}C + Br_2 \xrightarrow{室温} -\overset{|}{\underset{Br}{C}}-\overset{|}{\underset{Br}{C}}- \quad 溴水立即褪色$$

(2)**与卤化氢的加成**　丙烯与卤化氢加成主要得到 2-卤代丙烷

$$CH_3CH{=}CH_2 \xrightarrow{HBr} CH_3CHBrCH_3 + CH_3CH_2CH_2Br$$
$$2-溴丙烷(85\%)　1-溴丙烷(15\%)$$

卤化氢加成的活性次序为:HI > HBr > HCl。

(3)**与硫酸加成**　烯烃与硫酸加成可得到硫酸氢酯。如乙烯与冷的浓硫酸生成硫酸氢乙酯,再经水解生成醇类化合物。

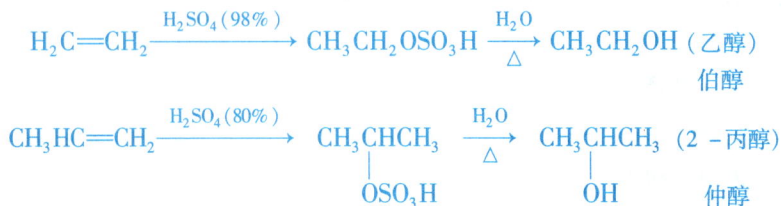

$$H_2C{=}CH_2 \xrightarrow{H_2SO_4(98\%)} CH_3CH_2OSO_3H \xrightarrow[\triangle]{H_2O} CH_3CH_2OH\ (乙醇)$$
$$伯醇$$

$$CH_3HC{=}CH_2 \xrightarrow{H_2SO_4(80\%)} CH_3\underset{OSO_3H}{\overset{|}{C}}HCH_3 \xrightarrow[\triangle]{H_2O} CH_3\underset{OH}{\overset{|}{C}}HCH_3\ (2-丙醇)$$
$$仲醇$$

烯烃与硫酸通过加成和水解两个反应,总结果是烯烃分子加上了一分子水而生成醇,所以这个反应又叫作烯烃的间接水合,工业上曾

催化氢化在工业上有重要用途。例如,石油加工得到的粗汽油中常含有少量的烯烃,烯烃易发生氧化、聚合反应而影响油品质量,且烯烃在燃烧时易产生黑烟,污染环境。若进行催化氢化处理,可将少量烯烃还原为烷烃,从而提高油品质量。这种加氢处理后的汽油称为加氢汽油。

由于硫酸氢酯能溶于硫酸中,因此可用来提纯饱和烃及其卤代物。如烷烃不与浓硫酸反应,也不溶于浓硫酸,用浓硫酸洗涤烷烃和烯烃的混合物,可以去除烷烃中的烯烃。

利用此法将石油热裂气中得到的低级烯烃制备成醇类。

（4）**与次卤酸加成**　烯烃能与次卤酸（HOX）作用得到β-卤代醇。如

$$H_2C{=}CH_2 + HOCl \xrightarrow{Cl_2 + H_2O} CH_2ClCH_2OH$$

$$CH_3CH{=}CH_2 \xrightarrow{Cl_2 + H_2O} \underset{\text{（主要）}}{CH_3CH(OH)CH_2Cl} + \underset{\text{次要}}{CH_3CHClCH_2OH}$$

3. 亲电加成机理

（1）**环正离子中间体机理**

在极性条件下，烯烃中的π电子云容易极化，受到极化的π键的影响，Br_2 的σ电子云也发生极化。

极化后的溴分子的正电荷端与π电子结合，通过π-络合物的形式使Br—Br键异裂，生成含溴的带正电荷的三元环状正离子称为**溴鎓离子**（cyclic bromonium）。然后，Br^- 从溴鎓离子的背面进攻原双键碳原子，生成1,2-二溴乙烷。

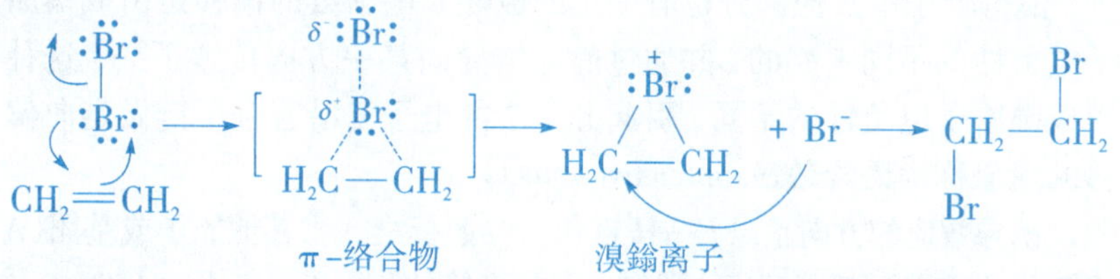

若反应介质中有其他负离子，如 Cl^- 也可进攻溴鎓离子，得到1-氯-2-溴乙烷。若与水结合后，再去质子则得β-溴代醇（烯烃与溴的水溶液反应就是这样进行的）。

氯与烯烃的加成反应与溴一样，也是亲电的鎓离子型的两步反应，也基本得到反式加成产物。但是氯原子半径较小，电负性较大，因此，氯鎓离子相对比其开链碳正离子的稳定程度不如相应的溴鎓离子高。

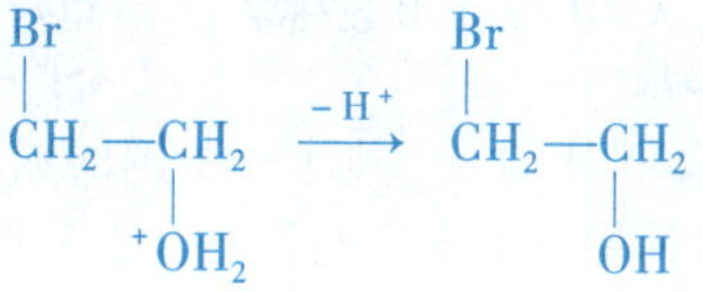

2-溴乙醇

因为溴鎓离子中的每个原子的外层都满足八电子结构，比缺电子的碳正离子更为稳定，但由于环状张力，仍很活泼，为不稳定的活泼中间体。

综上所述，溴与烯烃的加成是亲电的两步历程：第一步，溴正离子与烯烃加成，得三元环的溴鎓离子，这是决速步骤；第二步带负电的部分从三元环的背面进攻，最终得到反式加成产物。

（2）**碳正离子中间体机理**

实验表明：烯烃亲电加成反应必须在极性条件下进行，反应通过共价键的异裂分两步进行。以烯烃与卤化氢的加成为例，第一步，烯烃的π键异裂，一对电子用于和卤化氢的质子形成碳氢键，同时氢卤键异裂，生成一个卤素负离子和碳正离子中间体。第二步则是碳正离子与 X^- 迅速结合生成卤代烷。

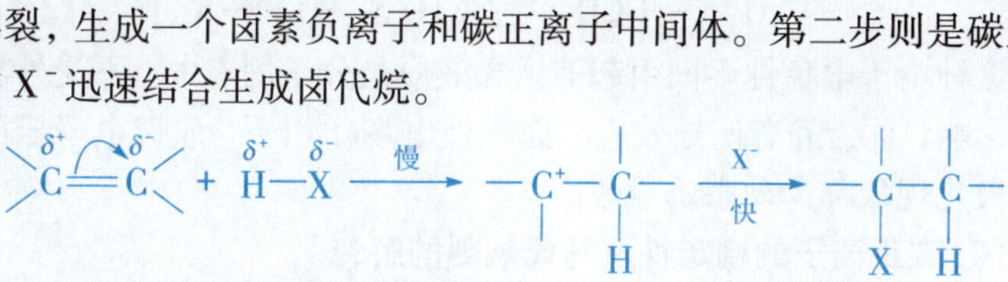

溴鎓离子的形成可理解为碳正离子接受α位上溴原子上的孤对

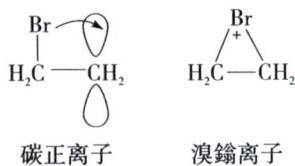

碳正离子　　溴鎓离子

电子而产生。

可见,烯烃的亲电加成反应有两种历程,作为第一步,一种是生成鎓离子,一种是生成碳正离子;第二步都是加上负电基团,但进攻方向不一样,前者从反面进攻,后者正反两面都可以。因第一步涉及共价键的异裂,需要较高的活化能,所以第一步为决定速度的步骤。

由于反应过程中,试剂分子中共价键发生了异裂,生成了正、负离子,所以,烯烃的加成反应属于离子型反应。又因为该类反应是由带部分正电荷的原子进攻 π 电子引起的,因此,烯烃的加成反应称为亲**电加成反应**(electrophilic addition)。像 X_2、HX 等在反应过程中能产生正电荷或偶极正端,且在反应过程中进攻电子云密度较大的反应中心的试剂称为**亲电试剂**(electrophilic reagent),亲电试剂属于路易斯(Lewis)碱。

(3)**诱导效应**

在有机化合物中,分子中的原子或原子团是相互影响的,原子间的相互影响常用电子效应和空间效应来描述。电子效应说明分子中电子云密度的分布对性质的影响,它包括诱导效应和共轭效应;空间效应说明分子的空间结构对性质的影响。

在多原子分子中,一个键的极性将通过分子链传递到相近的化学键,使得分子中其他部分也有一定的极性。电子云的偏移是由成键原子电负性的不同引起的,并通过静电诱导向某一方向传递下去,这种因成键原子电负性的不同,引起分子中的电子云沿着分子链做定向偏移的现象称为**诱导效应**(inductive effect)。

诱导效应的方向是以 C—H 键作为参照标准。当其他原子或基团(A 或 B)取代氢原子后,分子中成键电子云密度的分布不同于 C—H 键。

$$-C \longrightarrow A \qquad -C-H \qquad -C \longleftarrow B$$

电负性:A > H　　　比较标准　　　电负性:B < H
　　-I 效应　　　　　　　　　　　　　+I 效应

若 A 的电负性大于 H 原子,则 C—A 键的成键电子云偏向 A 原子,箭头表示电子云的偏移方向。与氢相比,A 具有吸电子性,称作吸电子基团,由它引起的诱导效应称为吸电子诱导效应,用 -I 表示。若 B 的电负性小于氢,则 C—B 键的电子云向碳偏移,与氢相比,B 具有供电子性,称作供电子基,由它所引起的诱导效应称为供电子诱导效应,用 +I 表示。诱导效应沿着分子链(σ 键)传递下去,由近及远迅速减弱,一般经过 3~4 个化学键影响基本消失。

在有机分子中,由于大部分取代氢的元素的电负性都比氢大,因此,大多数取代基产生吸电子诱导效应。而烷基的情况特殊,当烷基连在不饱和碳上时,为供电子基,这是不同杂化碳的电负性差别决定的。诱导效应按基团的电负性大小排列如下:

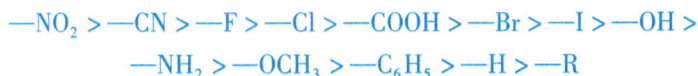

$$-NO_2 > -CN > -F > -Cl > -COOH > -Br > -I > -OH >$$
$$-NH_2 > -OCH_3 > -C_6H_5 > -H > -R$$

这种由于电负性不同引起的诱导效应是分子固有的,不受外界条件的影响,称为静态诱导效应。而在外电场作用下,成键电子云的偏移即极化现象称为动态诱导效应。

(4)**碳正离子的稳定性及马氏规则的解释**

碳正离子与自由基一样,是一个活泼的中间体。碳正离子有一个

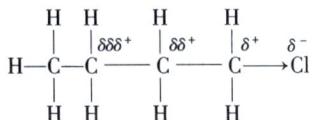

正电荷，即含有一个外层只有 6 个电子的碳原子的带正电的原子团。碳正离子的构型与自由基构型相同，不同的是，未杂化的 p 轨道没有填充电子。按照带正电荷的碳原子的类型，碳正离子也可分为伯（1°）、仲（2°）和叔（3°）。

碳正离子的稳定性取决于正电荷的分散程度。按照物理学的理论，电荷越分散，体系越稳定。碳正离子的相对稳定性随着带正电荷的碳原子所连取代基的性质不同而不同。若取代基是供电子的，如烷基，电荷得到分散，体系较稳定。连接这类取代基数目越多，碳正离子越稳定。各级烷基碳正离子的相对稳定性顺序如下：$3°C^+ > 2°C^+ > 1°C^+ > CH_3^+$，如

$$(CH_3)_3C^+ > (CH_3)_2CH^+ > CH_3CH_2^+ > CH_3^+$$

若取代基是吸电子的，则使原带正电荷的碳原子上电子云密度更低，即正电荷增加，降低碳正离子的稳定性，如氯乙基碳正离子 $ClCH_2CH_2^+$ 不如乙基碳正离子 $CH_3CH_2^+$ 稳定。

马氏规则是从实验总结出来的经验规则，可以通过比较反应中间体碳正离子的稳定性来解释。在不对称试剂与不对称烯烃加成中，可能形成两种碳正离子中间体，而实际上主要得到较为稳定的那一种。以丙烯与 HBr 的反应为例。

由于 $2°C^+$ 比 $1°C^+$ 稳定，越稳定的碳正离子越容易形成（因活化能越低，参见图 4-3），故主要形成异丙基碳正离子（$2°C^+$），这就说明了实际产物主要是 2-溴丙烷的原因。可见，按马氏规则得到加成产物的本质是：**生成较稳定的碳正离子**。

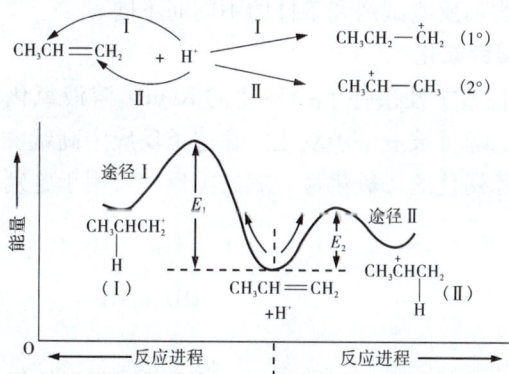

图 4-3 丙烯与氢卤酸加成的碳正离子活性中间体与反应取向

当然并不是所有的烯烃加成反应都是按亲电加成机理进行的。例如，有过氧化物存在时，烯烃与 HBr 的加成反应不服从马氏规则，这叫作**过氧化物效应**（peroxide effect）。如在过氧化物作用下，不对称烯烃与溴化氢以**反马氏规则加成**。

$$CH_3CH_2CH=CH_2 + HBr \xrightarrow{\text{过氧化物}} CH_3CH_2CH_2CH_2Br$$

这是因为在过氧化物作用下，烯烃与 HBr 的反应不再是离子型亲电加成反应，而是自由基加成反应。

（5）**碳正离子的重排**

研究发现，有的烯烃在加成反应中，除预期产物外，还有"异常"产物生成。例如

$$CH_3\underset{\;}{CH}CH=CH_2 \xrightarrow{HCl} CH_3\underset{|}{CH}\underset{Cl}{CH}CH_3 \;+\; CH_3\underset{|}{\overset{CH_3}{C}}CH_2CH_3$$

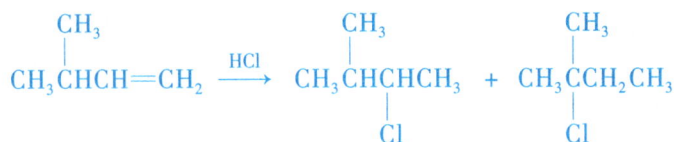

　　　　　　　　　　　　　　预期产物(40%)　　"异常"产物(60%)

　　该"异常"产物是由碳正离子的重排而产生的。反应过程如下：首先，生成一个$2°C^+$，然后，该碳正离子邻位的氢带着一对电子迁移到缺电子碳上，形成更加稳定的$3°C^+$，再与氯负离子结合形成重排产物。重排的推动力是更加稳定的碳正离子的形成。碳正离子重排中，也可以是烷基带着一对电子发生迁移。

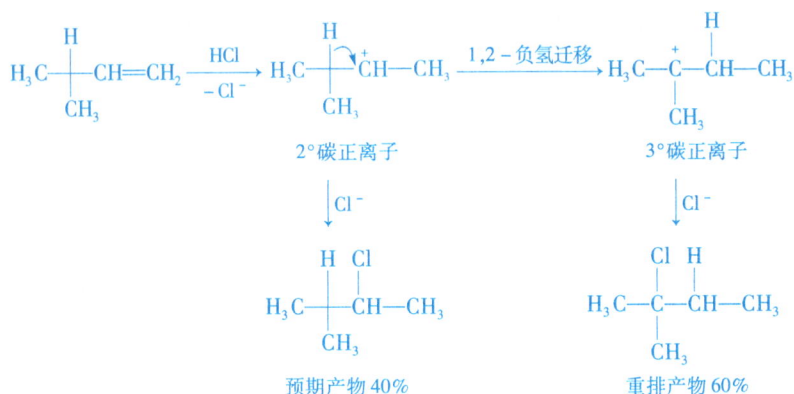

（反应机理图）

　　　　　　2°碳正离子　　　　　　　　　3°碳正离子

　　　　　　预期产物40%　　　　　　　　重排产物60%

4. 氧化反应

　　由于 π 电子受核的约束力比较小，容易给出电子，烯烃易被氧化，其氧化产物随反应试剂和条件的不同而不同。

　　(1)高锰酸钾氧化

　　在碱性条件或中性条件下用稀冷的 $KMnO_4$ 溶液氧化烯烃可生成邻二醇，该邻二醇可被进一步氧化。在这类反应中高锰酸钾溶液紫色消退，并生成棕褐色的二氧化锰。故这类反应可用于鉴别不饱和烃。

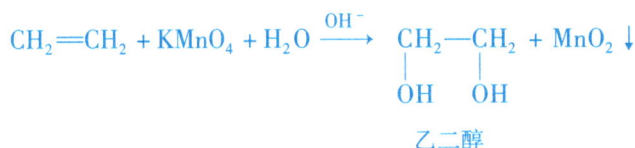

$$CH_2=CH_2 + KMnO_4 + H_2O \xrightarrow{OH^-} CH_2\underset{|}{}\underset{OH}{}—CH_2\underset{|}{}\underset{OH}{} + MnO_2\downarrow$$

　　　　　　　　　　　　　　　　　　乙二醇

　　在酸性溶液中，反应进行得更快，得到碳链断裂的氧化产物。

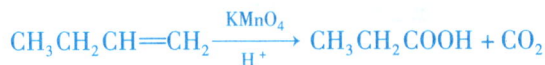

$$CH_3CH_2CH=CH_2 \xrightarrow[H^+]{KMnO_4} CH_3CH_2COOH + CO_2$$

　　一般具有"$CH_2=$"结构的部分生成 CO_2，具有"$RCH=$"结构的部分生成 RCOOH，具有"$R_1R_2C=$"结构的部分生成酮，利用这一规律可鉴别烯烃的结构。

　　(2)臭氧氧化反应

　　将含6% ~8%臭氧的氧气通入液态烯烃或烯烃的溶液中，首先生成分子臭氧化物，重排为臭氧化物，该反应为**臭氧化**(ozonization)反应。臭氧化物因含过氧键很不稳定，容易爆炸，一般不经分离直接进行水解，产生醛或酮及过氧化氢。为防止产物中的醛被过氧化氢进一步氧化，水解时加入锌粉做还原剂。该反应可鉴别烯烃的结构，也常用来从末端烯烃制备少一个碳的醛。

$$
\underset{R}{\overset{R}{}}C=C\underset{R(H)}{\overset{H}{}} \xrightarrow[-78℃]{O_3} \left[\text{分子臭氧化物} \right] \longrightarrow \text{臭氧化物}
$$

分子臭氧化物　　　　臭氧化物

$$
\xrightarrow[H_2O]{Zn} \underset{R}{\overset{R}{}}C=O + O=C\underset{R(H)}{\overset{H}{}}
$$

酮　　　　醛

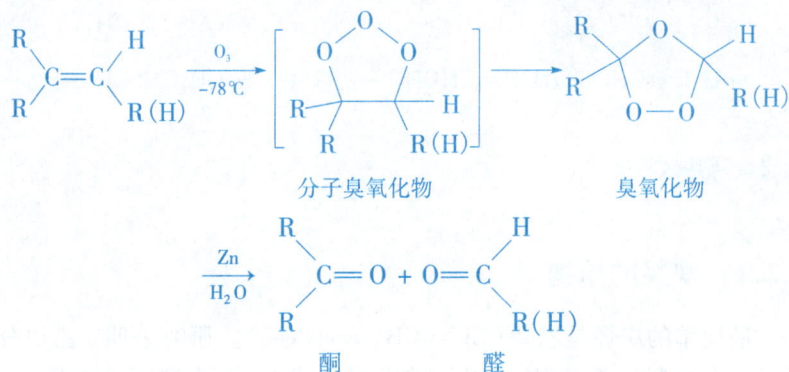

可根据反应产物的结构来推断原来的烯烃。例如

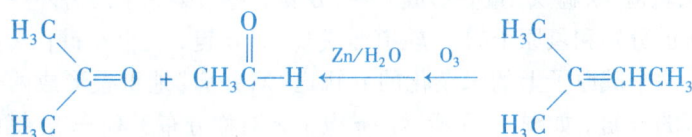

$$
\underset{H_3C}{\overset{H_3C}{}}C=O + CH_3\overset{O}{\overset{\|}{C}}-H \xleftarrow[\quad]{Zn/H_2O} \xleftarrow{O_3} \underset{H_3C}{\overset{H_3C}{}}C=CHCH_3
$$

5. α-氢原子反应

与双键碳原子相连的碳原子叫作 α-碳原子，α-碳原子上的氢叫 α-氢原子。由于受双键的影响，α-氢原子比较活泼。如丙烯和氯气的反应，当反应温度低于250℃时，主要是加成反应，当温度升到500℃以上时，则主要发生 α-氢的取代反应。反应机理类似甲烷的卤代，为自由基取代反应。反应过程中生成比较稳定的烯丙基型的自由基。

$$
CH_3CH_2CH=CH_2 + Cl_2 \xrightarrow{500\sim600℃} CH_3ClCHCH=CH_2
$$

6. 聚合反应

在一定条件下，烯烃能以自由基或离子型机理发生多个相同或相似的分子间自身加成，形成相对分子质量很大的聚合物（polymer），这种反应称为**聚合反应**（polymerization reaction）。组成聚合物的简单分子称为**单体**（monomer）。高分子链的重复结构单元称为链节，高分子所含链节的数目 n 称为**聚合度**。如

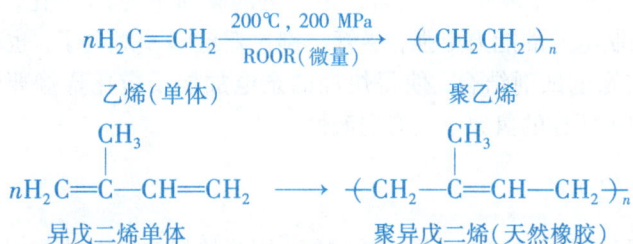

$$
nH_2C=CH_2 \xrightarrow[ROOR(微量)]{200℃,\ 200\ MPa} \ \text{—}(CH_2CH_2)\text{—}_n
$$

乙烯（单体）　　　　　聚乙烯

$$
nH_2C=\underset{CH_3}{\overset{}{C}}-CH=CH_2 \longrightarrow \text{—}(CH_2-\underset{CH_3}{\overset{}{C}}=CH-CH_2)\text{—}_n
$$

异戊二烯单体　　　　聚异戊二烯（天然橡胶）

乙烯在高温高压和少量过氧化物的引发条件下，发生自由基加成的链锁反应，碳链不断增长，最后得到相对分子质量达4万左右的聚乙烯。

带有诸如氯原子、苯基等取代基的烯烃发生聚合，生成具有各种不同物理性能的高分子化合物统称为塑料。

两个或两个以上不同种类的烯烃也可以一起发生加成聚合反应，这种反应称为**共聚反应**（copolymerization）。如乙烯和丙烯共聚得到聚乙丙烯。随聚合物中丙烯含量的不同可分别得到各种非常有用的高分子材料。

PVC（聚氯乙烯），为微黄色半透明状，有光泽，常见制品有板材、管材、鞋底、玩具、门窗、电线外皮、文具等。

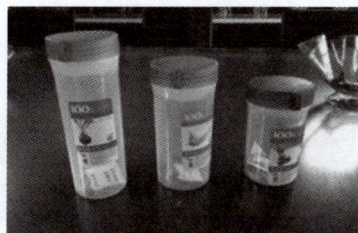

PP（聚丙烯），具有良好的热稳定性和绝缘性，常用于豆浆瓶、优酪乳瓶、果汁饮料瓶、微波炉餐盒等。

$$n H_2C{=}CH_2 + n H_2C{=}CHCH_3 \longrightarrow \underset{\text{}}{+CH_2CH_2CH_2\overset{\displaystyle CH_3}{\underset{|}{CH}}+}_n$$

4.2 炔烃

4.2.1 炔烃的结构

最简单的炔烃是乙炔($CH{\equiv}CH$, acetylene)。研究表明：乙炔分子是一个线型分子，碳原子以 sp 杂化参与成键，两个碳原子各用一个 sp 杂化轨道"头碰头"重叠形成 C—C σ 键，每个碳原子的另外一个 sp 杂化轨道分别和氢原子的 1s 轨道形成 C—H σ 键，三个 σ 键在一条直线上。两个碳原子上的未杂化的 p 轨道"肩并肩"地重叠形成两个相互垂直的 π 键，如图 4 – 3 所示。π 电子云对称分布于 C—C σ 键的周围，进一步相互作用呈圆筒状。

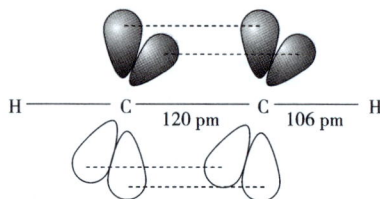

图 4 – 3 乙炔结构示意图

4.2.2 炔烃的物理性质

炔烃的物理性质与烯烃相似，常温常压下，低级的炔烃是气体，中级的炔烃是液体，高级炔烃是固体。

4.2.3 炔烃的化学性质

炔烃含有碳碳三键，由于 π 键的存在，它的化学性质与烯烃类似，可发生加成、氧化、聚合等。但三键的碳原子为 sp 杂化，电负性更大，控制电子的能力更强，尽管三键比双键多一对电子，也不易给出电子与亲电试剂结合，使得炔烃的亲电加成反应比烯烃要慢。同时，三键碳所连的氢原子具有弱酸性。

1. 催化加氢

炔烃的催化加氢比烯烃容易进行，因为炔烃三键对催化剂的吸附作用较烯烃强。

采用铂、钯或镍等催化剂，催化加氢直接得到烷烃。

$$RC{\equiv}CH + H_2 \xrightarrow{\text{催化剂}} RCH{=}CH_2 \xrightarrow[H_2]{\text{催化剂}} RCH_2CH_3$$

采用醋酸铅使钯催化剂部分毒化而降低活性，则可得到烯烃。

$$CH_3C{\equiv}CCH_3 + H_2 \xrightarrow[\text{lindlar 试剂}]{Pd-CaCO_3} CH_3CH{=}CHCH_3$$
（反式为主）

2. 亲电加成

炔烃与卤素加成，例如：

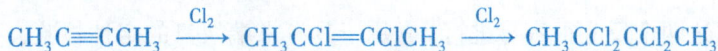

$$CH_3C \equiv CCH_3 \xrightarrow{Cl_2} CH_3CCl \equiv CClCH_3 \xrightarrow{Cl_2} CH_3CCl_2CCl_2CH_3$$

在邻二卤代烯分子中，两个双键碳原子上都连有吸电子的卤素，使双键的活性降低，所以炔烃与卤素的加成可停留在邻二卤代烯烃的阶段。

当碳链上有三键又有双键时，双键往往更容易与卤素加成。例如

$$CH_2 \equiv CHCH_2C \equiv CH + Br_2 \xrightarrow{低温} CH_2BrCHBrCH_2C \equiv CH$$

炔烃与卤化氢加成不如烯烃容易，但加成产物往往不会只停留在卤代烯烃，而是进一步生成卤代烷烃。不对称炔烃及卤代烯烃的加成反应同样遵从马氏规则。

$$CH_3C \equiv CH + HBr \longrightarrow CH_3CBr \equiv CH_2 \xrightarrow{HBr} CH_3CBr_2CH_3$$

炔烃一般不与水起作用，但在催化剂硫酸汞和稀硫酸存在下则可发生加成反应。首先是三键与一分子水加成生成双键碳和羟基直接相连的烯醇式结构，烯醇式结构不稳定，会很快重排为酮式结构，例

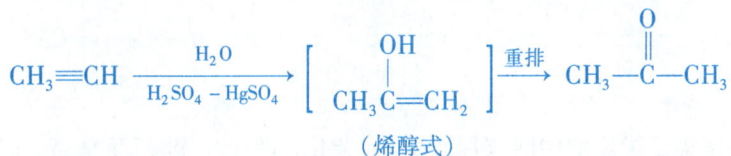

$$CH_3 \equiv CH \xrightarrow[H_2SO_4 - HgSO_4]{H_2O} \left[\underset{CH_3C \equiv CH_2}{\overset{OH}{|}} \right] \xrightarrow{重排} CH_3 - \overset{O}{\overset{\|}{C}} - CH_3$$

（烯醇式）

3. 氧化反应

炔烃可被氧化剂氧化，而且往往使三键断裂，最后得到羧酸和二氧化碳。例如：将乙炔通入高锰酸钾的水溶液中，则高锰酸钾被还原成棕褐色的二氧化锰，原来的紫色消失，并使三键断裂生成二氧化碳和水，其他炔烃氧化生成相应羧酸或二氧化碳，利用这一反应可检验分子中是否有三键。

$$C_2H_5C \equiv CCH_3 + KMnO_4 \xrightarrow{OH^-} CH_3CH_2COOH + CH_3COOH + MnO_2 \downarrow$$

4. 金属炔化物的生成

炔烃中组成三键的碳原子为 sp 杂化，其中 s 成分较多，因此电负性相对于烷烃和双键碳原子要大，使得与其相连的氢原子比较活泼，显微弱的酸性，能被极强的碱金属（如：钠和钾）取代，生成金属炔化物。如将乙炔通入加热熔融的金属钠，可得到乙炔钠和乙炔二钠：

$$HC \equiv CH \xrightarrow{Na} HC \equiv CNa \xrightarrow{Na} NaC \equiv CNa$$

乙炔的一烷基取代物（RC≡H）和氨基钠作用，也可使三键上的氢原子被钠原子取代：

$$HC \equiv CCH_3 + NaNH_2 \xrightarrow{液氨} NaC \equiv CCH_3 + NH_3$$

利用炔化钠与卤代烷作用可得到碳链增长的炔烃：

$$NaC \equiv CCH_3 + C_2H_5Br \longrightarrow C_2H_5C \equiv CCH_3 + NaBr$$

这个反应就是炔烃的烷基化反应。

具有活泼氢原子的炔烃容易和硝酸银的氨溶液或氯化亚铜的氨溶

液作用,迅速生成炔化银白色沉淀或炔化亚铜棕红色沉淀。

$$RC\equiv CH + Ag(NH_3)_2NO_3 \longrightarrow RC\equiv CAg\downarrow \text{ 炔化银(白色)}$$

$$RC\equiv CH + Cu(NH_3)_2Cl \longrightarrow RC\equiv CCu\downarrow \text{ 炔化亚铜(棕红色)}$$

这两个反应很容易进行,常用于具有末端炔氢的定性检验,不含活泼氢的炔烃则无此反应。乙炔银和乙炔亚铜等重金属炔化物,在干燥时受撞击或受热,很容易发生爆炸,故为避免事故发生,做完这类实验后,应该用稀硝酸处理重金属炔化物。

4.3 共轭二烯烃

4.3.1 二烯烃的分类

按照双键的相对位置不同,二烯烃可分为以下三类。聚集二烯烃(contiguous diene):两个双键共用一个碳原子。**共轭二烯烃**(conjugated diene):两个双键中间隔一单键,即单、双键交替排列。隔离二烯烃(isolated diene):两个双键间隔两个或多个单键。三种二烯烃的碳架如下:

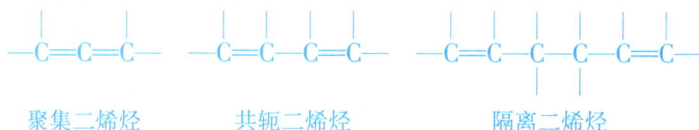

$$\underset{\text{聚集二烯烃}}{-C=C=C-} \qquad \underset{\text{共轭二烯烃}}{-C=C-C=C-} \qquad \underset{\text{隔离二烯烃}}{-C=C-C-C-C=C-}$$

聚集二烯烃的中间碳原子为 sp 杂化,两个 π 键相互垂直,这种结构不如另两种稳定,具有聚集二烯烃结构的化合物一般难于制备。隔离二烯烃中两个双键相隔较远,相互间基本上没有影响,其性质与单烯烃相似。而共轭二烯烃,两个双键存在相互影响,具有某些独特的性质和反应。

4.3.2 共轭二烯烃的结构

实验表明,共轭二烯烃具有如下特性:

1,3 - 丁二烯分子中双键键长(135 pm),比乙烯中双键键长(134 pm)稍长,而 C(2)—C(3)单键的键长(147 pm)比乙烷的 C—C 单键的键长(154 pm)要短,即键长趋于平均化;根据测定烯烃的氢化热可知,共轭的 1,3 - 戊二烯比非共轭的 1,4 - 戊二烯内能更低(低 28 kJ/mol),即分子更稳定。

共轭二烯烃的上述特性是由其特殊结构引起的,近代结构理论对其做出了合理的解释。在 1,3 - 丁二烯分子中,四个碳都是 sp^2 杂化,所有的 σ 键均在一个平面内。每个碳原子还有一个未杂化的 p 轨道且相互平行并垂直于 σ 键所在的平面,它们"肩并肩"地重叠形成四中心四电子的大 π 键。即 p 轨道电子云不仅在 C(1)和 C(2)、C(3)和 C(4)之间重叠,而且在 C(2)和 C(3)之间也有重叠,从而使 C(2)与 C(3)之间电子云密度增大,呈现部分双键性质。像这样形成的不再定域在两个原子之间,而是扩展至两个以上的原子的 π 键称为**大 π 键或离域键**(delocalization bond),如图 4-4 所示。

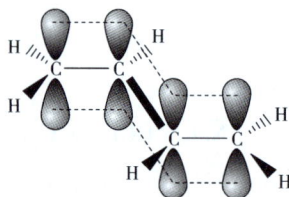

图 4-4 1,3 - 丁二烯的大 π 键

4.3.3 共轭效应与共轭体系

能够形成大 π 键或造成电子离域的体系称为**共轭体系**(conjugated system)。由于电子离域使得分子的内能比假定不共轭时要低,所降低的数值称为共轭能(conjugation energy)或离域能。共轭能越大,体系内能越低,则体系越稳定。

共轭体系有以下几种类型:

1. π-π 共轭

此类共轭体系的结构特征是单键、重键交替排列,是一种最常见的共轭体系,典型例子是 1,3 - 丁二烯。再如

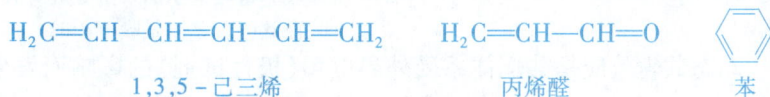

$$H_2C=CH-CH=CH-CH=CH_2 \qquad H_2C=CH-CH=O \qquad$$

1,3,5 - 己三烯   丙烯醛   苯

2. p-π 共轭

含 p 轨道的原子与含 π 键的原子直接相连的体系。p 轨道与 π 轨道平行并发生侧面重叠而形成共轭。按照共轭体系中 π 电子的多少,p-π 共轭有以下三种类型:

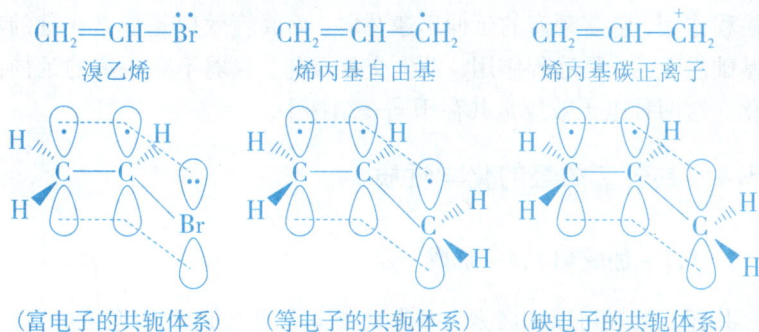

溴乙烯   烯丙基自由基   烯丙基碳正离子

(富电子的共轭体系)   (等电子的共轭体系)   (缺电子的共轭体系)

3. 超共轭

超共轭是 C—H σ 键参与的共轭。由于氢原子的体积很小,对 C—H σ 电子云的屏蔽作用很小,σ 电子云可近似看成是未共用电子对。虽 C—H σ 轨道与相邻的 π 键或 p 轨道不平行,但仍可发生一定程度的侧面重叠,形成 σ-π 或 σ-p 的超共轭。由于这种侧面重叠不如 π-π 和 p-π 共轭体系的重叠程度大,故将此类共轭称为超共轭(hyperconjugation)。如丙烯和乙基碳正离子分别存在 σ-π 和 σ-p 超共轭。

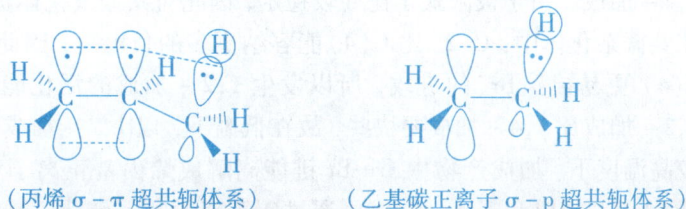

(丙烯 σ-π 超共轭体系)   (乙基碳正离子 σ-p 超共轭体系)

从以上的讨论可知,共轭体系具有以下特点(超共轭有所不同):①参与共轭体系的原子共平面;②共轭体系中的每个原子都有可实现平行重叠的 p 轨道。

共轭效应是分子中原子间的一种特殊的相互影响,可分为静态共

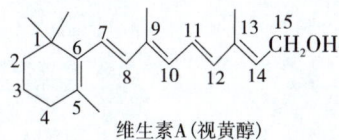

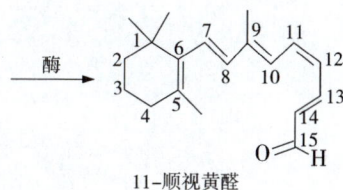

维生素A(视黄醇)

11-顺视黄醛

眼睛视黄膜的杆细胞含有一种红色的被称为视紫质的光敏色素,视紫质是由顺视黄醛的醛基与视蛋白中的活性部位氨基缩合而成(RCH=N—视蛋白,与氨的衍生物的反应)。当视紫质吸收合适可见光能量时,便可将异构化为反式异构体(称为变视紫质),此过程异常快,只需数皮秒。反式视黄醛与视蛋白的结合物不如顺式的稳定,易分解为反视黄醛和视蛋白,这个如同开关的感应发生在杆神经细胞中,将其发射至大脑而产生视觉。如果只是这样的话,因杆细胞中的顺式视黄醛的消耗殆尽,我们的视力只能维持一瞬间。可幸的是,视黄醛异构化酶在光存在下将反式视黄醛又转化为顺式异构体使得该循环周而复始。体系中的钙离子及其膜控制着曝光以后的视觉系统的恢复快慢,同时,也调节细胞适合各种光能。这样,我们就能永远看到五彩缤纷的世界。整个过程可概述如下:

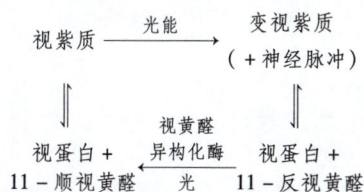

轭效应和动态共轭效应。静态共轭效应是分子内固有的效应，主要表现是：体系(分子、离子或自由基)的内能降低(体系更稳定)，键长趋于平均和 π 电子云交替极化。对于不同电负性原子组成的等电子共轭体系，则体系的 π 电子朝着电负性较大的原子或基团发生交替极化，碳链的电子云密度减弱，呈现吸电子性，如 2,4 - 戊二烯醛中的醛基。在多电子共轭体系中，p 电子或 σ 电子向体系分散(离域)，呈现供电子性，如 1 - 氯 - 1,3 - 丁二烯中的氯原子，但氯原子的共轭效应和诱导效应方向不一致。例如

$$CH_2\!=\!CH\!-\!CH\!=\!CH\!-\!CH\!=\!O \qquad CH_2\!=\!CH\!-\!CH\!=\!CH\!-\!Cl$$

醛基的共轭效应和诱导效应都是吸电子的。

氯原子的共轭效应是给电子的，其诱导效应是吸电子的。诱导效应大于共轭效应，总体是吸电子的。

动态共轭效应是共轭体系受外界电场(极性试剂)的影响而发生的极化作用。例如 1,3 - 丁二烯分子无静态极化，分子无极性。当受到试剂如 H^+ 作用时，产生交替极化。

$$H^+\!\cdots\!\cdots\!\longrightarrow H_2C\!\overset{\delta^-}{=}\!CH\!\overset{\delta^+}{-}\!CH\!\overset{\delta^-}{=}\!CH_2$$

共轭效应是一类重要的电子效应，与诱导效应相比，在产生原因和作用方式上都是不同的：诱导效应是建立在键的定域基础之上的，是短程作用，随着距离的延伸迅速减弱；而共轭效应是建立在键的离域基础之上的，是远程作用，发生交替极化，强弱不随距离的延伸而变化。这两种电子效应常共存于同一结构中。

4.3.4 共轭二烯烃的化学性质

1. 1,2 - 加成和 1,4 - 加成

共轭二烯烃可以和卤素、卤化氢等发生亲电加成反应，也可以催化加氢。例如，1,3 - 丁二烯可以和溴化氢发生 1,2 - 加成和 1,4 - 加成，两者的比例取决于反应条件。

这是因为 1,2 - 加成和 1,4 - 加成经过同样的烯丙基型碳正离子中间体。按共振论观点，这个碳正离子中间体的真实结构为极限式 Ⅰ 和 Ⅱ 的共振杂化体，正电荷交替分布在 C(2) 和 C(4) 上，即

$$\left[\underset{4}{H_2C}\!=\!\underset{3}{CH}\!-\!\overset{+}{\underset{2}{CH}}\!-\!\underset{1}{CH_3} \longleftrightarrow \overset{+}{\underset{4}{H_2C}}\!-\!\underset{3}{CH}\!=\!\underset{2}{CH}\!-\!\underset{1}{CH_3}\right]\!\equiv\!\underset{4}{H_2C}\!\overset{\delta^+}{=}\!CH\!=\!CH\!\overset{\delta^+}{-}\!\underset{1}{CH_3}$$

Ⅰ　　　　　　　Ⅱ　　　　　　　共振杂化体

溴负离子与 C(2) 结合，即为 1,2 - 加成；与 C(4) 结合，则为 1,4 - 加成。由于极限式 Ⅰ 比 Ⅱ 较稳定，因此对共振杂化体贡献较大。在共振杂化体中，C(2) 比 C(4) 能容纳更多的负电荷，因此 C(2) 比 C(4) 更易接受 Br^- 的进攻，所以发生 1,2 - 加成的活化能较低，即 1,2 - 加成比 1,4 - 加成要快些，故在低温下，以 1,2 - 加成为主。在较高温度下，加成产物中 C—Br 键能离解成烯丙基正离子和溴负离子，1,2 - 加成和 1,4 - 加成可通过碳正离子相互转化，形成动态平衡。由于 1,4 - 加成产物有两个烷基与 π 键发生 σ - π 超共轭作用，1,4 - 加成产物比 1,2 - 加成产物稳定，平衡有利于 1,4 - 加成产物。可见，低温时以 1,2 - 加成产物为主，产物的比例是由反应速度决定的，称动力学控制。在较高温度下，以 1,4 - 加成产物为主，产物的

比例是由产物的稳定性决定的，称热力学控制。

2. 聚合反应

共轭二烯烃在催化剂作用下，分子间相互以 1,4 - 加成的方式自相结合形成高分子化合物。如异戊二烯发生聚合，可以得到性能与天然橡胶很相似的合成橡胶。

$$n H_2C=C(CH_3)-CH=CH_2 \xrightarrow[\text{庚烷, 40~50℃}]{\text{三正辛基铝, 四氯化钛}} +CH_2-C(CH_3)=CH-CH_2 \xrightarrow{}_n$$

异戊橡胶（合成天然橡胶）

1,3 - 丁二烯在 Ziegler - Natta 催化剂（如四卤化钛 - 三烷基铝等）作用下，主要按 1,4 - 加成方式进行顺式加成聚合，生成顺 -1,4 -聚丁二烯橡胶（顺丁橡胶/BR），适于制造汽车轮胎和耐寒制品。

4.4　共振论

经典结构式在描述一个有机分子时，无法表示 π 共轭电子的离域现象。20 世纪 30 年代初鲍林（Pauling）提出共振论来解决这一问题，它是价键理论的延伸和发展。其基本概念是：一个分子、离子或自由基按价键规则可以写成价键结构式的共振杂化体。例如，苯的共振结构式为

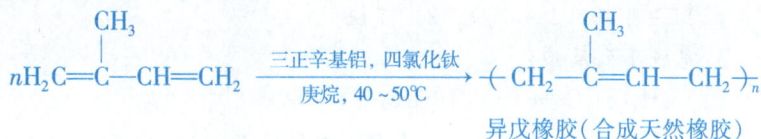

其中双向箭头表示共振符号，意为把合理指定的价键结构加以综合，以表示分子的真实结构。而这些可能的经典结构叫作极限结构或共振结构。

共振杂化体是单一物质，只有一个结构。极限结构式代表着电子离域的限度，某一化合物或离子的极限结构式越多，化合物或离子中电子离域的可能性越大，体系能量越低，化合物或离子越稳定。真实分子与最低能量的极限结构式之间的能量差为共振能，是电子离域而获得的稳定化能，与共轭能是一致的。例如，1,3 - 戊二烯的共振能为 28 kJ/mol。每个极限结构式对其共振杂化体的贡献不一定相等。极限结构越稳定，其对共振杂化体的贡献越大。

习　题

1. 用系统命名法命名下列烯烃

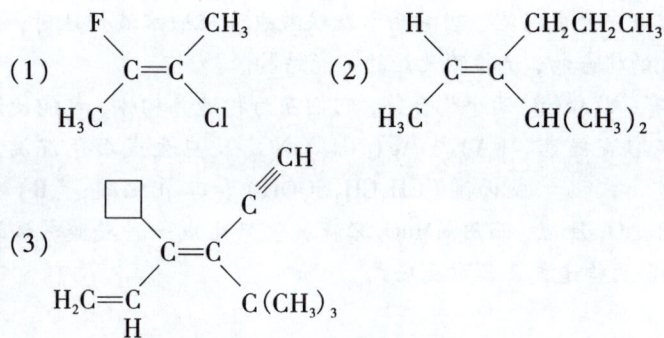

$$CH_3CHCH_2CHC\!\equiv\!CH$$

(4)

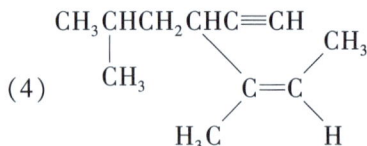

2. 鉴别下列各组化合物：

(1) 己烷　1-己烯　1-己炔

(2) 1-丁烯　1-丁炔　2-丁炔

3. 完成下列反应：

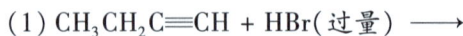

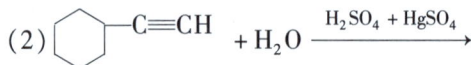

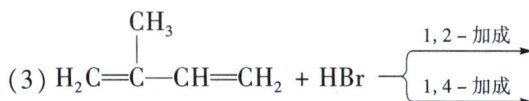

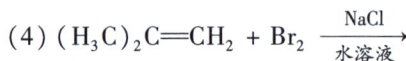

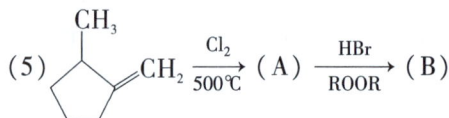

(1) $CH_3CH_2C\!\equiv\!CH + HBr(过量) \longrightarrow$

(2) 环己基$-C\!\equiv\!CH + H_2O \xrightarrow{H_2SO_4 + HgSO_4}$

(3) $H_2C\!=\!\underset{\underset{CH_3}{|}}{C}\!-\!CH\!=\!CH_2 + HBr \left\{ \begin{array}{l} \xrightarrow{1,2-加成} \\ \xrightarrow{1,4-加成} \end{array} \right.$

(4) $(H_3C)_2C\!=\!CH_2 + Br_2 \xrightarrow[水溶液]{NaCl}$

(5) 甲基亚甲基环戊烷 $\xrightarrow[500℃]{Cl_2}$ (A) $\xrightarrow[ROOR]{HBr}$ (B)

4. 用反应式表示异戊烯(2-甲基-1-丁烯)与下列试剂反应：

(1) Br_2/CCl_4　　(2) $KMnO_4/H_2SO_4$

(3) HBr　　(4) HBr(过氧化物)

5. 在聚丙烯生产中,常用己烷或庚烷做溶剂,但要求溶剂中不能有不饱和烃。如何检验溶剂中有无不饱和烃杂质? 若有,如何除去?

6. 写出下列反应物的构造式：

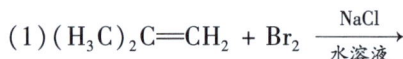

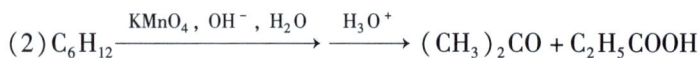

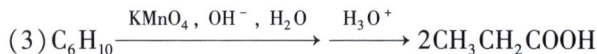

(1) $(H_3C)_2C\!=\!CH_2 + Br_2 \xrightarrow[水溶液]{NaCl}$

(2) $C_6H_{12} \xrightarrow{KMnO_4,OH^-,H_2O} \xrightarrow{H_3O^+} (CH_3)_2CO + C_2H_5COOH$

(3) $C_6H_{10} \xrightarrow{KMnO_4,OH^-,H_2O} \xrightarrow{H_3O^+} 2CH_3CH_2COOH$

7. 某化合物的分子式为 $C_{16}H_{16}$,能使 Br_2/CCl_4 溶液褪色,常压下能吸收 1 mol 的 H_2,用热的酸性 $KMnO_4$ 氧化只生成一种二元酸 $C_8H_6O_4$,这种二元酸的溴代产物只有一种,推断该化合物构造式并写出各步反应式。

8. 某烃组成为 C_6H_{12},能使溴溶液褪色,能溶于浓 H_2SO_4,催化加氢得异构的己烷,用过量 $KMnO_4$ 使其氧化得到 $CH_3COCH_2CH_3$ 和 CH_3COOH 的混合物,写出此烃的构造式。

9. 某烃的分子式为 C_5H_8,与 $KMnO_4$ 及溴溶液都能发生反应,在硝酸银溶液中生成沉淀。当它用水及硫酸汞和硫酸溶液处理时,得到一种含氧的化合物,试推测此烃的可能结构。

10. 有(A)和(B)两个化合物,它们互为构造异构体,都能使溴的四氯化碳溶液褪色。(A)与 $Ag(NH_3)_2NO_3$ 反应生成白色沉淀,用 $KMnO_4$ 溶液氧化生成丙酸(CH_3CH_2COOH)和二氧化碳;(B)不与 $Ag(NH_3)_2NO_3$ 反应,而用 $KMnO_4$ 溶液氧化只生成一种羧酸。试写出(A)和(B)的构造式及各步反应式。

第 5 章

立体异构
（Stereoisomerism）

在有机化学中同分异构现象非常普遍，包括构造异构和立体异构两大类，可概括为：

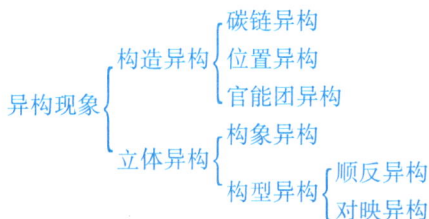

$$
异构现象
\begin{cases}
构造异构
\begin{cases}
碳链异构 \\
位置异构 \\
官能团异构
\end{cases} \\
立体异构
\begin{cases}
构象异构 \\
构型异构
\begin{cases}
顺反异构 \\
对映异构
\end{cases}
\end{cases}
\end{cases}
$$

构造异构(constitutional isomerism)是指化合物的分子式相同，但分子中原子之间的相互连接方式和次序不同而产生的异构现象。其中碳链异构是由于碳链构成不同而引起的，如正丁烷和异丁烷；位置异构是由于官能团在相同碳链上的位置不同而引起的，如 1 - 丁烯与 2 - 丁烯；**官能团异构**则是不同类型化合物，如乙醇与甲醚，是由于氧原子的结合方式不同而形成分子式相同而官能团不同的同分异构体。

立体异构(stereoisomerism)是指具有相同的组成及构造，但分子中的原子或原子团在空间的排列方式不同而产生的异构现象，包括构象异构和构型异构。

构型异构(configuration isomerism)是指分子内原子或原子团在空间上具有"固定"的排列关系，包括顺反异构(cis - trans isomerism)和对映异构(enantiomerism)，其中顺反异构体在没有化学键断裂的情况下，不能通过键的旋转而相互转化；而对映异构体是属于构造相同，只是分子中的原子或原子团在空间的方位不同，而导致对偏振光的旋转方向不同，因此，对映异构又称为**旋光异构或光学异构**(optical isomerism)，两个对映异构体之间互为镜像关系。

构象异构(conformation isomerism)是指具有一定构型的分子由于单键的旋转或扭曲使分子内原子或原子团在空间产生不同的排列形式。

5.1 构象异构

构象异构是由于分子中 σ 键旋转而造成原子或原子团在空间相对位置的不同而形成的，各种构象异构体之间能量差别不大，一般无法将它们分离，各种化合物可看作是它的多个构象异构体的平衡混合物。

5.1.1 乙烷的构象

乙烷有两种典型的构象：交叉式和重叠式，可分别用透视式和纽曼(Newman)投影式表示(图 5 - 1)。

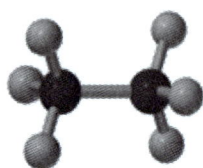

乙烷的交叉式构象

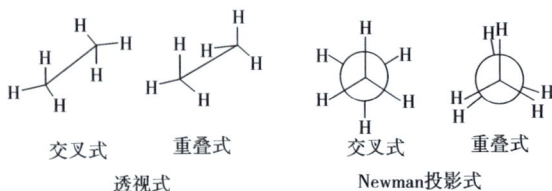

图 5 - 1 乙烷典型构象的透视式和纽曼(Newman)投影式

重叠式构象中前后两个碳上的各对氢原子空间距离最近,相互排斥,分子内能高,不稳定。而在交叉式构象中,各对氢原子彼此相距最远,相互间斥力最小,因而分子的内能最低,是稳定的构象。乙烷分子构象的能量变化如图 5 – 2 所示,若将交叉式构象转变成重叠式构象需吸收 12.6 kJ/mol 的能量,室温时分子的热运动即可产生 83.6 kJ/mol 的能量,足以克服这个能垒,使碳碳键"自由"旋转,各种构象迅速互变,分子在某一构象停留的时间很短(小于 10^{-6} s),因而不能把某一构象体分离出来。室温下,乙烷主要以交叉式的构象存在。

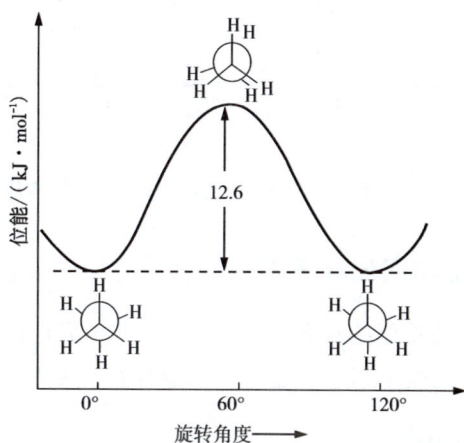

图 5 – 2　乙烷各种构象的位能关系图

5.1.2　正丁烷的构象

正丁烷分子可看作是乙烷的二甲基衍生物。当沿着 C(2)—C(3) 键轴旋转时,情况较乙烷复杂,有四种典型的构象:对位交叉式、邻位交叉式、部分重叠式和全重叠式。用 Newman 投影式表示如图 5 – 3 所示。

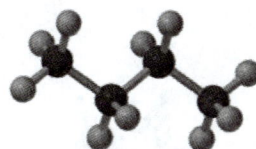

正丁烷的对位交叉式构象

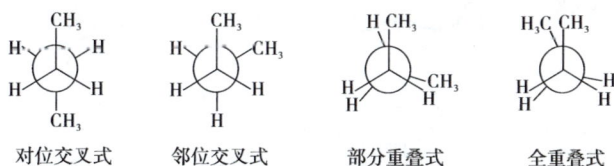

对位交叉式　　邻位交叉式　　部分重叠式　　全重叠式

图 5 – 3　正丁烷典型构象的纽曼(Newman)投影式

对位交叉式中,两个体积较大的甲基处于对位,相距最远,分子的内能最低,是最稳定的构象。室温下,约 68% 的正丁烷分子处于对位交叉式。邻位交叉式中,两个甲基处于相邻位置,相比对位交叉式靠得较近,空间斥力较大,不如对位交叉式稳定。全重叠式中,两个甲基及氢原子都各处于重叠位置,相互间斥力最大,分子内能最高,是最不稳定的构象。因此,正丁烷的四种典型的构象稳定性次序为:对位交叉式 > 邻位交叉式 > 部分重叠式 > 全重叠式。正丁烷主要以对位交叉式构象存在。

正丁烷分子沿着 C(2)—C(3) 键轴旋转 360° 时,其构象及位能变化如图 5 – 4 所示。

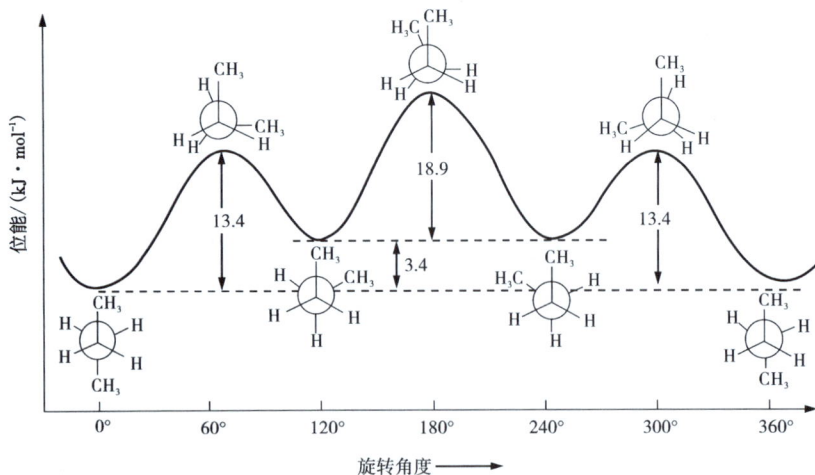

图 5-4　正丁烷分子沿着 C(2)—C(3)键轴旋转时各种构象的位能关系图

5.1.3　环己烷和取代环己烷的构象

环己烷是一种重要的碳环化合物,其结构单元广泛存在于天然化合物中。这与环己烷能以一种稳定的构象存在有关。

1. 环己烷的构象

与开链烷烃相似,环己烷的 6 个原子都以 sp^3 杂化参与成键,碳碳键角均为 109.5°。受环的约束,环中碳碳单键不能像开链烃那样自由旋转,但仍可以在一定的范围内扭转,从而形成各种构象,其中,椅式(chair form)构象和船式(boat form)构象为环己烷的两种典型构象,如图 5-5 所示。

环己烷的椅式构象

环己烷的船式构象

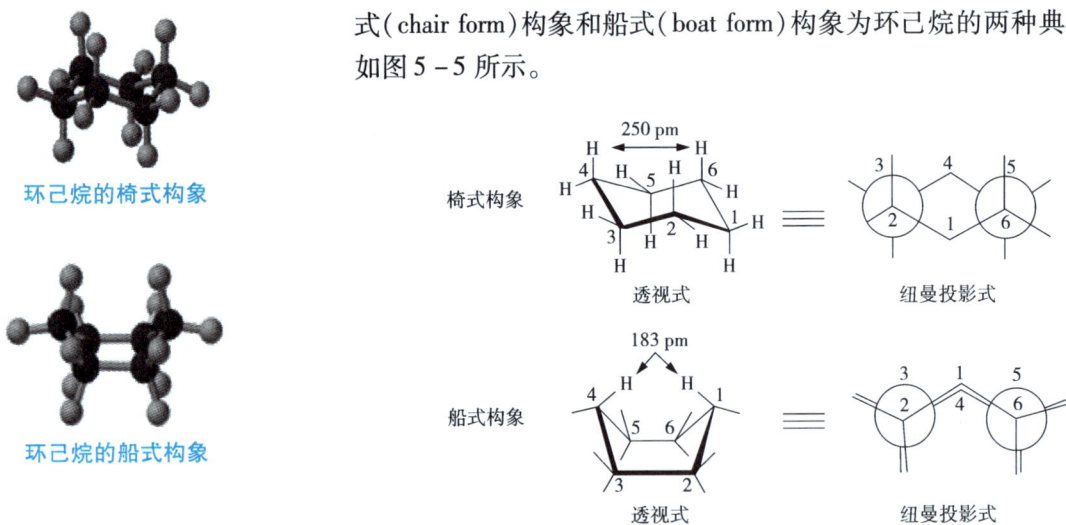

图 5-5　环己烷的椅式构象和船式构象

在椅式构象中,每一个碳碳键上的基团都以邻位交叉式存在。而船式构象中,C(2)—C(3)及 C(5)—C(6)上连接的基团为全重叠式,同时,船头船尾两个碳(C(1)和 C(4))之间的距离只有 183 pm,远小于两个氢原子范德华半径之和(240 pm),存在着空间拥挤而引起的范德华斥力。所以船式构象不如椅式构象稳定,其能量约比椅式构象高 29.7 kJ/mol。在常温下,环己烷分子几乎全部以椅式构象存在(约占 99.9%)。因此,椅式构象是环己烷的**优势构象**。

同时，在椅式构象中，六个碳原子分布于上下相互平行的两个平面(C(1)、C(3)、C(5)在下平面，C(2)、C(4)、C(6)在上平面)，这样 12 个 C—H 键可分为两组：其中与环平面对称轴平行的 6 个 C—H 键，叫直立键或 a(axial)键，伸展方向为三上三下；另外 6 个 C—H 键与环平面对称轴大致垂直，都伸向环外，叫作平伏键或 e(equatorial)键，三个 e 键略向上伸，三个 e 键略向下伸，而且是三左三右交替向上或向下。可见，a 键和 e 键夹角为 109.5°，如图 5 - 6 所示。

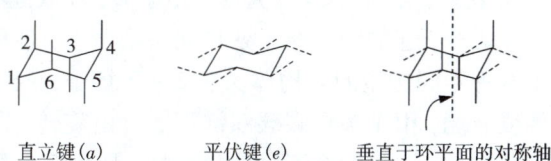

椅式环己烷分子的对称轴

直立键(a)　　　平伏键(e)　　　垂直于环平面的对称轴

图 5 - 6　环己烷椅式构象的 a 键和 e 键

环己烷通过碳碳单键的扭转，可从一种椅式构象转变为另一种椅式构象，这叫椅式构象的翻环作用。经过翻环后，原来的 a 键将转变为 e 键，而 e 键也相应转变为 a 键，如图 5 - 7 所示。

图 5 - 7　环己烷的两种椅式构象

2. 取代环己烷的构象

在一取代环己烷中，取代基处于 e 键的构象较稳定。因为取代基在 a 键时，与环同侧 C(3)、C(5)上的氢原子相距较近产生较大斥力。如室温下，在甲基环己烷两种构象的平衡体系中，甲基处于 e 键的构象约占 95%(图 5 - 8)，两种构象的能量差约为 7.5 kJ/mol。

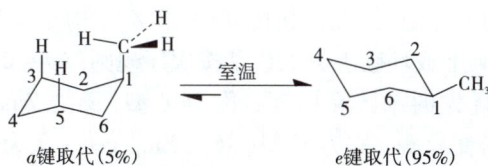

a 键取代甲基环己烷的球棍模型

室温

a 键取代(5%)　　　　　e 键取代(95%)

图 5 - 8　甲基环己烷两种构象的平衡体系

一取代环己烷中，取代基的体积越大，两种构象的能量差就越大，平衡体系中取代基位于 e 键的构象所占的比例就越高。例如，叔丁基环己烷，在室温下，叔丁基几乎 100% 位于 e 键(图 5 - 9)。

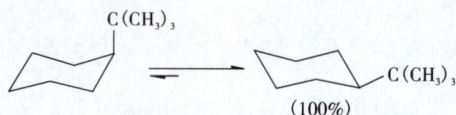

$C(CH_3)_3$

(100%)　　$C(CH_3)_3$

图 5 - 9　叔丁基环己烷两种构象的平衡体系

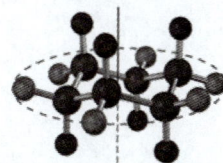

顺 - 1 - 甲基 - 2 - 叔丁基环己烷的优势构象。

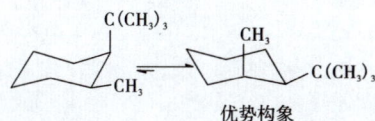

$C(CH_3)_3$　　　　　CH_3

CH_3　　　　　$C(CH_3)_3$

优势构象

对于多取代的环己烷，e 键取代最多的构象和较大取代基处于 e 键的构象为**优势构象**。

5.2　顺反异构

5.2.1　顺反命名法

烯烃中双键碳原子是 sp^2 杂化碳原子，由于 C═C 双键不能自由旋转，因此双键碳原子所连的四个原子处在同一平面上，这种结构的化合物可能产生两种不同构型的异构体。在 2 - 丁烯中，两个甲基可位于双键的同侧或异侧，由于烯烃碳碳双键不能自由旋转，两者在室温下是不能相互转化的，即为两个不同的化合物，称为**顺反异构体**（cis-trans isomer）。脂环分子中由于碳碳 σ 键也不能自由旋转，因此，当不能自由旋转的碳原子上连接不同的原子或基团时也存在顺反异构（如图 5 - 10 所示）。

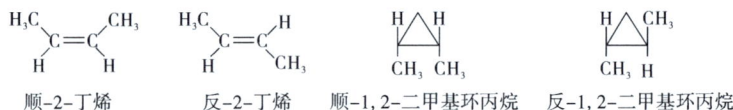

顺-2-丁烯　　反-2-丁烯　　顺-1,2-二甲基环丙烷　　反-1,2-二甲基环丙烷

图 5 - 10　2 - 丁烯和 1,2 - 二甲基环丙烷的顺反异构

习惯上，将两个相同的原子或基团在双键同一侧的结构标记为"顺"，在不同侧的标记为"反"。由于它们的构造相同，只是分子中的原子和原子团在空间的排列方式不同，且不能通过 σ 键的旋转而相互转变，因此，属于立体异构中的构型异构。

产生顺反异构必须同时满足以下两个条件：

a. 分子中存在着限制碳原子自由旋转的因素（如 C═C 双键或脂环）；

b. 每个不能自由旋转的碳原子上连接的两个原子或原子团不相同。

5.2.2　Z/E 命名法

当顺/反构型标记法不适用时，则采用 Z/E 构型标记法：命名时先将每个双键碳上或环碳上的取代基按次序规则（参见 2.2.3）排列先后。若两个较优先的基团在同侧，称为 Z 型（德文 Zusammen，意为"在一起"）；若在异侧，称为 E 型（德文 Entgegen，意为"相反"），如图 5 - 11 所示。

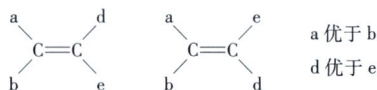

a 优于 b
d 优于 e

图 5 - 11　(Z) - 和 (E) - 异构体

烯烃 Z、E 构型标记实例如图 5 - 12 所示。

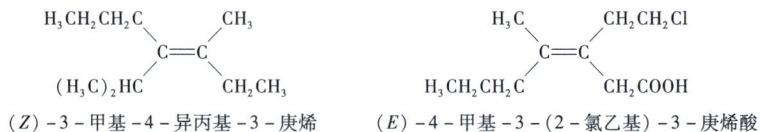

(Z) - 3 - 甲基 - 4 - 异丙基 - 3 - 庚烯　　(E) - 4 - 甲基 - 3 - (2 - 氯乙基) - 3 - 庚烯酸

图 5 - 12　Z、E 构型标记实例

用顺、反或 Z、E 表示顺反异构体的构型是两种不同的构型标记方法,不能把顺和 Z、反和 E 等同看待。如反 $-1,2-$ 二氯 $-1-$ 溴乙烯不是 $E-$ 构型,而是 $Z-$ 构型。可见,Z/E 构型标记法为系统命名法,适用于任何顺反异构体的构型标记。

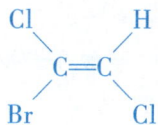

反 $-1,2-$ 二氯 $-1-$ 溴乙烯
（Z）$-1,2-$ 二氯 $-1-$ 溴乙烯

室温下,两种顺、反异构体的物理性质通常具有一定的差别,因此,可根据其物理性质的差别进行分离。如顺、反 $-2-$ 丁烯的沸点分别为 $3.5℃$ 和 $0.9℃$;而熔点则分别为 $-139℃$ 和 $-106℃$;而顺、反 $-$ 丁烯二酸在水中的溶解度分别为 $77.8\ g$ 和 $0.7\ g$。同时,反式异构体因体积较大的基团远离而较稳定,如反 $-2-$ 丁烯的内能比顺 $-2-$ 丁烯的内能要低 $4.0\ kJ/mol$。

顺、反异构体不仅在物理性质上有差别,在生理活性上也有明显的不同。例如,己烯雌酚的两种顺、反异构体中,只有其中的反式异构体对于治疗某些妇科疾病有效(如图 $5-13$ 所示)。

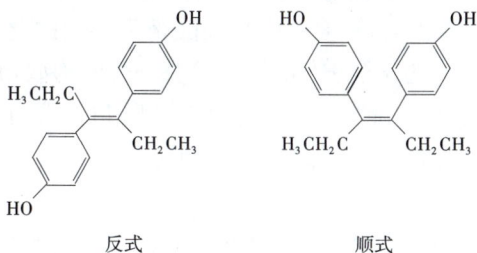

反式　　　　　　　　顺式

图 $5-13$　己烯雌酚的顺、反异构体

5.3　对映异构

对映异构产生的条件是:分子的手征性。一个手性分子,必然存在与之呈镜像关系的异构体。正如人们的左右手一样,一只是实物,另一只手就是与之对映的镜像,两者不能重叠,而彼此对映。所以叫对映异构体,简称**对映体**。对映异构体都能使偏振光的振动面发生旋转,但旋光方向相反,分别为右旋体和左旋体。等量的左旋体和右旋体的混合物为**外消旋体**,外消旋体不具旋光性。手性碳(与四个不同的原子或基团相连的碳原子)是分子产生对映异构体的普遍因素,如乳酸($2-$羟基丙酸)含有一个手性碳,存在一对对映体。

为方便起见,对映异构体的构型通常采用费歇尔(Fischer)投影式来表示,其书写规则是:用一个"十"字交叉点代表手性碳;竖键相连的原子或基团向纸平面后方伸展,横键相连的原子或基团向纸平面前方伸展,简称"横前竖后"。

通常把碳链放在竖直线上,并把命名时编号最小的碳原子放在上端,这样写出的费歇尔投影式比较规范,便于比较,常称为标准的费歇尔投影式。乳酸的一对对映体可表示为如图 $5-14$ 所示的形式。

顺反异构体不仅物理性质上有差别,在生理活性上也有明显不同。如:维生素 A 的结构中具有四个双键,全部是反式构型。若其中出现顺式结构则生理活性大大降低。

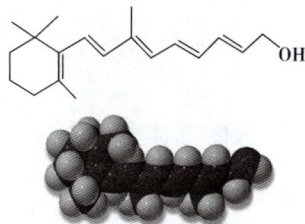

维生素 A(视黄醇)

手性物体

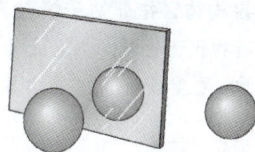

非手性物体

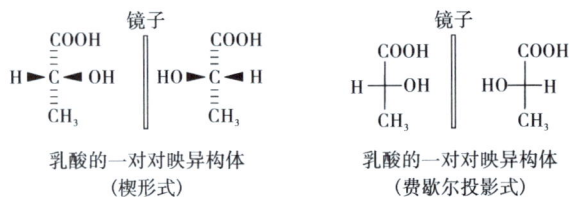

图 5-14　乳酸的一对对映体

对映异构体的构型标记有两种方法:D/L 标记法和 R/S 标记法。

D/L 标记法:选择甘油醛作为标准,并人为地规定,在费歇尔投影式中,OH 放在右边的为右旋甘油醛,记为 D 型;OH 放在左边的称为左旋甘油醛,记为 L 型。如图 5-15 所示。

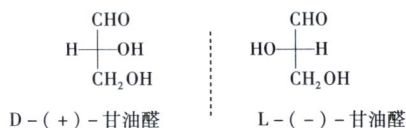

图 5-15　甘油醛的 D/L 标记

其他旋光性物质的构型可通过直接或间接的化学转变,与 D 型或 L 型甘油醛相联系来确定。凡是通过不断裂手性碳所连的任何一个化学键的反应都可以由右旋"(+)"甘油醛衍生得到的化合物,或者可以变为(+)甘油醛的化合物,都与(+)甘油醛的构型相同,即都属于 D-构型。反之,与左旋"(-)"甘油醛构型相同,属于 L-型,但与旋光方向没有必然的联系,如图 5-16 所示。

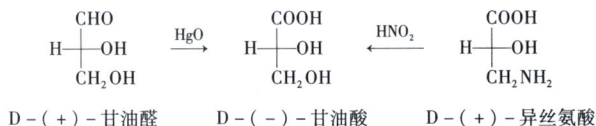

图 5-16　D-(+)-甘油醛构型保持的化学转化

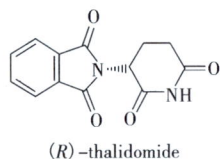

(R)-thalidomide

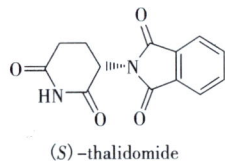

(S)-thalidomide

D/L 标记法只适用于那些与甘油醛结构类似的较简单的化合物,如氨基酸和糖类。而对于结构较复杂或含多个手性碳的化合物则难以与甘油醛构型相联系,则使用 R/S 标记法。

R/S 标记法:该法是根据物质分子的绝对构型或其费歇尔投影式来命名的,无须与其他化合物联系比较,这种标记法即**系统命名法**。采用模型或透视式时,其基本原则如下:

1)按"次序规则"将手性碳所连的 4 个原子或基团(C* abcd)由大到小排列成序,如 a>b>c>d,即 a 的次序最大,d 的次序最小;

2)将次序最小的基团 d 远离视线,而使 a、b、c 处在观察者的眼前,观察这三个原子或基团;

3)若 a→b→c 为顺时针方向排列,这种构型就用 R 表示(R 是拉丁文"Rectus"的首字母,是右的意思);反之,如 a→b→c 是按逆时针方向排列,就用 S 表示(S 是拉丁文"Sinister"的首字母,是左的意思),如图 5-17 所示。

R-构型（a→b→c 顺时针方向）

S-构型（a→b→c 逆时针方向）

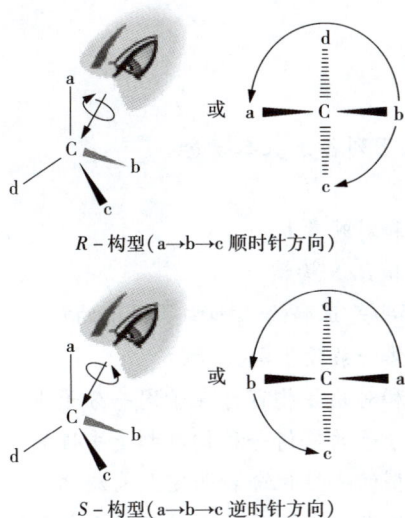

图 5 - 17　R，S-构型的确定

乳酸对映体的构型标记如图 5 - 18 所示。

基团由大到小排序为：$OH > COOH > CH_3 > H$。

R-乳酸　　　　　　　S-乳酸

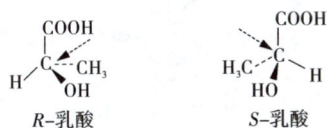

图 5 - 18　乳酸对映体的 R，S-构型标记

当化合物以费歇尔投影式表示时，确定构型的方法是：当手性碳原子所连接的四个不同原子或基团，按优先顺序编号最小的原子或基处于投影式的上方或下方，其他三个原子或基团的编号由大到小按顺时针排列，则该化合物的构型是 R 型；反之，其他三个原子或基按逆时针排列，则为 S 型，例如：

S-乳酸　　　　　　R-乳酸　　　　　　R-乳酸

当按优先顺序编号最小的原子或基团处于投影式的左面或右面，其他三个原子或基团的编号由大到小按顺时针排列，则该化合物的构型是 S 型；反之，其他三个原子或基团按逆时针排列，则为 R 型，例如：

S-乳酸　　　　　　R-乳酸　　　　　　R-乳酸

对映异构体除旋光方向相反外，在一般情况下，其物理性质和化学性质相同，只有在不对称（即手性）的环境下，表现出不同的化学和生理活性。生物分子如糖、蛋白质和核酸都是手性分子。

习 题

1.解释并比较下列各组基本概念:

(1)构象和构型

(2)顺反异构和对映异构

(3)D/L 构型和 R/S 构型

2.下列说法哪些是正确的? 哪些是错误的?

(1)构象异构体一般没有旋光活性。

(2)顺反异构和对映异构可存在于同一分子中。

(3)一个手性分子的任何一种构象都是手性的。

(4)具有 S 构型的手性化合物必定是左旋体。

(5)对映异构体在非手性条件下具有完全相同的化学性质。

(6)具有手性的分子一定有旋光性。

3.画出 2,3-二甲基丁烷沿 C(2)—C(3)键轴旋转,所产生的最稳定构象的 Newman 投影式。

4.画出下列化合物的优势构象:

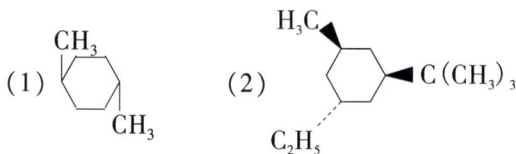

5.指出下列各对表达式的相互关系(对映体、顺反异构体、构象异构体还是同一物)。

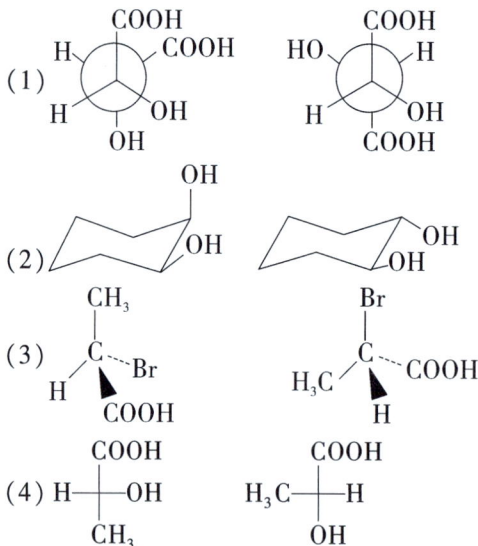

6.写出 3,6-辛二烯酸的所有顺反异构体,并用 Z/E 法标记构型。

第 6 章

芳香烃
（Aromatic Hydrocarbon）

芳香烃(aromatic hydrocarbon)简称**芳烃**,是芳香族化合物的母体。芳香族化合物最初是从植物香精油和树脂等天然产物中提取得到的具有芳香气味的物质。研究发现这些物质大多含有苯环结构单元。苯环是一个高度不饱和体系,但它与普通不饱和化合物如烯、炔相比具有特殊的稳定性,难于发生加成和氧化反应,易发生取代反应,并具有波谱学特征,这种特殊的稳定性质也叫**芳香性**(aromaticity)。最初的芳香族化合物是指含有苯环结构的化合物,但后来发现了一些虽不含苯环,却具有这些特殊性质的化合物(非苯芳香化合物),人们将具有特殊稳定性的不饱和环状化合物称为芳香族化合物。

根据分子中是否含有苯环,芳烃可分为苯型芳烃(benzenoid aromatic hydrocarbon)和非苯型芳烃(nonbenzenoid aromatic hydrocarbon)。

6.1　苯的结构

6.1.1　凯库勒结构式

苯(benzene)是最简单的苯型芳香烃。经分析测试确定苯的分子式为C_6H_6,是一种不饱和化合物,然而其化学性质却极为稳定,难于发生加成反应,不被高锰酸钾氧化,却比较容易发生取代反应,另外苯的一取代物和邻二取代物都只有一种。可见苯与一般的烯、炔不同,有其特殊的结构。

为了解释这些实验事实,1865 年德国化学家凯库勒(Kekule)首先提出了苯的环状结构,他认为苯的 6 个碳原子是以单、双键交替相连成环,且每个碳原子都连有一个氢原子,以满足碳的四价结构,苯的这种结构式称为凯库勒(Kekule)式:

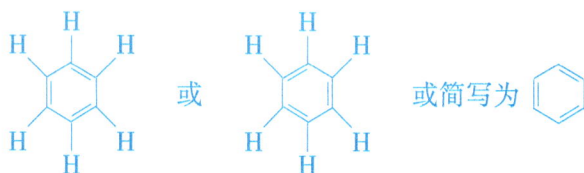

6.1.2　苯环结构的现代解释

运用 X - 射线衍射和光谱分析等现代物理方法研究证明,苯是一个平面分子,6 个碳原子组成一个正六边形,即所有的碳碳键长相等,均为 139 pm,键角都是 120°。因此,苯分子中碳原子均为 sp^2 杂化,每个碳原子都与相邻的两个碳原子及一个氢原子以 sp^2 杂化轨道形成三个 σ 键,由于碳原子的三个 sp^2 杂化轨道处于同一平面,所以苯分子中所有的 σ 键都处于同一平面,如图 6-1(a)所示。另外,每个碳原子都有一个未杂化的且垂直于杂化轨道平面的 2p 轨道,这六个 2p 轨道互相平行重叠,构成一个 6 中心 6 电子的大 π 键体系,π 键电子云分布于碳环平面的上方和下方,这些电子不是局限于某两个成键的原子,而是由所有形成大 π 键的中心原子所共有,这种现象被称为电子的离域(delocalization),如图 6-1(b)、(c)所示。这种大 π 键也叫离域 π 键或叫共轭 π 键。由于电子的离域,共轭体系特别是闭合共轭体系的形成,导致了苯特有的化学稳定性。加成反应会破坏苯的闭

合共轭体系，所以难以发生。而环形离域 π 电子的流动性较大，易受亲电试剂的进攻，发生亲电取代反应，而取代反应最终并不破坏这种稳定结构。

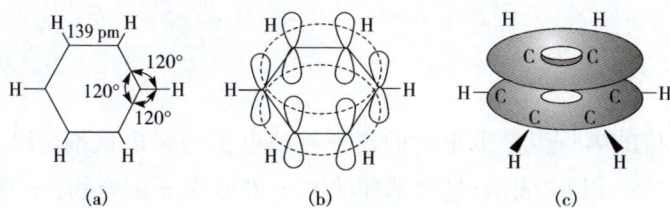

图 6-1 苯分子中的 σ 键（a）p 轨道形成的大 π 键（b）以及苯分子模型（c）

因此，现在也将苯用式 ⬡ 来表达，该结构式用一个圆圈表示大 π 键，强调了共轭体系和 π 电子的离域，但也有其局限性，在表示其他芳香体系时就不合适了。所以大多数文献书刊仍采用凯库勒式。

6.2 苯及其同系物的物理性质

单环芳烃一般为液体，具有特殊气味，不溶于水，但溶于有机溶剂，如乙醚、四氯化碳、石油醚等非极性溶剂，它们本身也是良好的溶剂。它们比水轻，其蒸气有毒，如苯的蒸气可通过呼吸道对人体产生损害，高浓度的苯蒸气主要作用于中枢神经，引起急性中毒，长期接触低浓度的苯蒸气会损害造血器官。一些单苯芳烃的物理常数见表 6-1。

表 6-1 一些单苯芳烃的物理常数

化合物		熔点/℃	沸点/℃	密度/(g·cm⁻³)
苯	benzene	5.5	80	0.88
甲苯	toluene methylbenzene	-95	111	0.87
乙苯	ethylbenzene	-95	136	0.87
邻二甲苯	o-dimethylbenzene	-25	144	0.88
间二甲苯	m-dimethylbenzene	-48	139	0.86
对二甲苯	p-dimethylbenzene	13	138	0.86
正丙苯	propylbenzene	-99	159	0.86
异丙苯	isopropylbenzene	-96	152	0.862
苯乙烯	phenylethene	-31	145	0.91
苯乙炔	phenylethyne	-45	142	0.93

6.3 苯及其同系物的化学性质

苯及其同系物的化学性质表现在两个方面：一是苯环上的芳香性；二是侧链上的化学反应，如烷基苯的烷基能被强氧化剂（如酸性高锰酸钾）氧化，能发生自由基取代反应。

6.3.1 亲电取代反应机理

苯环上的亲电取代反应有卤化、硝化、磺化、烷基化和酰基化。

为什么不是亲电加成？

芳烃虽然有不饱和键，却不易发生亲电加成，是由于苯环具有稳定的共轭大 π 键决定的。亲电试剂进攻 π 键形成 σ 配合物后，若发生加成，则苯环的共轭 π 键被破坏，产物的稳定性降低，同时反应活化能升高。

亲电取代反应都是由亲电试剂中带有正电荷的离子或基团进攻 π 电子云密度较高的苯环引起的。其反应机理大致相似,用通式描述如下:

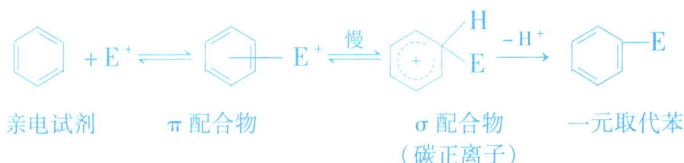

亲电试剂　　π 配合物　　　　　σ 配合物　　一元取代苯
　　　　　　　　　　　　　　　（碳正离子）

反应的第一步是带正电的离子或缺电子的亲电试剂,如 NO_2^+ 、R^+ 、X^+ 等(用 E^+ 表示)进攻苯环的大 π 键形成 π 配合物,π 配合物仍保持苯环结构但很不稳定。E^+ 进一步与苯环上的一个碳原子直接连接转为 σ 配合物,使得与 E^+ 相连的碳原子的构型由 sp^2 转化为 sp^3,四个 π 电子离域在五个碳原子核上,体系带一个正电荷,是一个活泼的中间体。σ 配合物由于苯环结构被破坏,不稳定,离去一个氢离子恢复原来的大 π 键结构。反应的决速步骤为最慢的一步,即 σ 配合物的生成,故整个反应为**亲电取代反应**(electrophilic substitution)。

6.3.2　亲电取代反应

1. 卤代反应

苯与氯、溴在催化剂三氯化铁的存在下加热,苯环上的氢原子被氯或溴取代生成氯苯或溴苯,同时产生氯化氢或溴化氢。

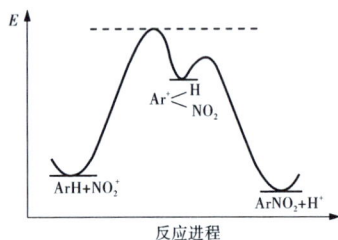

甲苯卤代主要生成邻位和对位的卤代产物:

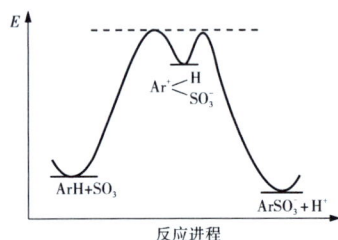

2. 硝化反应

苯与浓硫酸和浓硝酸的混合物共热,苯环上氢原子被硝基取代生成硝基苯。

一取代的硝基苯进一步硝化时,生成的二硝基苯为间位取代产物。甲苯硝化反应的温度只要求 30℃,反应条件低于苯硝化的 50 ~ 60℃。如果进一步升高甲苯硝化反应的温度,则可得到 2,4,6 - 三硝基甲苯(TNT),即为炸药。可见苯环上的不同取代基会对进一步的亲电取代反应发生重要影响。

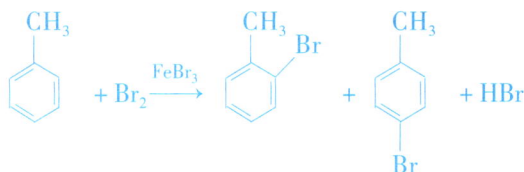

邻二硝基苯　　对二硝基苯　　间二硝基苯
　6%　　　　　　1%　　　　　　93%

随着烷基的体积增大,对位的产率增多,如乙苯的硝化,邻、对位产率接近,各约占 50%。

硝化反应能量变化图
（反应不可逆）

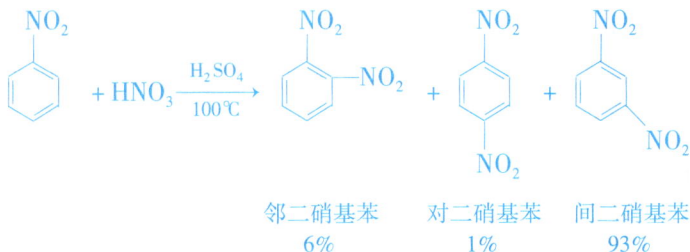

磺化反应能量变化图
（反应可逆）

$$\text{甲苯} + HNO_3 \xrightarrow[30℃]{\text{浓 } H_2SO_4} \text{邻硝基甲苯} + \text{对硝基甲苯} + \text{间硝基甲苯}$$

邻硝基甲苯　　对硝基甲苯　　间硝基甲苯
63%　　　　　34%　　　　　3%

3. 磺化反应

　　苯与浓硫酸共热，可生成苯磺酸。进一步升高温度可生成间苯二磺酸。可见苯磺酸比苯难于发生亲电取代反应，而甲苯发生磺化反应则比苯要容易一些。

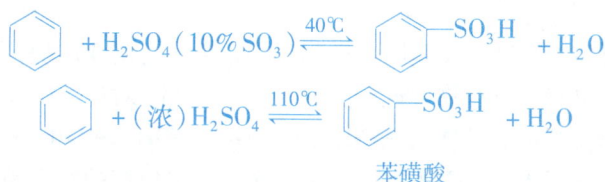

$$\text{苯} + H_2SO_4(10\% \ SO_3) \xrightarrow[\quad]{40℃} \text{苯}-SO_3H + H_2O$$

$$\text{苯} + (\text{浓}) H_2SO_4 \xrightarrow[\quad]{110℃} \text{苯}-SO_3H + H_2O$$

苯磺酸

　　苯的磺化反应与氯化和硝化反应不同，它是一个可逆反应，在磺化后的混合物中通入水蒸气，苯磺酸可脱去磺酸基变回原来的苯。这一性质使得它广泛用于有机合成及有机化合物的分离与提纯中。

$$\text{苯}-SO_3H + H_2O \xrightarrow{\text{过热水蒸气}} \text{苯} + H_2SO_4$$

4. 付 - 克烷基化反应

　　芳烃与卤代烷和烯烃等烷基化试剂在无水三氯化铝等催化剂作用下进行反应，可在芳环上引入烷基。

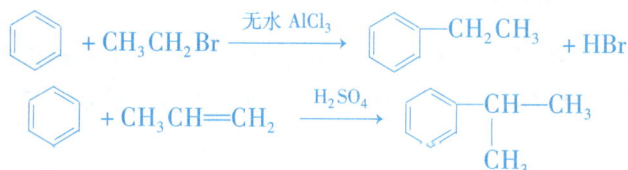

$$\text{苯} + CH_3CH_2Br \xrightarrow{\text{无水 } AlCl_3} \text{苯}-CH_2CH_3 + HBr$$

$$\text{苯} + CH_3CH=CH_2 \xrightarrow{H_2SO_4} \text{苯}-CH(CH_3)-CH_3$$

　　烷基化反应中，当使用三个或三个以上碳原子的直链卤代烷或烯烃时，往往主要得到含支链的产物，这是由于烷基化过程中，卤代烷、烯烃转变为碳正离子，而由于碳正离子的稳定性不同，会发生重排，转化为更稳定的带支链的碳正离子。

　　烷基化反应为可逆反应，故常伴有歧化反应。工业上利用甲苯歧化可生产苯和二甲苯。由于硝基的强吸电子能力，使得苯环的电子云密度大大降低，故硝基苯不能进行烷基化反应，利用这一特点可以在烷基化反应时用硝基苯做溶剂。

5. 付 - 克酰基化反应

　　芳烃在无水三氯化铝等催化剂作用下与酰卤或酸酐生成芳酮的反应称为付 - 克（Friedel - Crafts）酰基化反应，是制备芳酮的重要方法，碳链不会发生重排。

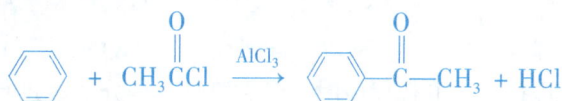

$$\text{苯} + CH_3CCl(=O) \xrightarrow{AlCl_3} \text{苯}-C(=O)-CH_3 + HCl$$

Friedel – Crafts reaction
（付克反应）

Charles Friedel（1832—1899）

　　法国化学家，1856 年他成为巴黎矿业学院的矿物陈列室主任，后来任矿物学教授，1884—1899 年成为 La Sorbonne 大学有机化学教授。他一生在无机化学和有机化学两个方面都做出了突出贡献。其中，最著名的工作是他和美国化学家 James Mason Crafts 一起发现了芳香烃的烷基化和酰基化反应，为苯的衍生物的合成提供了一个很好的方法。

James Mason Crafts（1839—1917）

　　美国化学家，1866 年他先后在美国 Cornell 大学和 Massachusetts 理工学院（MIT，1871 年起）任化学教授。1874 年他因健康原因回到巴黎矿业学院与 Charles Friedel 一道工作，并于 1877 年在那里发现了 Friedel – Crafts 烷基化和酰基化反应。

$$\text{C}_6\text{H}_6 + \underset{\substack{\| \\ \text{O}}}{\text{H}_3\text{C}-\text{C}}-\text{O}-\underset{\substack{\| \\ \text{O}}}{\text{C}}-\text{CH}_3 \xrightarrow{\text{AlCl}_3} \underset{\substack{\| \\ \text{O}}}{\text{C}_6\text{H}_5-\text{C}}-\text{CH}_3 + \text{CH}_3\text{COOH}$$

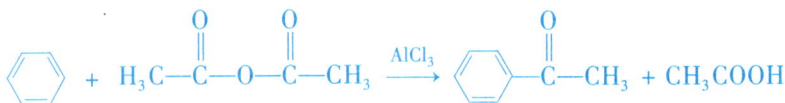

6.3.3 取代苯的定位规律

在苯的取代反应中,甲苯的氯化、硝化和磺化反应都比苯容易进行,而且主要生成邻位和对位的取代产物(邻 + 对 >60%);硝基苯和苯磺酸的亲电取代反应比苯难,而且产物以间位为主(间 >40%)。可见苯环上新进入基团的取代位置和反应活性受原有取代基的影响,这种影响称为定位效应,苯环上原有的取代基叫作定位基。

1. 两类定位基

很明显甲基这一类基团可活化苯环,使反应速度加快,而且主要产物为邻位和对位产物。这一类取代基叫作邻、对位定位基。邻、对位定位基主要有: $-\text{O}^-$ 、 $-\text{NR}_2$ 、 $-\text{NH}_2$ 、 $-\text{OH}$ 、 $-\text{OR}$ 、 $-\text{NHCOR}$ 、 $-\text{OCOR}$ 、 $-\text{CH}_3$ 、 $-\text{C}_6\text{H}_5$ 、 $-\text{X}$ 等。这一类定位基的特点是:与苯直接相连的原子大都带有未共用电子对,以单键与苯环相连;并且可使苯环上的电子云密度增加,从而活化苯环。但卤素为弱钝化的邻、对位定位基。

硝基等使亲电取代反应速率降低,产物为间位,故硝基等这一类定位基称为间位定位基。间位定位基主要有: $-\overset{+}{\text{N}}\text{R}_3$ 、 $-\overset{+}{\text{N}}\text{H}_3$ 、 $-\text{NO}_2$ 、 $-\text{CN}$ 、 $-\text{SO}_3\text{H}$ 、 $-\text{CHO}$ 、 $-\text{COR}$ 、 $-\text{COOH}$ 、 $-\text{CONH}_2$ 等。间位定位基团的特点是:与苯环相连的原子或基团带有正电荷或双键、三键,这些基团能使苯环钝化、亲电取代反应比苯难。

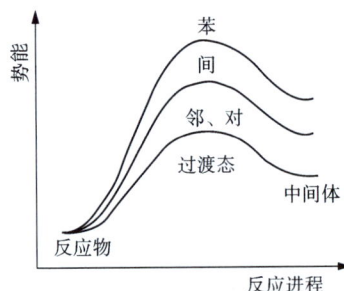

2. 定位规律的理论解释

甲苯与苯亲电取代反应时的势能变化对比

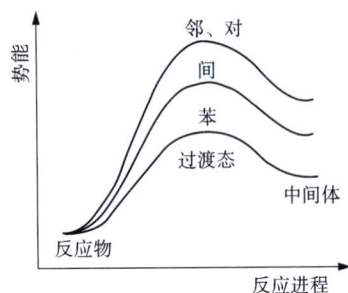

苯环上亲电取代定位规律与取代基的诱导效应、共轭效应和超共轭效应等电子效应及空间效应有关。下面以甲基、羟基和硝基为例进行简要讨论。

对于甲基,其诱导效应和 $\sigma - \pi$ 超共轭效应均是给电子的(+I 和 +C,方向一致),使苯环电子云密度增加,尤其是邻、对位。对于羟基,则是通过 $p - \pi$ 共轭效应使苯环电子云密度增加,由于氧原子电负性大于碳,其诱导效应是吸电子的(-I),使苯环的电子云密度减小,但氧原子上的未共用电子对与苯环的 $p - \pi$ 共轭效应是给电子(+C),且共轭效应强于诱导效应,总体表现为给电子效应,使苯环的邻、对位电子云密度升高。再如硝基,由于氮和氧电负性都大于碳,硝基具有吸电子诱导(-I),且硝基中的氮氧双键与苯环实行 $\pi - \pi$ 共轭也是吸电子的(-C),两种效应方向一致,使苯环电子云密度降低,邻、对位降低得更多。

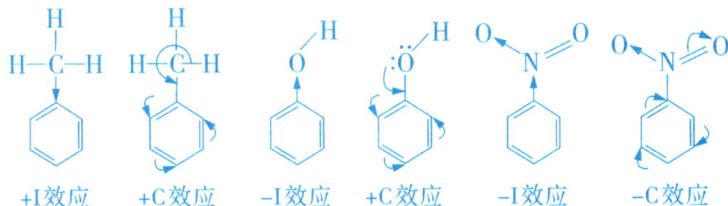

硝基苯与苯亲电取代反应时的势能变化对比

+I效应　　+C效应　　-I效应　　+C效应　　-I效应　　-C效应

取代苯进行亲电取代反应时,与苯类似也是分两步进行,决速步

骤是第一步碳正离子的生成。共振论可从解释苯环亲电取代反应中苯环中间体的稳定性，从而更好地解释两类定位基的不同定位规则。对于取代苯的亲电取代反应，其中间体 σ 配合物的可能结构有三种形式：

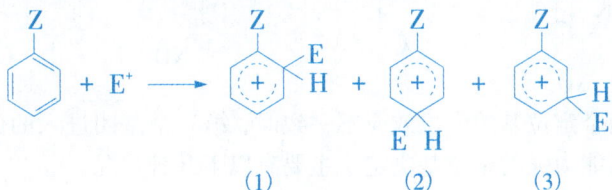

这三种中间体分别有三个极限结构式参与共振：

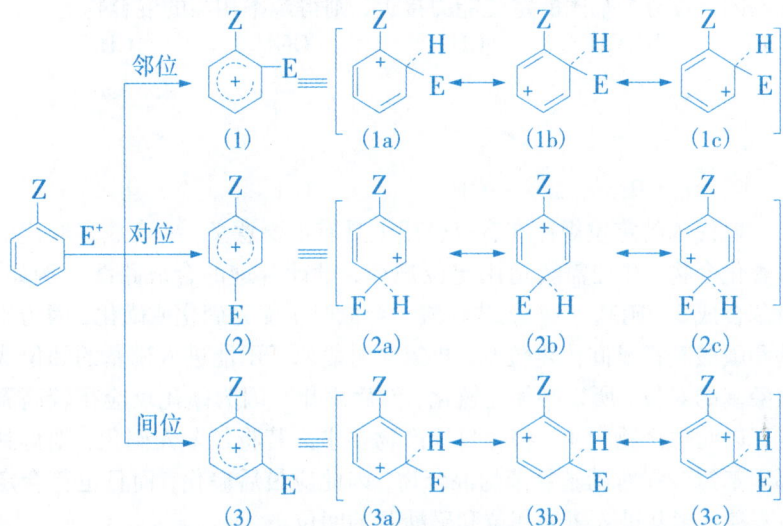

对于邻、对位定位基，例如甲基，当亲电试剂进攻甲苯的邻位或对位时，在形成碳正离子中间体的极限结构中，都有一个正电荷位于与甲基直接相连的环碳原子上(1a 和 2b)，由于甲基的给电子诱导效应和超共轭效应，能分散正电荷，使得该极限式较稳定，参与共振形成相应的碳正离子杂化体所需的过渡态势能也较低。而进攻间位时，没有这种稳定的极限结构参与碳正离子杂化体的形成，这种碳正离子正电荷分散性较差，能量较高，难于形成。因此甲苯发生亲电取代反应时，比苯更容易，且主要生成邻、对位取代产物。所以甲基是致活的邻、对位定位基。类似地分析，其他的邻对位定位基(卤素除外)都是使邻、对位取代的中间体更加稳定，从而反应更易发生在邻位和对位。

对于间位定位基，如硝基，在邻、对位取代的碳正离子中间体的共振极限结构中，各有一个特别不稳定的结构(1a 和 2b)，即吸电子的硝基直接连在带正电荷的环碳原子上，这使得正电荷更加集中，势能更高而难于生成。而间位取代的碳正离子没有这种特别不稳定的极限结构，相对势能较低而比较易于生成，所以硝基苯的亲电取代反应比苯难，主要发生在间位。

3. 二取代苯的定位规律

当苯环上已经有两个取代基，第三个取代基要进入时，进入的位置由原来的两个取代基决定。

当两个定位基的定位效应一致时，它们的作用可互相加强，第三

思考：—NH₂ 是邻、对位定位基而—⁺NH₃ 是间位定位基？为什么？

抗溃疡药——美沙拉嗪

美沙拉嗪（mesala‑zine），化学名：5‑氨基水杨酸，1985 年由英国首次上市，目前广泛用于治疗溃疡性结肠炎。药效学研究表明，该药通过作用于肠道炎症黏膜，抑制引起炎症的前列腺素合成及炎性介质白三烯的形成，从而对肠道壁起显著的抗炎作用。美沙拉嗪原料药的合成是以水杨酸为原料，在苯环上引入硝基，然后将硝基还原，其合成路线如下：

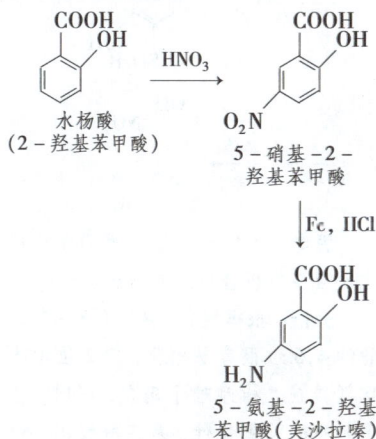

水杨酸
(2‑羟基苯甲酸)

5‑硝基‑2‑羟基苯甲酸

Fe, HCl

5‑氨基‑2‑羟基苯甲酸（美沙拉嗪）

思考：硝基是通过什么反应引入的？其反应机制是什么？引入的硝基为什么进入 5 位？

分析：苯环上的硝基是通过硝化反应引入的，属于亲电取代反应。其反应机制是属于亲电取代反应：硝酸产生亲电试剂 NO_2^+ 进攻苯环，形成碳正离子中间体，然后脱去质子，在苯环上引入硝基。硝基进入的位置是由水杨酸上的羟基和羧基共同决定的。羟基为邻对位定位基，羧基为间位定位基，两者的定位效应一致。

个基团进入它们共同确定的位置。但新引入的基团因位阻难于进入两个定位基的中间位置。如：

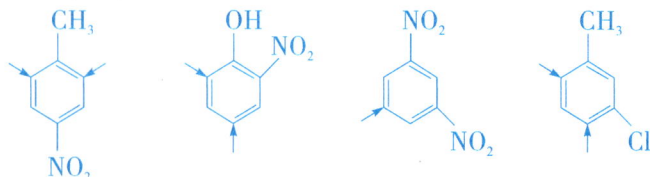

当两个定位基的定位效应不一致时，第三个基团进入的位置，通常由致活能力强的定位基决定。主要有以下几种情况。

活化基团的定位作用超过钝化基团；强活化基团的作用超过弱活化基团，若两个基团的定位能力接近，则得产率相当的混合物。

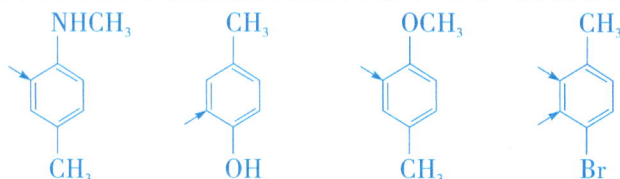

取代苯的定位规律在有机合成上具有重要意义，要合成多取代的芳香化合物，往往需要运用定位规律，设计合理的合成路线。例如：由苯合成 3 - 硝基 - 4 - 氯苯磺酸。合成时不能先硝化或磺化，因为硝基和磺酸基都是间位定位基，再氯化时氯原子不能进入硝基的邻位或磺酸基的对位，所以必须先氯化，然后磺化。因为磺化反应在较高温度下以对位产物为主，符合目标产物要求。若将氯苯先硝化，则得到邻硝基氯苯和对硝基氯苯的混合物，因此应最后硝化，而且也符合定位规律，硝基进入氯的邻位和磺酸基的间位。

6.3.4　苯环开环氧化反应

苯环在一般条件下不被氧化，但是在强氧化剂(V_2O_5)和高温下也可开环氧化生成顺丁烯二酸酐。

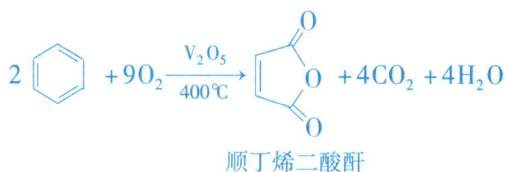

顺丁烯二酸酐

6.3.5　苯环的加成反应

前面说过苯环很稳定，大 π 键要很高的能量才能被破坏，但由于有不饱和键存在，在一定条件下苯环的结构还是可以被破坏。

1. 加氢

苯在镍催化剂存在时，于较高温度或压力条件下可催化加氢生成环己烷。

磺化反应在有机合成上的应用

由 1,3 - 苯二酚合成 2 - 硝基 - 1,3 - 苯二酚时，采取的合成路线如下：

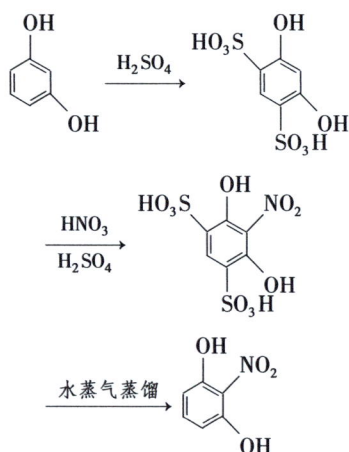

思考：为什么不能直接硝化？磺化反应在有机合成上有什么意义？

分析：根据定位规律，1,3 - 苯二酚的 4,6 位很容易硝化，而 2 位由于空间效应，相对难于硝化，同时，由于硝酸的强氧化性，易将酚氧化。所以，反应过程中为了使 4,6 位不被硝化，必须先把这两个部位保护起来，即在 4,6 位引入磺酸基，再硝化时，磺酸基和羟基的定位效应一致，反应完成以后再水解去掉保护基磺酸基，生成 2 - 硝基 - 1,3 - 苯二酚。由于磺酸基的强吸电子作用，使苯环上的电子云密度降低，可以减弱酚被氧化。

磺化反应可逆，磺酸基能上能下，利用它的定位及占位作用，可以在芳环上使取代基进入所需位置(参见酚的化学性质)。

2. 加氯

在紫外线照射下，苯可发生自由基加成生成六氯化苯，简称"六六六"。

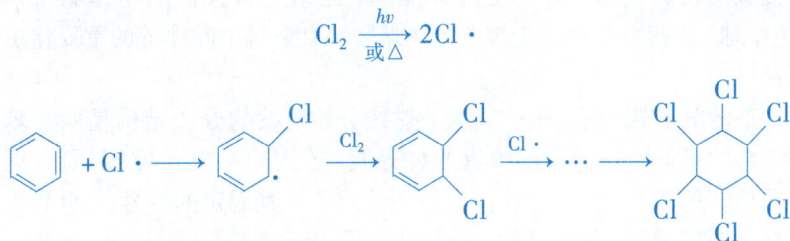

$$Cl_2 \xrightarrow[\text{或}\triangle]{hv} 2Cl \cdot$$

"六六六"为一种有效的杀虫剂，但由于其化学性质稳定，残存毒性大，19世纪80年代被禁用，目前已被高效低毒的农药替代。

6.3.6 苯环侧链上的反应

1. 氧化反应

烃基苯中如果与苯环相连的碳原子有活泼氢（即 $\alpha - H$），则在高锰酸钾等氧化剂存在下可氧化生成苯甲酸，反应发生在侧链，苯环一般不被氧化，在过量氧化剂存在下，无论侧链长短，只要含有 $\alpha - H$，最后都被氧化成苯甲酸。

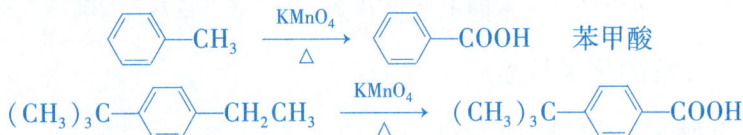

2. 氯代反应

在较高温度或光照射下，卤素可取代苯环侧链上的 $\alpha - H$ 原子，其反应机理为自由基取代。

苯一氯甲烷　　苯二氯甲烷　　苯三氯甲烷

因苄基型自由基比较稳定而相对易于形成，故乙苯的自由基卤代主要发生在 $\alpha - H$ 原子上。

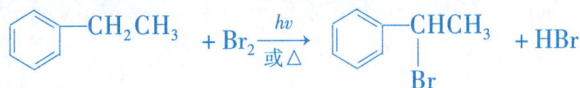

6.4 稠环芳烃

稠环芳烃一般存在于煤焦油中，主要有萘、蒽和菲等。人们发现煤焦油的某些高沸点化合物馏分能致癌，特别是煤焦油中存在的微量的 3,4 - 苯并芘有高度致癌性，近年来发现致癌烃多为蒽和菲的衍生物，例如下列化合物都有显著致癌性。

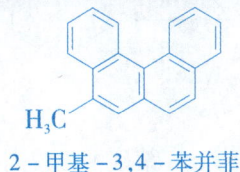

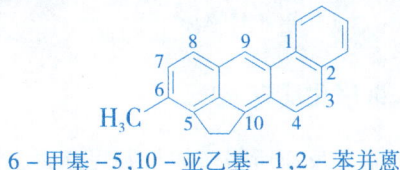

2 - 甲基 - 3,4 - 苯并菲　　　　6 - 甲基 - 5,10 - 亚乙基 - 1,2 - 苯并蒽

6.4.1 萘的结构

萘(naphthalene)是一种白色闪光晶体,熔点 80.3℃,易升华。萘有类似樟脑的气味,有一定的毒性,不能用来替代樟脑制作驱虫剂"卫生球"。萘主要存在于煤焦油中,是制取染料中间体等的重要化工原料。

萘的分子式为 $C_{10}H_8$,经 X - 射线分析,萘的分子结构是两个苯环稠合的平面结构。萘环中有两种等同的位置:4 个 α 位(与稠合碳原子相邻的碳位)和 4 个 β 位。萘环碳原子有其固定的编号(1 可始于任意一个 α 碳)。萘的结构、键长及编号表示如下:

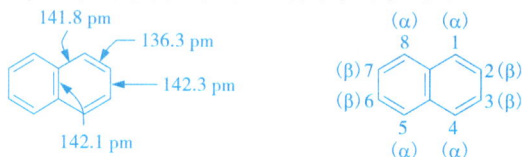

分子轨道理论认为:萘分子中的碳原子都以 sp^2 杂化轨道形成 σ 键,每个碳原子的 p 轨道互相平行重叠,构成一个芳香结构的共轭体系。但是,萘分子并不是两个苯环的简单并合。因为萘分子中的两个稠合碳原子的 p 轨道除了彼此重叠外,还要分别与两个 α 碳原子的 p 轨道相互重叠,所以萘分子中的电子云在 10 个碳原子上的分布是不均匀的,分子中的键长不同也说明了这一点。

6.4.2 萘的化学性质

萘像苯一样也能发生取代、氧化和加成等反应。

1. 氧化反应

萘比苯容易氧化。

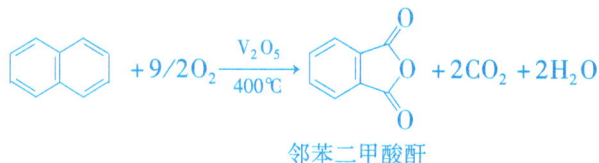

邻苯二甲酸酐

2. 加氢反应

萘的加氢比苯容易,在不同条件下可发生部分加氢或全部加氢。

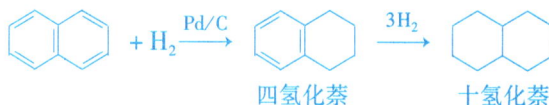

四氢化萘　　　　十氢化萘

3. 硝化反应

萘与混酸在常温下就可反应,几乎都是 α - 硝基萘,再经还原得 α - 萘胺,α - 萘胺可做染料中间体。

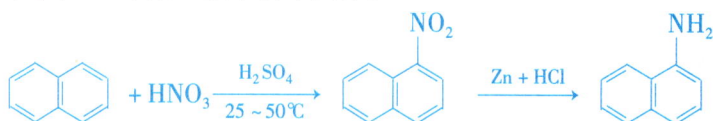

4. 磺化反应

磺化反应所得产物与温度有关。低温多为 α - 萘磺酸,较高温度

时则主要是 β – 萘磺酸，这是因为 α – 位比较活泼，β – 位产物较
稳定。

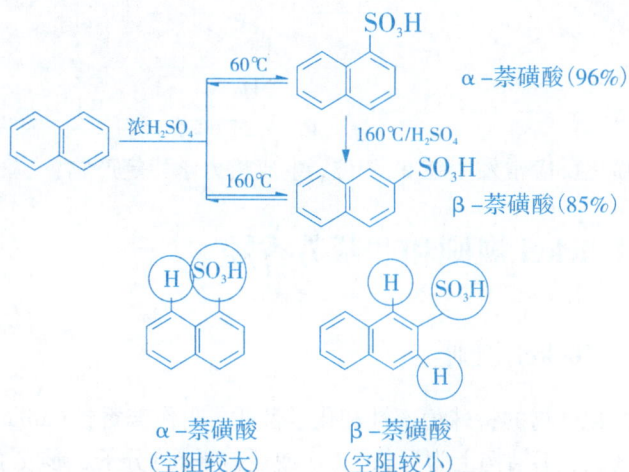

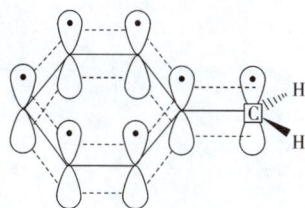

苄基自由基的结构示意图

α – 和 β – 萘磺酸都是化工原料，若将萘磺酸碱熔后再酸化可得
萘酚。

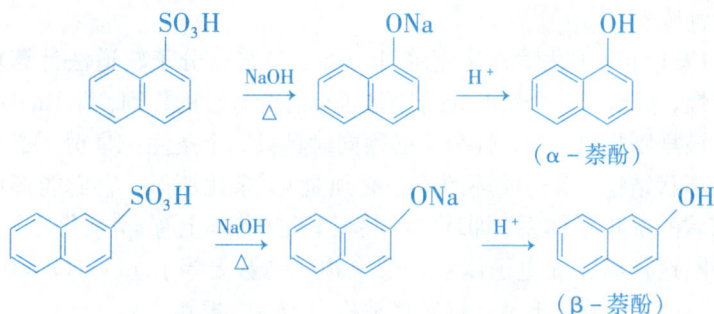

α – 萘酚和 β – 萘酚均为有机合成原料及染料中间体。

5. 一取代萘的定位规律

一取代萘进行亲电取代反应时，要同时考虑 α 位的反应活性，以
及原有取代基的定位效应。当原有取代基为邻对位定位基（卤素除
外）时，由于其活化作用，亲电取代反应主要在同环上进行。若原有
取代基在 1 位，则亲电取代反应在 2 位、4 位发生，以 4 位为主，因为
4 位既是对位又是 α 位；原有取代基在 2 位时，亲电取代主要在 1 位
发生。例如：

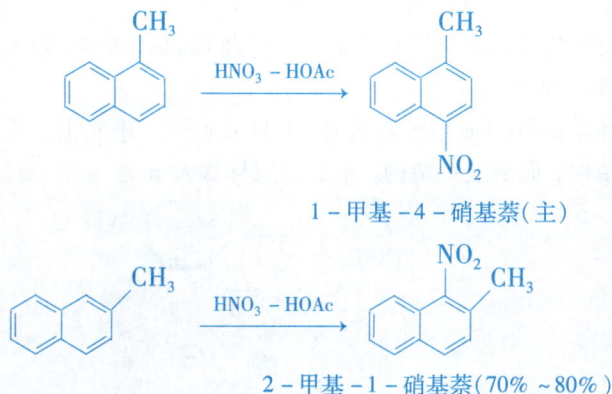

当原有取代基为间位定位基时，由于其钝化作用，无论原有取代
基在 1 位还是在 2 位，新引入的取代基都进入异环的 5 位或 8 位（即 α
位）。例如：

$$\text{(structure with } NO_2\text{)} \xrightarrow{HNO_3-H_2SO_4} \text{(1,5-dinitronaphthalene with } NO_2\text{)} + \text{(1,8-dinitronaphthalene with } NO_2 \ NO_2\text{)}$$

1,5-二硝基萘   1,8-二硝基萘

但磺化反应常发生在 6、7 位，生成热力学稳定产物。

6.5 Hückel 规则和非苯芳香烃

6.5.1 Hückel 规则

芳香化合物的特殊稳定性和化学性质，叫作**芳香性**(aromaticity)。主要表现在：①结构上为环状平面(或近似平面)分子，形成了闭合的共轭体系，具有 π 电子的环电流与抗磁性。②化学性质上的难于氧化、加成，而易于发生亲电取代反应。如何判断一个化合物是否具有芳香性呢？

1931 年德国化学家休克尔(E. Hückel)采用分子轨道法计算环的稳定性，提出了一个判断化合物是否具有芳香性的规则，即 Hückel **规则**。该规则指出，芳香性分子必须同时具备三个条件：① 分子必须是平面环状结构；②构成环的原子必须是 sp^2 杂化原子，它们能形成一个离域的 π 电子体系，即环状的共轭 π 键(若环上有 sp^3 杂化原子，则会中断这种离域 π 电子体系)；③π 电子总数要等于 $4n+2$ ($n=0，1，2，3，\cdots$)。因此，Hückel 规则也被称为 $4n+2$ **规则**。

6.5.2 非苯芳香烃

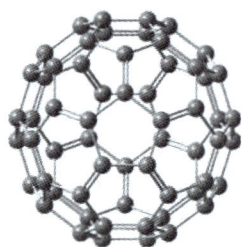

苯的结构符合 Hückel 规则，所以具有芳香性，含苯环的化合物都属芳香族化合物。除此之外，一些虽不含苯环，但分子结构符合 Hückel 规则的化合物也具有芳香性。

环戊二烯是一个活泼的烯烃，根据 Hückel 规则判断，它不具有芳香性。但它的饱和碳原子上的氢具有酸性($pK_a \approx 16$)，其酸性与水相当。与苯基锂反应生成锂盐。

$$\text{(cyclopentadiene)} + PhLi \longrightarrow \text{(cyclopentadienyl)}^{\ominus} Li$$

反应生成的环戊二烯负离子，符合 Hückel 规则，具有芳香性，能与亲电试剂反应。

环辛四烯的 π 电子数为 8，不具芳香性。事实上，环辛四烯不是平面结构，而是盆形结构，不能形成环状大 π 键。

环辛四烯

环辛四烯双负离子

但与金属钾作用后，环辛四烯转变成环辛四烯二价负离子(或称双负离子)，其结构形状由盆形转变为平面八边形，π 电子数变为 10，

富勒烯(Fullerene)或足球烯(footballene)。分子轨道计算表明，足球烯具有较大的离域能，是一个具有芳香性的稳定体系。

C_{60} 被发现的短短 30 多年来，富勒烯已经广泛地影响到物理、化学、材料科学、生命及医药科学各领域，极大丰富和提高了科学理论，同时也显示出巨大的潜在应用前景。由于 C_{60} 特殊的结构和性质，在超导、磁性、光学、催化、材料及生物等方面表现出优异的性能，得到广泛的应用。

符合 Hückel 规则，因此，环辛四烯双负离子具有芳香性。

下面是一些非苯芳香离子：

结构式						
名称	环丙烯 正离子	环丁二烯 双正离子	环丁二烯 双负离子	环戊二烯 负离子	环庚三烯 正离子	环辛四烯 双负离子
π 电子数	2	2	6	6	6	10

6.6 重要的芳烃化合物

6.6.1 联苯

苯为无色晶体，熔点 71℃，沸点 256℃，相对密度 0.886，不溶于水而溶于有机溶剂中，化学性质与苯相似。联苯可看作是苯的一个氢原子被苯基所取代的产物，而苯基为邻、对位定位基，且苯基空阻较大，故发生取代反应时，生成的产物主要为对位，只有少量的邻位产物。例如：

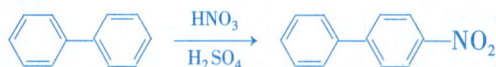

6.6.2 致癌稠环芳香烃

芳烃主要来源于煤焦油，最初发现接触煤焦油多的工人易患皮肤癌，后经研究表明在煤焦油中存在一些具有明显致癌作用的稠环芳烃，也称致癌芳烃。致癌芳烃大多是蒽与菲的衍生物，蒽与菲的结构及固有编号如下：

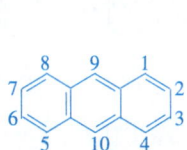

蒽（anthracene）   菲（phenanthrene）

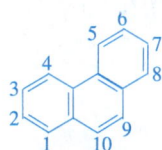

常见的致癌芳烃有：

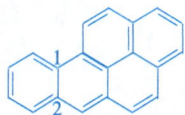

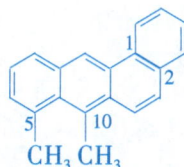

1,2 - 苯并芘   5,10 - 二甲基 - 1,2 - 苯并蒽

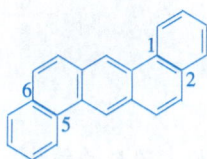

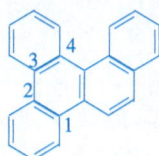

1,2,5,6 - 二苯并蒽   1,2,3,4 - 二苯并菲

习 题

1. 鉴别下列各组化合物：

(1)苯　甲苯　苯乙烯

(2)环己烷　环己烯　环丙烷

2. 完成下列反应：

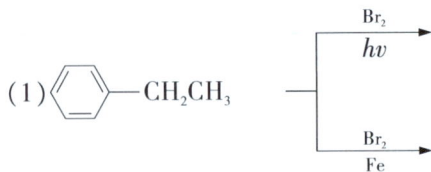

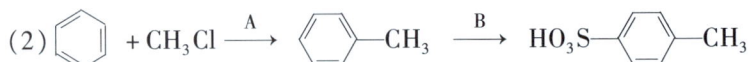

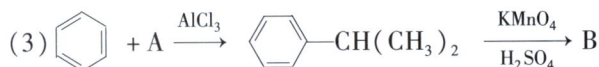

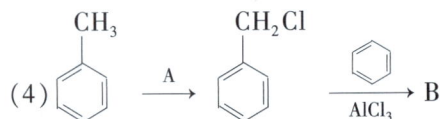

(1)

(2) + CH_3Cl $\xrightarrow{A}$ —CH_3 $\xrightarrow{B}$ HO_3S——CH_3

(3) + A $\xrightarrow{AlCl_3}$ —$CH(CH_3)_2$ $\xrightarrow[H_2SO_4]{KMnO_4}$ B

(4)
 $\xrightarrow{A}$ $\xrightarrow[AlCl_3]{}$ B

3. 将下列各组化合物按环上硝化反应的活性由高到低排列：

(1)苯、甲苯、间二甲苯、对二甲苯

(2)苯、溴苯、硝基苯、甲苯

(3)对苯二甲酸、甲苯、对甲基苯甲酸、对二甲苯

(4)氯苯、硝基苯、间二硝基苯

4. 用箭头表示下列化合物进行一元硝化时硝基进入的位置(指主要产物)：

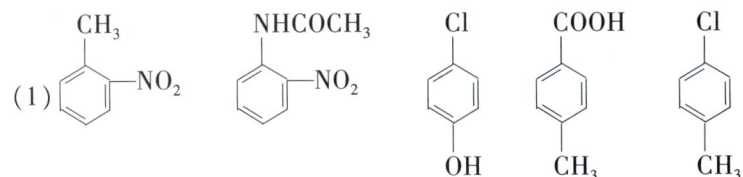

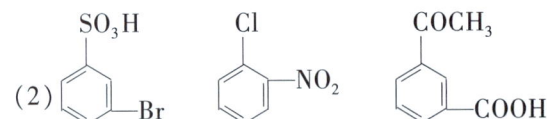

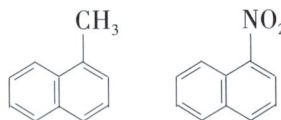

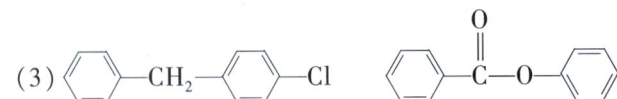

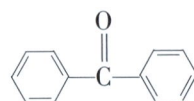

(1)

(2)

(3)

5. 根据氧化得到的产物，试推测原来芳烃的结构：

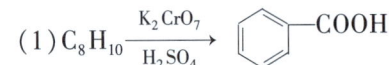

(1) C_8H_{10} $\xrightarrow[H_2SO_4]{K_2CrO_7}$ —COOH

$$(2)\ C_8H_{10} \xrightarrow[H_2SO_4]{K_2CrO_7}$$

（间苯二甲酸，COOH 在 1,3 位）

$$(3)\ C_9H_{12} \xrightarrow[H_2SO_4]{K_2CrO_7}$$

（对位 COOH 苯甲酸）

$$(4)\ C_9H_{12} \xrightarrow[H_2SO_4]{K_2CrO_7}$$

（间位二 COOH）

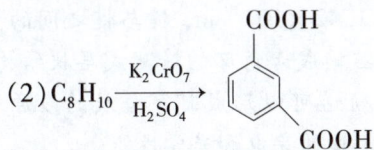

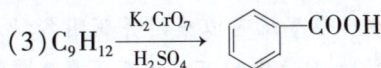

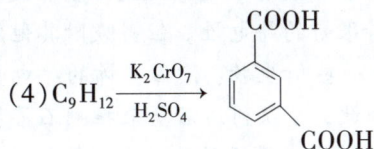

6. 由 4 – 氯甲苯合成 3 – 氨基 – 4 – 氯苯甲酸，有下列三种可能途径，试问其中哪一种途径最好？为什么？

（1）先硝化，再还原，然后氧化；

（2）先硝化，再氧化，然后还原；

（3）先氧化、再硝化，然后还原。

7. 如何由 1,3 – 苯二酚制备 2 – 硝基 – 1,3 – 苯二酚？试设计合成路线。

8. 一芳烃 A，分子式为 C_7H_8，发生亲电取代反应时，一氯化产物主要为 B 和 C，分子式均为 C_7H_7Cl，B 和 C 再氯化主要得到相同的化合物 D，D 为 $C_7H_6Cl_2$，试推出 A、B、C 和 D 的构造式。

扩展阅读

石墨烯

石墨烯（Graphene）是一种由碳原子以 sp^2 杂化轨道组成六角型呈蜂巢晶格的二维碳纳米材料。

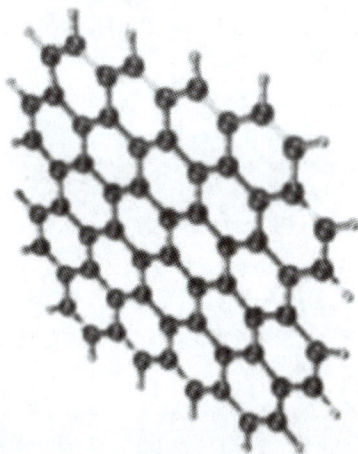

石墨烯结构图

石墨烯内部碳原子的排列方式与石墨单原子层一样，是以 sp^2 杂化轨道成键，有如下的特点：碳原子有 4 个价电子，其中 3 个电子在 sp^2 轨道，与邻近碳原子的 sp^2 轨道上电子形成 σ 键。另一个电子位于 p_z 轨道上，与近邻原子的 p_z 轨道在与平面成垂直方向形成 π 键，新形成的 π 键呈半填满状态。研究证实，石墨烯中碳原子的配位数为

3，每两个相邻碳原子间的键长为 1.42×10^{-10} m，键与键之间的夹角为 120°。除了 σ 键与其他碳原子链接成六角环的蜂窝式层状结构外，每个碳原子的垂直于层平面的 p_z 轨道可以形成贯穿全层的多原子的大 π 键(与苯环类似)，因而具有优良的导电和光学性能。

石墨烯的化学性质与石墨类似，石墨烯可以吸附并脱附各种原子和分子。当这些原子或分子作为给体或受体时可以改变石墨烯载流子的浓度，而石墨烯本身却可以保持很好的导电性。但当吸附其他物质时，如吸附 H^+ 和 OH^- 时，会产生一些衍生物，使石墨烯的导电性变差，但并没有产生新的化合物。因此，可以利用石墨来推测石墨烯的性质。例如，石墨烷的生成就是在二维石墨烯的基础上，每个碳原子多加上一个氢原子，从而使石墨烯中 sp^2 碳原子变成 sp^3 杂化，可以在实验室中通过化学改性的石墨制备的石墨烯的可溶性片段。

石墨烯是已知强度最高的材料之一，同时还具有很好的韧性，且可以弯曲，石墨烯的理论杨氏模量达 1.0 TPa，固有的拉伸强度为 130 GPa。而利用氢等离子改性的还原石墨烯也具有非常好的强度，平均模量可达 0.25 TPa。由石墨烯薄片组成的石墨纸拥有很多的孔，因而石墨纸显得很脆，然而，经氧化得到功能化石墨烯，再由功能化石墨烯做成石墨纸则会异常坚固强韧。

石墨和石墨烯有关的材料广泛应用在电池电极材料、半导体器件、透明显示屏、传感器、电容器、晶体管等方面。鉴于石墨烯材料优异的性能及其潜在的应用价值，在化学、材料、物理、生物、环境、能源等众多学科领域已取得了一系列重要进展，已成为现今学者研究的热点。研究者们致力于在不同领域尝试不同方法以求制备高质量、大面积石墨烯材料，并通过对石墨烯制备工艺的不断优化和改进，降低石墨烯制备成本使其优异的材料性能得到更广泛的应用，并逐步走向产业化。

第 7 章

卤代烃

（Aromatic Hydrocarbon）

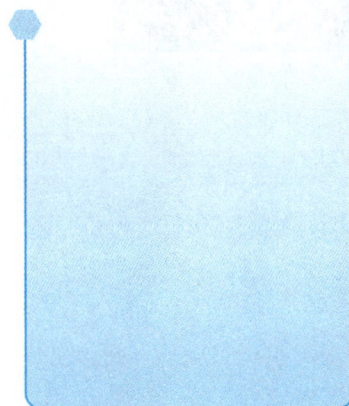

烃分子中的一个或几个氢原子被卤原子取代后的化合物,称为卤代烃,一般用 RX 表示。

7.1 卤代烃的结构

由于卤原子的电负性比较大,使得 C—X 键比 C—H 和 C—C 键极性都大。卤代烃的许多性质都是由于卤原子的存在而引起的。

7.2 卤代烃的物理性质

由于 C—X 键为极性键,使卤代烃分子间的作用力增强,加之卤原子的质量较大,从而卤代烃的沸点比同碳数的烃类化合物高,密度增大。常温常压下,除氯甲烷、溴甲烷、氯乙烷、氯乙烯等少数低级卤代烃为气体外,其他卤代烃都为无色液体或固体。沸点以氟代烃最低,碘代烃最高。所有卤代烃都不溶于水,易溶于醇、醚等大多数有机溶剂。卤代烃也是常用的有机溶剂。除一氟代烃、一氯代烃外,其他卤代烃都比水重。随着分子中碳原子数目增多,卤原子所占的百分比减少,相对密度降低。部分卤代烃的物理常数见表 7 – 1。

天然卤代烃的种类不多,主要存在于海洋生物中,绝大多数卤代烃是人工合成产物。卤代烃作为溶剂和有机合成的原料,在实验室和工业上得到广泛应用。

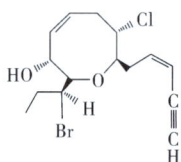

海兔合成的化合物

海兔

表 7 – 1   部分卤代烃的物理常数

化合物名称	沸点/℃	密度/(g·cm⁻³)	化合物名称	沸点/℃	相对密度/(g·cm⁻³)
氯甲烷	-24.2	0.920	1 – 溴丙烷	71.0	1.351
氯乙烷	12.3	0.910	1,2 – 二溴乙烷	131.4	2.179
1 – 氯丙烷	46.6	0.892	二氯甲烷	39.7	1.336
碘甲烷	42.4	2.279	碘乙烷	72.3	1.933
三氯甲烷	61.2	1.489	1 – 碘丙烷	102.4	1.747
四氯化碳	76.8	1.595	1 – 溴丁烷	101.6	1.276
1,2 – 二氯乙烷	83.5	1.257	2 – 溴丁烷	91.2	1.258
溴甲烷	3.5	1.732	2 – 甲基 – 1 – 溴丙烷	91.4	1.261
溴乙烷	38.4	1.430	2 – 甲基 – 2 – 溴丙烷	73.1	1.222

7.3 卤代烃的化学性质

7.3.1 亲核取代反应

卤代烷由于 $C^{\delta+}$—$X^{\delta-}$ 键的强极性,比较活泼,在一定的条件下容易发生 C—X 键的异裂,卤原子被其他原子或基团取代,得到各种取代产物。取代反应中,带负电的原子或基团进攻卤代烃分子中与卤素相连的带部分正电荷的碳原子。这种具有能进攻正电性碳原子的带负电的原子或基团(或有未共用电子对的分子)的试剂(Lewis 碱,参

见1.3.3)称为**亲核试剂**,常用 Nu:或 Nu⁻ 表示。这类反应称为**亲核取代反应**(nucleophilic substitution,常以 S_N 表示)。反应通式如下:

$$\overset{\delta^+}{R} - \overset{\delta^-}{X} + Nu:^- \longrightarrow RNu + X^-$$

其中 RX 是亲核试剂进攻的对象,称为反应底物。被亲核试剂取代的卤原子称为离去基团。

常见的亲核取代反应有:

1. 被羟基取代(水解反应)

卤代烷与水共热,卤原子被羟基取代生成相应的醇。例如:

$$RCl + H_2O \rightleftharpoons ROH + HX$$

反应为可逆的,为加快速率,常采用强碱(NaOH 或 KOH)水溶液与卤代烷共热,生成的 HX 被碱中和,从而使反应趋于完全。

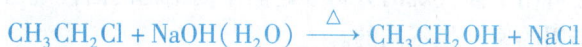

$$CH_3CH_2Cl + NaOH(H_2O) \xrightarrow{\triangle} CH_3CH_2OH + NaCl$$

2. 被烷氧基取代

在加热条件下,卤代烷与醇钠在相应醇溶液中反应,卤原子被烷氧基(—OR)取代生成醚的反应称为卤代烷的醇解反应。这是合成醚,尤其是混醚的一种常用方法,称为**威廉姆森**(Williamson)合成:

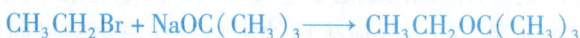

$$RX + NaOR' \longrightarrow ROR' + NaX$$

$$CH_3CH_2Br + NaOC(CH_3)_3 \longrightarrow CH_3CH_2OC(CH_3)_3$$

但此方法通常只适用于伯卤代烷。因为醇钠是强碱,容易发生消除反应,通常使得仲卤代烷的取代反应产率较低,而叔卤代烷则主要得到消除产物烯烃。

3. 被氰基取代

卤代烷与氰化钠或氰化钾反应,卤原子被氰基(—CN)取代生成腈。因为氰基(—CN)可在酸性条件下水解为羧基,所以通过此法可得到多一个碳原子的羧酸。

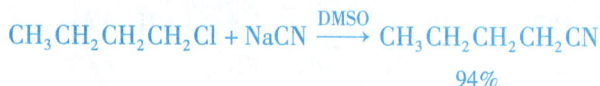

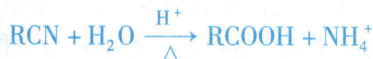

$$RX + NaCN \longrightarrow RCN + NaX$$

$$CH_3CH_2CH_2CH_2Cl + NaCN \xrightarrow{DMSO} CH_3CH_2CH_2CH_2CN$$
$$94\%$$

$$RCN + H_2O \xrightarrow[\triangle]{H^+} RCOOH + NH_4^+$$

4. 被氨基取代

卤代烷与氨作用,卤原子被氨基(—NH₂)取代生成伯胺。胺有碱性,与生成的氢卤酸成盐,故实际产物是铵盐($R^+NH_3X^-$ 或 $RNH_2 \cdot HX$),然后用氢氧化钠等强碱处理,使反应产物胺游离出来。

$$RX + NH_3 \longrightarrow R\overset{+}{N}H_3X^- \xrightarrow{OH^-} RNH_2 + X^-$$

由于产物是胺类,其亲核能力比氨更大,会与反应体系中的卤代烷发生进一步的取代。所以,反应中实际上常得到各级胺(RNH_2、R_2NH、R_3N)的混合物。

亲核取代反应能否进行的酸碱性判断依据

利用酸碱性判断反应能否进行的一般原则是:强碱可以置换弱碱,强酸可以置换弱酸。对于饱和碳上的亲核取代反应而言,亲核试剂是碱,离去基团离去后形成的负离子也是碱,比较两者的碱性强弱即可判断反应能否进行。例如,氢氧离子的碱性强于氯负离子,因此,氯乙烷可以与 NaOH 或 KOH 的水溶液反应,生成乙醇和氯负离子。反过来,乙醇不能与氯化钠水溶液作用生成氯乙烷。正是因为卤素负离子的碱性较弱,卤代烃可与多种碱性较卤素负离子强的亲核试剂(如 OH^-、CN^-、RO^- 和 $RC{\equiv}C^-$)反应得到各种产物(如醇、腈、醚和碳链增长的炔烃)。

Alexander William Williamson (1824—1904),英国化学家。1850—1852 年间他系统地研究了醚的性质和合成方法。1862 年,他被授予"皇家奖章"。1855 年,他被选举为英国皇家学会院士。

5. 与炔基负离子的反应

伯卤代烷与强碱性的炔基负离子反应，是增长炔烃碳链的常用方法：

$$R'X + RC≡CNa \longrightarrow RC≡CR' + NaX$$

此反应一般只适用于伯卤代烷，仲、叔卤代烷在强碱炔化钠的影响下，容易脱卤化氢形成烯烃。

6. 被硝酸根取代

在硝酸银的乙醇溶液中，卤代烷可被取代生成硝酸酯，同时出现卤化银沉淀。

$$RX + AgONO_2 \xrightarrow{\text{乙醇}} RONO_2 + AgX \downarrow$$

此反应可用于卤代烷的分析鉴定。不同结构的卤代烷与硝酸银的乙醇溶液作用的速度是不同的。

7. 被碘离子取代

氯代烷或溴代烷在丙酮溶液中可与 NaI 作用，发生卤原子之间的交换，得到碘代烷，这是制备碘代烷常用的方法之一。

$$RBr + NaI \xrightarrow{\text{丙酮}} RI + NaBr \downarrow$$

反应得以进行，溶剂丙酮起了主要作用。丙酮能溶解碘化钠而不能溶解氯化钠和溴化钠。反应生成的氯化钠和溴化钠以固体形式析出，使反应朝着碘代烷生成的方向发生。

7.3.2 亲核取代反应机理

饱和碳原子亲核取代反应的机理一般有两种类型：单分子亲核取代反应（S_N1）和双分子亲核取代反应（S_N2）。

1. 单分子亲核取代反应（S_N1）

叔丁基溴在碱性溶液中的水解速率与卤代烷的浓度成正比，而与碱的浓度无关：

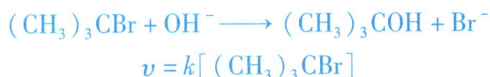

$$(CH_3)_3CBr + OH^- \longrightarrow (CH_3)_3COH + Br^-$$
$$v = k[(CH_3)_3CBr]$$

式中：k 为速度常数，在一定温度和溶剂中 k 为定值。

从化学反应动力学上讲，这种反应速率只与一种反应物浓度有关的亲核取代反应可称为单**分子亲核取代反应**（S_N1）。反应分两步进行，第一步是卤代烷在极性条件下失去卤素负离子生成碳正离子，为速率决定步骤：

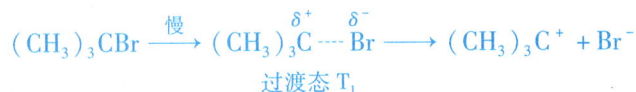

$$(CH_3)_3CBr \xrightarrow{\text{慢}} (CH_3)_3\overset{\delta^+}{C}\cdots\overset{\delta^-}{Br} \longrightarrow (CH_3)_3C^+ + Br^-$$
$$\text{过渡态 } T_1$$

第二步是亲核试剂进攻碳正离子得到产物：

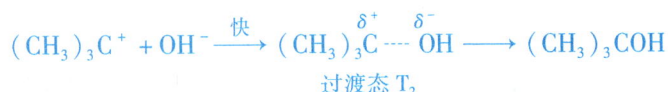

$$(CH_3)_3C^+ + OH^- \xrightarrow{\text{快}} (CH_3)_3\overset{\delta^+}{C}\cdots\overset{\delta^-}{OH} \longrightarrow (CH_3)_3COH$$
$$\text{过渡态 } T_2$$

S_N1 反应进程的能量变化如图 7-1 所示。由图可见，碳正离子生成

卤代烷的亲核取代反应机理的提出基于以下实验事实：当溴甲烷、溴乙烷和异丙基溴在 80% 乙醇的水溶液中进行水解时，它们水解速率很慢，而叔丁基溴非常快；如果在 80% 乙醇的水溶液中加入 OH⁻，溴甲烷、溴乙烷和异丙基溴的水解速率随 OH⁻ 浓度增加而加快，但随着甲烷 α 碳上氢被甲基取代，速率增加的幅度逐渐减小，而叔丁基溴的水解不受 OH⁻ 浓度的影响。这些观察到的实验事实，说明溴甲烷、溴乙烷和异丙基溴水解速率取决于溴代烷和 OH⁻ 的浓度，动力学上为二级反应，而三级卤代烃的反应速率只取决于溴代烷的浓度，在动力学上称为一级反应。

的难易程度决定反应的快慢。越稳定的碳正离子越容易生成。碳正离子的稳定性次序：$C_6H_5CH_2^+ \approx CH_2=CHCH_2^+ > 3°R^+ > 2°R^+ > 1°R^+ > CH_3^+$。所以就 S_N1 反应而言，卤代烷的反应速率顺序为：

$$\begin{matrix}C_6H_5CH_2X\\RCH=CHCH_2X\end{matrix} > R_3CX > R_2CHX > RCH_2X > CH_3X$$

伯卤代烷一般很难发生 S_N1 反应。

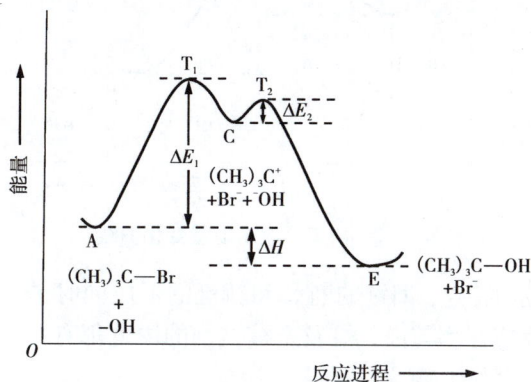

图 7-1　S_N1 反应的能量变化曲线

由于碳正离子中间体中心碳原子为 sp^2 杂化，为平面结构。当第二步亲核试剂进攻时，亲核试剂可以从平面的上、下两个方向进攻，故产物会存在构型的变化。当中心碳原子具有手性时，则产物一般为外消旋混合物。

S_N1 反应的特点：反应分两步进行，反应过程中有活性中间体碳正离子生成；反应速率只与卤代烷的浓度有关；立体化学表现为产物外消旋化。

2. 双分子亲核取代反应(S_N2)

伯卤代烷 CH_3Br 水解反应的速率不仅与卤代烷浓度成正比，还与亲核试剂如 OH^- 的浓度成正比，如：

$$CH_3Br + OH^- \longrightarrow CH_3OH + Br^-$$

$$v = k[CH_3Br][OH^-]$$

由于这种取代反应的速率取决于两种反应物浓度，故称为**双分子亲核取代反应(S_N2)**。反应按下列机理进行：

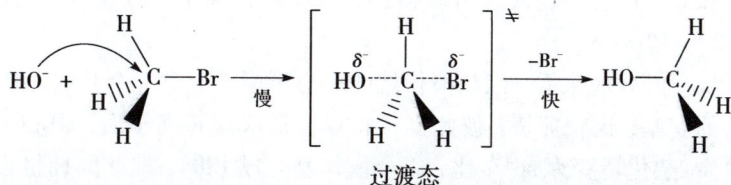

过渡态

S_N2 的反应进程如图 7-2 所示。由反应过渡态可看出反应的难易与卤代烷中的烃基结构有很大关系。中心碳原子周围的位阻越大，反应越难进行。故对于双分子亲核取代反应，卤代烷的反应速率为：

$$CH_3X > RCH_2X > R_2CHX > R_3CX$$

由 S_N2 的反应过渡态可知，亲核试剂进攻方向正好是离去基团的相反方向。当亲核试剂与中心碳原子结合，离去基团离去时，中心碳原子的另外三个单键会像一把伞被风吹得翻过去一样，最后得到与原

S_N1 反应立体化学

(S)-α-氯乙苯的碱性水解反应经测定主要按 S_N1 历程进行，生成几乎等量的 α-苯乙醇的对映异构体即外消旋体。

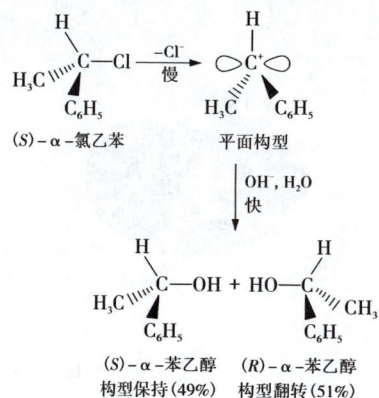

(S)-α-氯乙苯　　　　　平面构型

(S)-α-苯乙醇　　　(R)-α-苯乙醇
构型保持(49%)　　　构型翻转(51%)

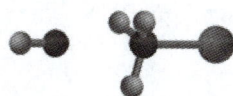

亲核试剂背后进攻

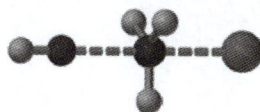

S_N2 反应过渡态

产物构型翻转

料构型正好相反的产物。

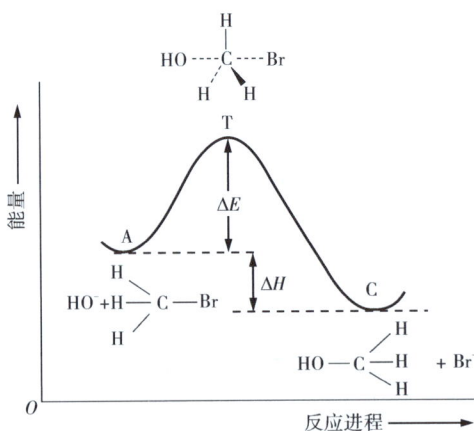

图 7-2　S_N2 反应的能量变化曲线

S_N2 反应的特点：旧键的断裂和新键的形成同时进行，反应是一步完成的；反应速率与卤代烷及亲核试剂的浓度都有关；立体化学表现为中心碳原子的构型发生转化。

3. 影响亲核取代反应的因素

卤代烷的亲核取代反应，对于叔卤代烷，以 S_N1 为主，伯卤代烷则以 S_N2 为主，而仲卤代烷两种可能性都有。影响亲核取代反应的因素主要有：烃基的结构、离去基团离去的难易程度、亲核试剂的亲核性强弱以及溶剂性质等。

(1) 烷基结构的影响

烷基的结构明显地影响亲核取代反应速率。将溴甲烷、溴乙烷、2-溴丙烷、2-溴-2-甲基丙烷在强极性溶剂(如甲酸溶液)中水解，测得这些反应按 S_N1 机理的相对速率如下：

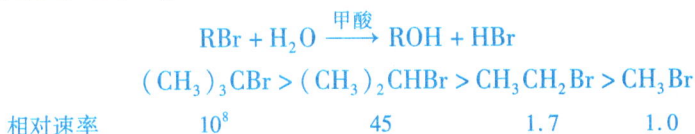

$$RBr + H_2O \xrightarrow{\text{甲酸}} ROH + HBr$$

$$(CH_3)_3CBr > (CH_3)_2CHBr > CH_3CH_2Br > CH_3Br$$

相对速率　　　　10^8　　　　　　45　　　　　1.7　　　　1.0

在 S_N1 反应中，决定反应速率的步骤是碳正离子的形成。因此碳正离子越稳定，碳卤键断裂的活化能越低，反应速率就越高。碳正离子的稳定性取决于电子效应和空间效应。从烷基对 sp^2 碳正离子的 +I 效应和 $\sigma-p$ 超共轭效应可以得出，各级碳正离子的稳定性次序为：$3° > 2° > 1° > CH_3^+$。

从空间效应来看，因叔卤代烷的中心碳原子上有三个互成109.5°键角的烷基，比较拥挤，彼此互相排斥。形成碳正离子后，中心碳原子由 sp^3 杂化转变为 sp^2 杂化，三个取代基互成120°，彼此间拥挤程度降低，有助于卤代烷离解。这种空间效应称为空助效应。

因此，在 S_N1 反应中电子效应与空间效应的结果一致，使卤代烷的反应活性顺序为：叔卤代烷 > 仲卤代烷 > 伯卤代烷 > CH_3X。

与 S_N1 机理相反，在 S_N2 反应中，中心碳原子上连接的烷基越多，亲核试剂从碳卤键背面进攻中心碳原子的空间位阻越大，亲核基团与碳正离子之间的碰撞接触减少，反应速率越低，甚至根本不能进行。例如，碘化钾与溴甲烷、溴乙烷、2-溴丙烷、2-溴-2-甲基丙烷在

伯卤烷(不拥挤，易发生 S_N2)

叔卤烷(拥挤，难发生 S_N2)

思考：已知叔丁基溴 $(CH_3)_3CBr$ 很易发生 S_N1 反应，而全氟叔丁基溴 $(CF_3)_3CBr$ 进行 S_N1 反应和 S_N2 反应时都很困难。为什么？

极性较小的无水丙酮中发生 S_N2 反应时的相对速率为：

$$RBr + I^- \xrightarrow[25℃]{丙酮} RI + Br^-$$

$$CH_3Br > CH_3CH_2Br > (CH_3)_2CHBr > (CH_3)_3CBr$$

相对速率　　　150　　　　1　　　　　0.01　　　　　0.001

从电子效应看，中心碳原子上氢原子被具有 +I 效应的烷基取代后，中心碳原子上的正电荷降低，不利于亲核试剂进攻。由于 S_N2 反应的过渡态电荷变化较小，故电子效应的影响较小。

因此，在 S_N2 反应中，卤代烷反应的活性取决于空间效应，次序为：$CH_3X >$ 伯卤代烷 > 仲卤代烷 > 叔卤代烷。

从以上分析可以看出，卤代烷分子中的烷基结构对反应按何种机理进行有很大的影响，可简单概括为：

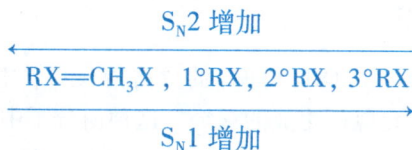

$$\xleftarrow{\qquad S_N2\ 增加 \qquad}$$

$$RX = CH_3X，1°RX，2°RX，3°RX$$

$$\xrightarrow{\qquad S_N1\ 增加 \qquad}$$

（2）离去基团

在 S_N1 和 S_N2 中离去基团的性质都很重要。C—X 键越弱，X^- 越容易离去。C—X 键的强弱主要根据 X^- 碱性或稳定性来判断。离去基团的碱性越弱，则形成的负离子越稳定，就越容易被进入基团排挤而离去。如氢卤酸的酸性次序：$HI > HBr > HCl > HF > H_2O$。其碱性次序：$OH^- > F^- > Cl^- > Br^- > I^-$。所以，卤代烷中卤素负离子作为离去基团的反应活性为：$RI > RBr > RCl > RF$。

对于饱和碳上的亲核取代反应，离去基团除卤素外，还有很多，常见的离去基团如下：

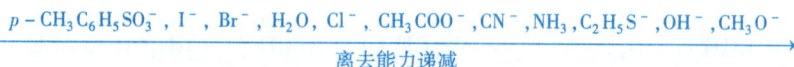

$$\xrightarrow{\quad\quad\quad\quad\quad\quad\quad\quad\quad\quad\quad\quad\quad\quad\quad\quad\quad}$$

$p-CH_3C_6H_5SO_3^-，I^-，Br^-，H_2O，Cl^-，CH_3COO^-，CN^-，NH_3，C_2H_5S^-，OH^-，CH_3O^-$

离去能力递减

OH^-、RO^-、NH_2^-、NHR^-、CN^- 等基团的碱性较强，是不好的离去基团。为了使含有这些离去基团卤代烷的亲核取代反应能够发生，需要将这些不好的离去基团转化为好的离去基团。如用醇来制备卤代烷时，常需酸如硫酸或氯化锌来催化反应，使其形成：

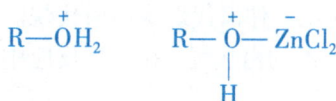

$$R—\overset{+}{O}H_2 \qquad R—\underset{\underset{H}{|}}{\overset{+}{O}}—\overset{-}{Z}nCl_2$$

目的是使离去基团碱性变弱，易于接受一对电子离去。

一个好的离去基团可以被一个不好的离去基团取代，常利用这种离去基团离去能力的差异来进行有机合成。

（3）亲核试剂和溶剂的影响

在亲核取代反应中，亲核试剂提供一对电子与底物的中心碳原子成键。亲核试剂的给电子能力越强，即亲核性越强。一般来讲，试剂的碱性越强，亲核性也越强。但亲核性和碱性还是有区别，并不完全一致。一般所讲的碱性指的是相对于氢离子即质子，而亲核性指的是相对于碳正离子。虽然，两种都是正电离子，但碳正离子体积比氢离子体积大得多，而且还有空间构型、位阻等问题。

试剂的亲核性与溶剂紧密相关。在非质子性溶剂如丙酮、乙醚中，不存在质子与正电荷碳原子竞争亲核试剂的问题；同时，非质子

两种烷氧负离子的碱性和亲核性比较：

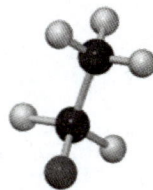

乙基氧负离子（$C_2H_5O^-$）

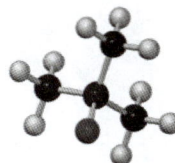

叔丁基氧负离子[$(CH_3)_3CO^-$]

碱性：$(CH_3)_3CO^- > C_2H_5O^-$

亲核性：$C_2H_5O^- > (CH_3)_3CO^-$

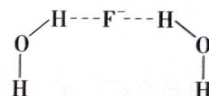

负离子的溶剂化

溶剂的作用对 S_N2 影响很大。如：CH_3I 与 F^- 发生卤素离子的交换反应，在二甲亚砜（DMSO）中比在甲醇中快 10^7 倍。

性的溶剂也不能使亲核试剂溶剂化。因此，在非质子性溶剂中，试剂的亲核性强弱与其碱性强弱顺序一致。如：

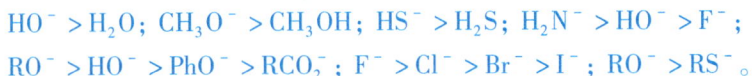

$$HO^- > H_2O;\ CH_3O^- > CH_3OH;\ HS^- > H_2S;\ H_2N^- > HO^- > F^-;$$
$$RO^- > HO^- > PhO^- > RCO_2^-;\ F^- > Cl^- > Br^- > I^-;\ RO^- > RS^-。$$

而在质子性溶剂如水和乙醇中，溶剂能使负离子溶剂化。在卤素负离子中，F^- 的半径最小，电荷最集中，被溶剂化的能力最强，导致亲核能力最弱；而 I^- 的半径最大，电荷最分散，被溶剂化的能力最弱，其亲核能力最强。同族元素形成的亲核试剂亲核性强弱与其碱性强弱顺序相反。如：

$$I^- > Br^- > Cl^- > F^-;\ RS^- > RO^-;\ R_3P > R_3N。$$

溶剂的极性也对亲核取代反应产生较大的影响。

7.3.3　消除反应

卤代烷与强碱如 NaOH(KOH)的醇溶液反应，主要产物不是醇，而是脱去一分子卤化氢而生成的烯烃。这种由分子中脱去一个小分子(如 HX、H_2O)形成不饱和键的反应叫消除反应(elimination)。

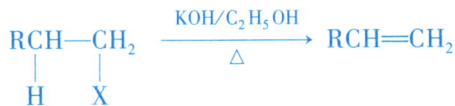

$$\underset{\overset{|}{H}\ \ \overset{|}{X}}{RCH-CH_2} \xrightarrow[\triangle]{KOH/C_2H_5OH} RCH=CH_2$$

1. 消除反应的取向

实验表明，在脱去卤化氢时，氢原子主要是从含氢原子较少的碳原子上脱去的，主要产物是双键碳原子上连有较多烃基的烯烃，这一经验规则叫**查依采夫规则**(Zaitsev)。例如：

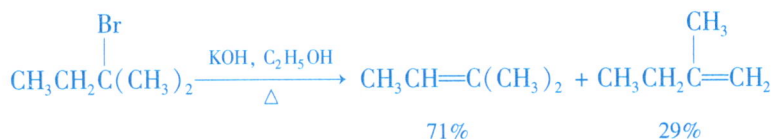

$$CH_3CH_2C(CH_3)_2 \xrightarrow[\triangle]{KOH,\ C_2H_5OH} CH_3CH=C(CH_3)_2 + CH_3CH_2C=CH_2$$
$$\qquad\qquad\qquad\qquad\qquad 71\% \qquad\qquad\qquad 29\%$$

(Br on first carbon, CH_3 on last)

该反应的主要产物中碳碳双键上连有三个甲基，共有 9 个 C—Hσ键与 C=C 双键发生超共轭，使得产物较稳定。因此，查依采夫规则的实质是：主要生成较稳定的烯烃。不同结构的卤代烷发生消除反应的活性顺序为：叔卤代烷 > 仲卤代烷 > 伯卤代烷。

带有芳环及不饱和键的卤代烃，在消除反应中主要生成较稳定的共轭烯烃。例如：

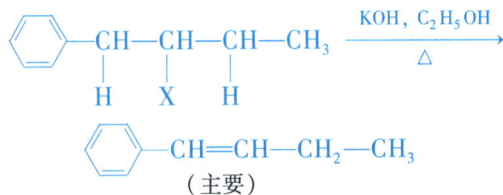

$$\underset{\overset{|}{H}\ \overset{|}{X}\ \overset{|}{H}}{C_6H_5-CH-CH-CH-CH_3} \xrightarrow[\triangle]{KOH,\ C_2H_5OH}$$
$$C_6H_5-CH=CH-CH_2-CH_3$$
$$(主要)$$

2. 消除反应机理

卤代烷的消除反应和亲核取代反应一样也有单分子消除反应(E1)和双分子消除反应(E2)两种不同的机理。

1)单分子消除反应(E1)　E1 与 S_N1 反应相似，也是分两步进行的。首先，卤代烷分子在溶剂的作用下离解为碳正离子，然后亲核试剂进攻 β 碳原子上的质子，同时在 α 和 β 碳原子之间形成双键。

Alexander M. Zaitsev(1841—1910)

俄国化学家，致力于有机化合物的研究，并提出了预测有机消除反应产物的"查依采夫规则"。执掌喀山大学 40 多年，培养了一代有机化学家。查依采夫规则的实质是形成更加稳定的烯烃。

离去基团的离去倾向，对 E2 反应有重要影响。如 2－卤代己烷的消除反应中，从碘到氟，多取代烯烃的比例逐渐减少(相应 2-己烯的比例：81%、72%、67%)。2－氟己烷则主要生成取代少的烯烃(1－己烯，70%)。

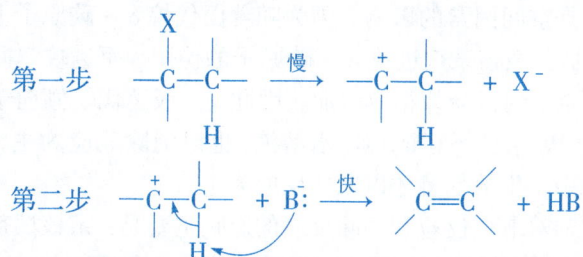

整个反应速率仅取决于卤代烷的浓度，而与亲核试剂的浓度无关，因此称为**单分子消除反应**，以 E1 表示。在 E1 反应中，决定消除方向的是第二步。

E1 和 S_N1 反应的第一步都生成碳正离子。所不同的是在第二步，消除反应是亲核试剂进攻 β–碳上的氢原子，使氢原子以质子的形式脱去而形成烯烃，取代反应则是亲核试剂直接与碳正离子结合而生成取代产物。因此这两种反应时常伴随发生。

2）双分子消除反应（E2） E2 和 S_N2 反应十分相似，不同的是在 S_N2 反应中，亲核试剂进攻的是 α–碳原子，而在 E2 反应中进攻的是 β–氢原子。E2 反应过渡态时，$C_β$—$C_α$ 之间已有部分双键的性质，这时反应体系处于最高能量水平。随着反应的进行，旧键完全断裂，新键完全形成，最后生成烯烃。

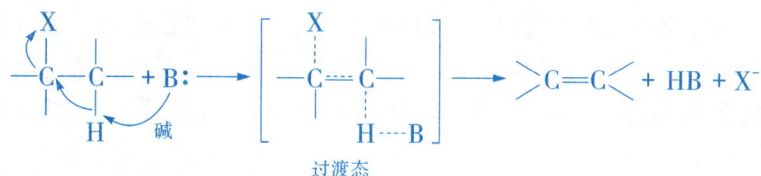

过渡态

此反应是一步完成的，其反应速率与底物和亲核试剂的浓度成正比，因此称为**双分子消除反应**，以 E2 表示。

由于 E2 和 S_N2 反应的反应机理很相似，所以两类反应是相互竞争、伴随发生的。

3. 消除反应中卤代烃的活性

无论是 E1 还是 E2，卤代烷消除反应活性次序相同：叔卤代烷 > 仲卤代烷 > 伯卤代烷。因为，E1 反应的活性取决于碳正离子的稳定性；E2 反应的活性与烯烃稳定性相关，在 E2 反应的过渡态中 π 键已开始形成，稳定烯烃的因素也有利于稳定反应的过渡态。值得注意的是，苄基型或烯丙型的卤代烃的消除反应按 E1 机理进行，3°和 2°苄基型或烯丙型的卤代烷的消除活性比 3°卤代烷的活性要高。

7.3.4 取代反应和消除反应的关系

取代反应和消除反应往往同时发生并相互竞争，究竟哪一种反应占优势，是由反应物的分子结构和反应条件决定的。适当选择反应物和控制反应条件，使之以预期产物为主，对有机合成工作具有重要意义。

烷基结构对取代反应和消除反应的影响是：

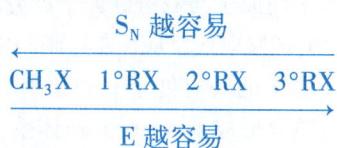

S_N 越容易
←————————————
CH_3X　$1°RX$　$2°RX$　$3°RX$
————————————→
E 越容易

氟代烃的消除以较少取代的烯烃为主要产物。原因在于氟不易离去，更倾向于 β–C—H 优先断裂，过渡态结构与碳负离子有一定程度的类似性，由于烷基的给电子性，碳负离子的稳定性是 3°<2°<1°。过渡态结构如下：

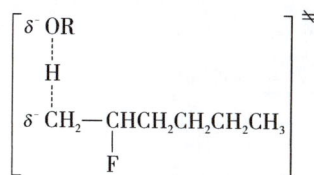

形成少取代烯烃过渡态较稳定

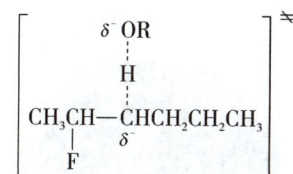

形成多取代烯烃过渡态较不稳定

E1 或 S_N1 反应中生成的碳正离子可以发生重排而转变为更稳定的碳正离子，然后再发生消除或取代反应，所以反应产物常常不完全是所预期的。例如：

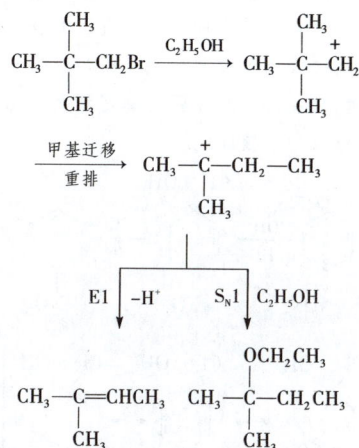

重排反应常作为 E1 或 S_N1 反应机理的证据。

这主要是空间因素的影响。因为随着卤代烷 α - 碳原子上取代基的增多，增加了亲核试剂进攻 α - 碳原子的位阻，而进攻空间阻碍较小的 β - 氢原子的机会却相应增加。因此，三级卤代烷倾向于消除反应，即使在弱碱条件下(Na_2CO_3 水溶液)也以消除反应为主，只有在乙醇或纯水中发生溶剂解才以取代反应为主。

亲核试剂对取代反应和消除反应的影响主要是：亲核试剂的碱性越强，对消除反应越有利。因为在消除反应中，亲核试剂将 β - 氢以质子的形式除去，需要较强的碱。如果试剂碱性加强或碱的浓度增加，消除产物的量也随之增加。例如：

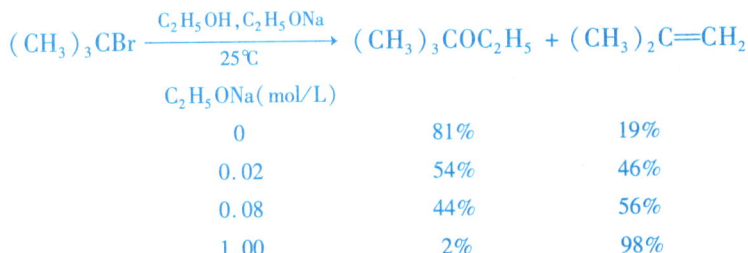

$$(CH_3)_3CBr \xrightarrow[25℃]{C_2H_5OH, C_2H_5ONa} (CH_3)_3COC_2H_5 + (CH_3)_2C{=\!=}CH_2$$

C_2H_5ONa(mol/L)		
0	81%	19%
0.02	54%	46%
0.08	44%	56%
1.00	2%	98%

亲核试剂的体积增大，更利于夺取 β - 氢而发生消除反应。

7.3.5　与金属镁反应

卤代烷在无水乙醚(四氢呋喃)等溶剂中与金属镁作用生成有机镁化合物。该化合物不需分离，可直接应用于有机合成反应中。这种有机镁试剂称为格氏试剂(Grignard reagent)，其化学式一般写为 RMgX。

$$RX + Mg \xrightarrow{无水乙醚} RMgX$$

格氏试剂中的 C—Mg 键极性很强，成键电子富集在碳原子一方，可与其他有机化合物分子中带正电荷的碳原子连接形成新的碳碳键，这是增长碳链的一种有效方法。格氏试剂可与二氧化碳、醛、酮和酯等多种试剂反应生成羧酸和醇等一系列化合物。格氏试剂易与含活泼氢的化合物(如水、醇和胺等)反应生成烃。在利用格氏试剂来制备羧酸和醇时，仪器和试剂必须十分干燥，以免格氏试剂分解。格氏试剂与含活泼氢的化合物反应通式如下：

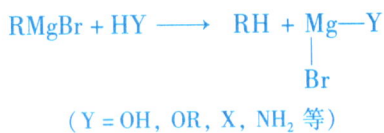

$$RMgBr + HY \longrightarrow RH + \underset{\overset{\displaystyle|}{Br}}{Mg}{-}Y$$

$$(Y = OH, OR, X, NH_2 \text{ 等})$$

7.3.6　不饱和卤代烃的反应

不饱和卤代烃中卤原子的活泼性取决于卤原子与双键的相对位置，根据相对位置的不同，可分为乙烯型卤代烃、烯丙基型卤代烃和孤立型卤代烃三种。

1. 乙烯型卤代烃

这类不饱和卤代烃中卤原子与双键碳原子或芳环直接相连，卤原子性质很不活泼，不易发生亲核取代反应，如与硝酸银醇溶液加热数天也无反应。其原因在于卤原子的一对处于 p 轨道上的未共用电子对与双键或芳环的 p 轨道平行重叠形成了 p - π 共轭体系，如图 7 - 3 所示。

Victor Grignard(1871—1935)，法国有机化学家。1901 年他以优秀论文《有机镁试剂研究》获得博士学位。Grignard 试剂是化学研究与生产中功能最多、最有价值的化学试剂之一。1912 年，因这一贡献他与同事 Paul Sabatier(有机催化化学家)共享诺贝尔化学奖。

卤苯的取代反应为加成 - 消除机理：首先，亲核试剂如 HO^- 从垂直于苯环的 p 轨道方向进攻苯环，形成一个因共振稳定的碳负离子；然后离去基团离去，恢复芳环的稳定结构，总的结果是亲核取代。

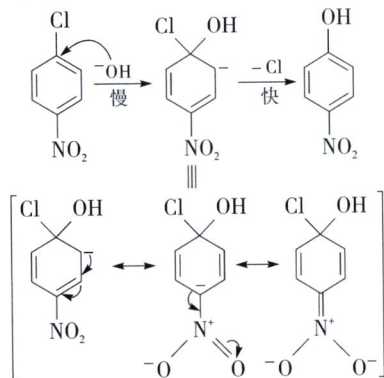

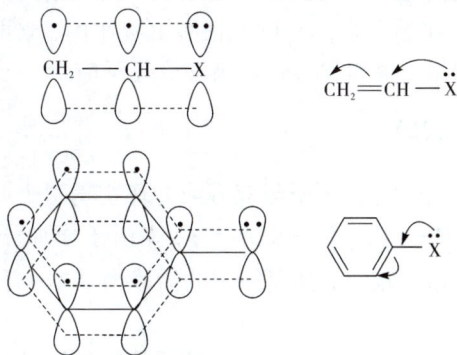

图 7 - 3　卤代乙烯型化合物中的 p - π 共轭体系

电子云向双键或芳环上转移，使 C—X 键电子云密度增加，具有部分双键性质，碳原子和卤原子的结合较牢固，卤原子活性降低，不易发生一般的亲核取代反应。因此苯酚、苯胺或苯甲腈都难以直接用卤代芳烃经类似卤代烷的亲核取代反应制得，必须在更为激烈的条件下才能进行。如氯苯必须在高温、高压和催化剂作用下，才能在碱性条件下发生水解反应，生成苯酚。

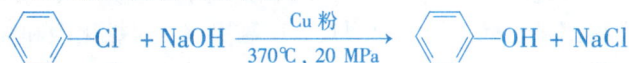

但卤苯的邻位和/或对位连有强吸电子基（如—NO_2，—CN，—SO_3H，—COOH 等）时，卤原子的活性将大大增加，且吸电子基越多，反应越容易进行。例如：

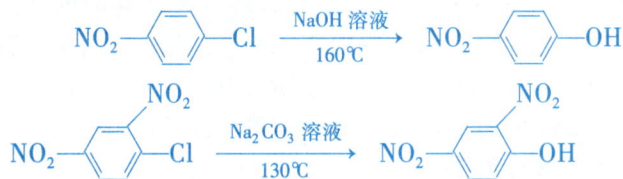

若是 2,4,6 - 三硝基氯苯，在水溶液中温热即可生成 2,4,6 - 三硝基苯酚（苦味酸）。

2. 烯丙型卤代烃

烯丙型卤代烃卤原子与双键或芳环相隔一个饱和碳原子，如烯丙基氯和苄基氯。若发生 S_N1 反应，生成的碳正离子中间体由于 p - π 共轭可使正电荷离域分散而有相当好的稳定性，容易生成，因而有利于反应的进行。若发生 S_N2 反应，由于过渡态中 sp^2 杂化碳原子的 p 轨道与相邻的 π 轨道平行重叠（见图 7 - 4），使负电荷更加分散，过渡态能量降低，容易形成，因而有利于反应的快速进行。

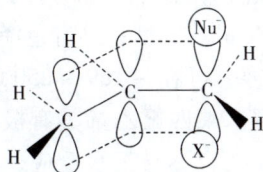

图 7 - 4　烯丙基型卤代烃进行 S_N2 反应的过渡态

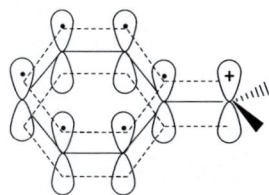

苄基型碳正离子的 p - π 共轭结构

碳正离子一般是不稳定的，为反应活性中间体，但有的碳正离子因很好的共轭作用而相当稳定，如三苯基碳正离子则非常稳定，能以盐的形式稳定存在，有些还是有用的染料或指示剂，如晶紫（龙胆紫）：

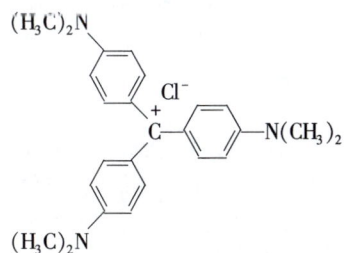

结晶紫（龙胆紫）

结晶紫（龙胆紫）为三苯甲烷系染料，使用于组织学染色，具有抗菌、抗真菌、驱虫的性质，因此早年用作外用杀菌剂，其 1% ~2% 溶液俗称紫药水。

思考： 有三瓶试剂，已知分别是 1 - 溴丙烷、1 - 溴丙烯和烯丙基溴，试应用简单化学方法鉴别它们。

因此，这类卤化物中的卤原子很活泼，比一般卤代烷更易发生亲核取代反应。在室温下它们与硝酸银醇溶液作用，立即生成卤化银沉淀；也易发生水解、醇解和氨解等亲核取代反应。

3. 孤立型卤代烃

孤立型卤代烃中，卤原子与双键或芳环相隔两个或多个饱和碳原子，如 $CH_2=CH-(CH_2)_n-X(n>1)$。由于卤原子与双键或芳环相隔较远，相互影响很小，其卤原子的活泼性基本上和卤代烷中的卤原子相同。

综上所述，卤代烃分子中卤原子的活泼性顺序是：

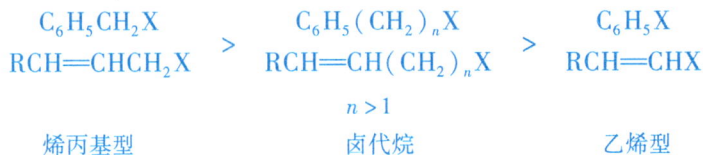

$$\begin{matrix} C_6H_5CH_2X \\ RCH=CHCH_2X \end{matrix} > \begin{matrix} C_6H_5(CH_2)_nX \\ RCH=CH(CH_2)_nX \end{matrix} > \begin{matrix} C_6H_5X \\ RCH=CHX \end{matrix}$$

$$n>1$$

烯丙基型　　　　　　　　卤代烷　　　　　　　　乙烯型

7.4 重要的卤代烃

重要的卤代烃有二氯甲烷、三氯甲烷、四氯化碳、氯苯、氯化苄、氟利昂和聚四氟乙烯等。二氯甲烷、三氯甲烷、四氯化碳和氯苯等主要用作有机溶剂。

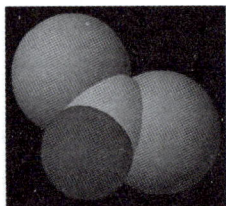

1. 三氯甲烷

三氯甲烷 $CHCl_3$ 又称氯仿，是无色透明易挥发的液体，沸点61.2℃，不易燃烧，微溶于水，易溶于乙醇、乙醚和石油醚等有机溶剂。氯仿可用作有机溶剂，也可以做合成原料，作为溶剂由于其毒性大，已逐渐被二氯甲烷取代。氯仿在空气和光照条件下常温时就可以缓慢分解产生剧毒的光气：

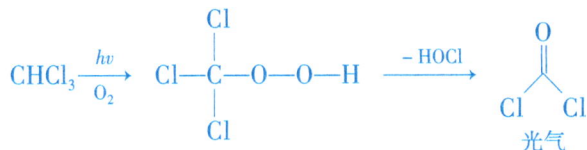

$$CHCl_3 \xrightarrow[O_2]{hv} Cl-\underset{\underset{Cl}{|}}{\overset{\overset{Cl}{|}}{C}}-O-O-H \xrightarrow{-HOCl} \underset{光气}{Cl-\overset{\overset{O}{\|}}{C}-Cl}$$

因此，氯仿需用棕色瓶装并密封，通常还加入1%～2%乙醇使生成的光气与乙醇作用生成碳酸二乙酯。

2. 聚四氟乙烯

聚四氟乙烯树脂由四氟乙烯聚合而成：

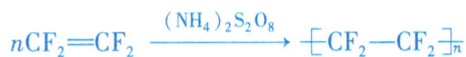

$$nCF_2=CF_2 \xrightarrow{(NH_4)_2S_2O_8} \left[CF_2-CF_2 \right]_n$$

聚四氟乙烯是白色或淡灰色固体，相对分子质量可达50万～200万，相对密度为 $2.1～2.3 \ g/cm^3$。成型品具有色泽洁白、半透明和似蜡而滑等特点，耐高温、耐寒，可在 $-269～250℃$ 范围内使用，加热至415℃以上时才慢慢分解。聚四氟乙烯具有极为稳定的化学特性，与强酸、强碱都不起反应，甚至不与王水反应，对有机溶剂也有很强的抗溶性。它的机械强度高，绝缘性能好，适用于制造高频通信器材、医用材料和化工设备，也可做炊具用的"不黏"内衬。由于它具有这些特别优良的性质，因此有"塑料王"之称。

光气，分子式 $COCl_2$，又名碳酰氯、氯代甲酰氯等，无色或略带黄色气体(工业品通常为已液化的淡黄色液体)，是一种重要的有机中间体，在农药、医药、工程塑料、聚氨酯材料以及军事上都有许多用途。

氟利昂(Freon)被认为是臭氧层破坏的元凶，由于它们在大气中的平均寿命达数百年，所以排放的大部分仍留在大气层中，其中大部分仍然停留在对流层，一小部分升入平流层。在对流层相当稳定的氟利昂，进入平流层后，会在强烈紫外线的作用下被分解，分解释放出的氯原子(自由基)同臭氧会发生链锁反应，不断破坏臭氧分子。科学家估计一个氯原子可以破坏数万个臭氧分子。臭氧层被大量损耗后，吸收紫外线辐射的能力大大减弱，导致到达地球表面的紫外线明显增加，给人类健康和生态环境带来多方面的危害。

3. 氟利昂

氟利昂（Freon）是 CF_2Cl_2 的商品名，作制冷剂具有无臭、无腐蚀性、不燃烧和化学性质稳定等许多优点，过去广泛作为制冷剂使用。但近年来的研究表明，氟利昂的大量使用和废弃会导致大气臭氧层的破坏，故而停止使用。

习 题

1. 卤代烷与氢氧化钠在水和乙醇的溶液中进行反应，下列现象哪些属于 S_N2 机理，哪些属于 S_N1 机理？

(1) 产物的构型完全转变

(2) 增加 NaOH 浓度，反应速率明显加大

(3) 叔卤代烷反应速率明显大于仲卤代烷

(4) 反应不分阶段一步完成

(5) 有重排产物生成

2. 写出下列卤代烷进行 β - 消除反应的反应式，指出主要产物并命名之：

(1) 2 - 甲基 - 3 - 溴 - 丁烷

(2) 2,3 - 二甲基 - 3 - 溴戊烷

(3) 1 - 甲基 - 1 - 溴环己烷

(4) 2,2,3 - 三甲基 - 3 - 溴戊烷

3. 完成下列反应：

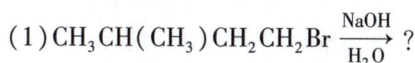

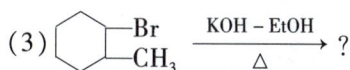

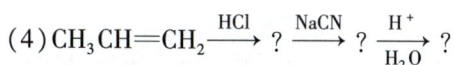

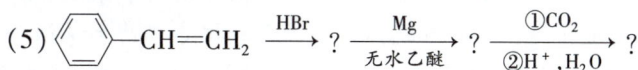

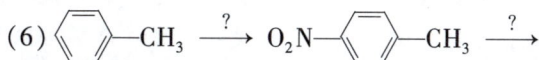

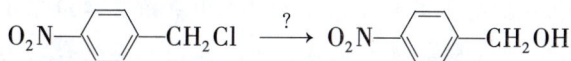

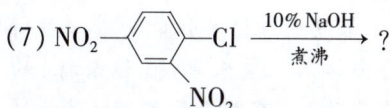

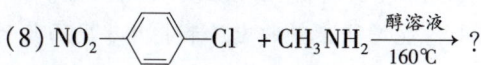

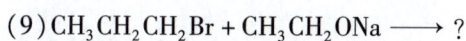

(1) $CH_3CH(CH_3)CH_2CH_2Br \xrightarrow[H_2O]{NaOH} ?$

(2) $(CH_3)_2CHCHClCH_3 \xrightarrow[\triangle]{KOH - EtOH} ?$

(3) $\xrightarrow[\triangle]{KOH - EtOH} ?$

(4) $CH_3CH=CH_2 \xrightarrow{HCl} ? \xrightarrow{NaCN} ? \xrightarrow[H_2O]{H^+} ?$

(5) $\xrightarrow{HBr} ? \xrightarrow[无水乙醚]{Mg} ? \xrightarrow[②H^+,H_2O]{①CO_2} ?$

(6) $\xrightarrow{?}$ O_2N——CH_3 $\xrightarrow{?}$

O_2N——$CH_2Cl \xrightarrow{?} O_2N$——$CH_2OH$

(7) $\xrightarrow[煮沸]{10\% NaOH} ?$

(8) O_2N——$Cl + CH_3NH_2 \xrightarrow[160℃]{醇溶液} ?$

(9) $CH_3CH_2CH_2Br + CH_3CH_2ONa \longrightarrow ?$

4. 用简便的化学方法区别下列各组化合物。

(1) 对氯甲苯和苄基氯

(2) 2 - 溴丙烯和 3 - 溴丙烯

5. 由指定原料合成化合物(无机试剂任选)。

(1)以 2 - 甲基 - 2 - 溴丁烷为主要原料合成 2 - 甲基 - 3 - 溴丁烷

(2)以苯为主要原料合成 1 - 苯基乙醇

6. 分子式为 C_5H_{10} 的烃 A,与溴水不反应,在紫外光作用下与等物质的量的溴作用得产物 B(C_5H_9Br),B 与 KOH 醇溶液加热得 C(C_5H_8),C 经酸性 $KMnO_4$ 氧化得戊二酸。写出 A、B、C 的构造式及各步反应。

扩展阅读

有机氟化合物

特别是全氟化合物具有一些不一般的物理化学性质,它们被用于从药物化学到材料科学等多个科学领域中。物理性质方面,有机氟化物的性质主要是由两个因素所控制的:一是氟的高电负性和较小的原子半径,氟原子的 2s 和 2p 轨道与碳的相应轨道尤其匹配;二是由此产生的氟原子的特别低的可极化性。碳 - 氟键是有机化学中已知的最强的化学键,它不仅较短,而且是高度极化的,其偶极矩在 1.4D 左右。不过全氟碳烷分子中由于所有局部偶极矩相互抵消,却是属于非极性的溶剂,很多情况下比相应的碳烷的介电常数还低;而部分氟化的碳烷分子的偶极矩则较高。有机氟化合物在药物、材料等众多领域有重要应用。

(1)含氟有机化合物具有特异的生物活性和生物体适应性。

在含氟的药物分子中,通常氟的含量都比较低,每个引入的氟原子或含氟基团都有其特定的目的。氟的引入分子没有明显的立体构型变化,但使分子的电子性质产生很大的改变。这是由于氟原子虽然与氢原子大小相似,但却具有很大的电负性。世界上已商品化和正在开发的含氟医药有近百种。部分重要产品有:镇静剂氟哌利多;抗肿瘤药氟脲嘧啶;消炎药二氟拉松;激素类药氟氢可的松、氟氯耐德、氟氢缩松、氟地卡松;抗心率失常药氟卡尼;抗真菌药氟康唑、氟胞嘧啶;抗癌药磷酸氟达拉宾;催眠药氟马西尼;抗哮喘药氟尼缩松;抗忧郁药氟西汀(百忧解,抗忧郁药类世界销量第一);减肥药氟拉明。

含氟农药的研究,主要有伏草隆、氟乐灵、乙氧氟草醚等除草剂和氟蚜螨、除虫脲、含氟拟除虫菊酯等杀虫剂,其中氟乐灵实现了工业化生产,果尔、虎畏、除虫脲等也有批量生产。以杂环类化合物为原料的农药本身具有较强的性能,氟的引入使其性能更进一步得到了提高。如含氟吡啶衍生物制成的除草剂吡氟禾草灵(稳杀特)的性能提高了 1 倍多;杀虫剂氯氟脲(定虫隆)兼有杀虫和不育功能。

(2)氟染料氟元素的引入能增强染料的光泽和艳度,提高其耐晒、耐水、耐有机溶剂的性能。

(3)含氟表面活性剂和含氟化合物处理剂含氟表面活性剂广泛用作电子元件清洗剂、防雾剂、脱模剂和丝绸纺织工业的匀染剂、金属光泽处理添加剂等。

第 8 章

醇、酚和醚
(Alcohol, Phenol and Ether)

醇、酚、醚以及后续章节中将要学习的醛、酮、羧酸、取代羧酸、羧酸衍生物等都属于含氧有机化合物，它们在有机化学中占有及其重要的地位。具有不同的含氧官能团的化合物有着不同的物理和化学性质。本章主要讨论醇、酚、醚的结构和性质。

8.1　醇

8.1.1　醇的结构

醇可以看作是烃分子中的一个或多个氢原子被羟基取代得到的衍生物。醇的结构特点是羟基直接与饱和碳原子相连，羟基氧原子以不等性的 sp^3 杂化成键，氧原子的四个 sp^3 杂化轨道中的两个分别与碳原子的一个 sp^3 杂化轨道和氢原子的 1s 轨道以"头碰头"的方式重叠，形成两个 σ 键，氧原子的另外两个 sp^3 杂化轨道上各有一对孤对电子(未共用的电子对)。醇分子中氧原子的构型与水分子中氧原子的构型类似，C—O—H 的键角接近 sp^3 杂化的键角。甲醇的键长、键角如图 8－1 所示。

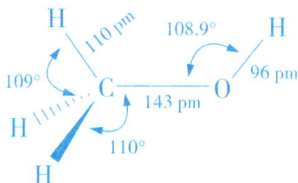

图 8－1　甲醇键长、键角示意图

8.1.2　醇的物理性质

低级的饱和一元醇为无色中性液体，易挥发，具有显著的酒味和辛辣气味；多于 11 个碳原子的醇在室温下为蜡状固体，多数无臭无味。直链饱和一元醇的沸点随碳原子数的增加而上升；碳原子数相同的醇，支链越多沸点越低。

由于羟基的存在，醇分子之间以及醇与水分子之间可形成氢键，使醇的沸点和溶解度具有以下的特征：

低级醇的沸点比相应烷烃高得多。但随着相对分子质量的增大，这种差距越来越小。例如，甲醇的沸点比甲烷高 226℃，而正十二醇与正十二烷的沸点仅差 46℃。通常认为，这是由于相对分子质量增加，碳原子数增加，羟基的数目相对于碳原子数所占的比例越来越小，因此羟基带来的影响在分子间总作用力中占的比例也越来越小，从而使高级醇的沸点与相应烃的沸点的差别缩小。

低级醇(如甲醇、乙醇、丙醇)能与水混溶，随着相对分子质量增大溶解度降低(例如正己醇 25℃时在水中的溶解度为 0.6 g/100 mL)。

多元醇随着羟基数目的增多，形成氢键的部位增多，因此，多元醇的沸点更高，在水中的溶解度更大。如乙二醇的沸点为 197℃，与水可以混溶。一些常见醇的物理常数见表 8－1。

表 8-1 常见醇的物理常数

化合物名称	英文名称	熔点/℃	沸点/℃	相对密度/(g·cm⁻³)	溶解度(g/100 g 水)
甲醇	methanol	-97	64.7	0.792	∞
乙醇	ethanol	-115	78.4	0.789	∞
正丙醇	1 - propanol	-126	97.2	0.804	∞
异丙醇	2 - propanol	-88.5	82.3	0.786	∞
正丁醇	1 - butanol	-90	117.8	0.810	8
异丁醇	2 - methyl - 1 - propanol	-108	107.9	0.802	11.1
仲丁醇	2 - butanol	-114	99.5	0.808	12.5
叔丁醇	2 - methyl - 2 - propanol	26	82.5	0.789	∞
正戊醇	1 - pentanol	-79	138.0	0.814	2.2
新戊醇	2,2 - dimethyl - 1 - propanol	53	114	0.812	∞
正己醇	1 - hexanol	-52	155.8	0.820	0.7
环己醇	cyclohexanol	24	161.5	0.962	3.6
苯甲醇	phenyl methanol	-15	205	1.046	4.0
乙二醇	1,2 - ethanediol	-16	197	1.113	∞
1,2,3 - 丙三醇	1,2,3 - propanetriol	18	290	1.261	∞

注:表 8-1 中的英文名称为相应化合物的系统名称。

低级醇和水类似,能和氯化钙、氯化镁和硫酸铜等无机盐形成结晶状化合物,称为结晶醇配合物,它们可溶于水而不溶于有机溶剂。例如:$CaCl_2 \cdot 4CH_3OH$,$MgCl_2 \cdot 6CH_3OH$,$CaCl_2 \cdot 4C_2H_5OH$,$MgCl_2 \cdot 6C_2H_5OH$。因此,不能用氯化钙和氯化镁等作为干燥剂来除去醇类化合物中的少量水分。

8.1.3 醇的化学性质

醇的化学反应主要体现的是羟基的特征反应。由于氧原子的电负性较大,碳原子和氢原子与氧原子形成的键是极性共价键。因此,醇的反应主要涉及 O—H 键或 C—O 键的断裂与重构,如酸性、取代反应、氧化反应。此外,还有涉及 βC—H 键断裂的反应,如醇分子内的脱水反应涉及 βC—H 与 C—O 同时断裂。

1. 与活泼金属反应

醇分子中 O—H 键的极性有利于氢的离解,醇具有酸性,可以与活泼金属(Na、K)反应放出氢气。不同类型的醇与金属钠反应的速率是:伯醇 > 仲醇 > 叔醇。

$$CH_3CH_2OH + Na \longrightarrow CH_3CH_2ONa + 1/2H_2$$

醇和钠(钾)的反应与水和钠(钾)反应比较,要缓慢得多。可见醇的酸性(乙醇 $pK_a \approx 16$)比水($pK_a = 15.6$)弱;而醇的共轭碱醇钠(RONa)的碱性却比 NaOH 强。这是因为醇分子中羟基氧原子上连接的烃基的推电子作用,使醇中的氧氢键断裂比水中的困难,使醇的酸性比水弱。同样由于烃基的给电子作用,使烷氧负离子的稳定性比氢

两种或两种以上沸点不同而又完全互溶的液体组成的混合物,由于分子间的作用力大,在蒸馏过程中不能将它们一一分开,而是得到具有最低共沸点(比所有组分的沸点低)或最高共沸点(比所有组分沸点都高)的馏出物,这些馏出物的沸点恒定,组成恒定,称为共沸物。

有机反应中常利用形成共沸物的原理,将反应中生成的水带出反应体系,使反应平衡向正反应方向移动,如乙酸正丁酯的制备、正丁醚的制备实验中,常采用分水法提高产率。

实验室常用分水回流装置如下图所示:

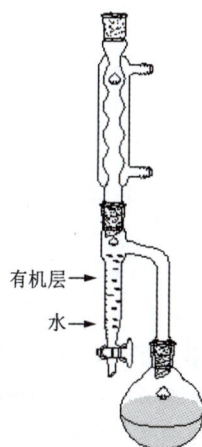

醇羟基不是好的离去基团,需在质子酸或 Lewis 酸催化下才能离去,Lucas 试剂的作用机理如下:

$$R\overset{+}{-}\overset{|}{\underset{H}{O}}\overset{-}{-}ZnCl_2$$

Zn 的空轨道与氧上的孤对电子形成配位键,使 C—O 键减弱,容易断裂。

氧根负离子差,因此,醇钠不稳定,非常容易水解成原来的醇,这一反应平衡向右有利:

$$CH_3CH_2ONa + H_2O \rightleftharpoons CH_3CH_2OH + NaOH$$

工业上制备醇钠,在醇和氢氧化钠的反应体系中加入带水剂苯,使其与苯和水形成共沸物,将水不断带出,使反应向生成醇钠的方向进行。

2. 与氢卤酸作用

醇与氢卤酸能发生亲核取代反应,醇中羟基被卤素负离子取代而生成卤代烃。

$$R—OH + HX \longrightarrow RX + H_2O$$

醇能与氢卤酸反应生成卤代烃,但是,不能与 NaX 反应生成相应的卤代烃。醇的亲核取代反应需在酸催化下进行,酸的作用是使羟基质子化,因为醇羟基不是好的离去基团,不易离去,羟基被质子化以后,以水的形式离去,促使反应顺利进行。醇与氢卤酸的反应速率与醇的结构及氢卤酸的活性有关。由于卤素离子的亲核能力是 $I^- > Br^- > Cl^-$,故氢卤酸的相对活性是 $HI > HBr > HCl$。氢碘酸的酸性很强,伯醇与氢碘酸一起加热就容易反应;而与氢溴酸则需要在硫酸存在下加热反应,在实际生产中常用硫酸与溴化钠代替氢溴酸;与浓盐酸则需更强的 Lewis 酸无水氯化锌(Lucas 试剂)催化。不同种类的醇与氢卤酸反应的相对活性是:烯丙型醇≈叔醇 > 仲醇 > 伯醇。醇的卤代反应例举如下:

$$CH_3CH_2CH_2CH_2OH + NaBr \xrightarrow[\triangle]{H_2SO_4} CH_3CH_2CH_2CH_2Br(95\%)$$

$$(CH_3)_3COH + HCl \xrightarrow[室温]{ZnCl_2} (CH_3)_3CCl$$

$$CH_2{=}CHCH_2OH + HBr(48\%) \xrightarrow{\triangle} CH_2{=}CHCH_2Br(80\%)$$

应用 Lucas 试剂通常可鉴别碳原子总数在六个以下的伯、仲、叔醇:叔醇与 Lucas 试剂混合,在室温下就能很快反应,立即变混浊;仲醇需放置片刻才变混浊或分层;伯醇(烯丙型伯醇除外)在常温下不反应,需较长时间加热后才反应。

在一般情况下,烯丙型、苄基型醇、叔醇及仲醇与氢卤酸反应,易按 S_N1 机理进行:

$$(CH_3)_3COH + H^+ \underset{}{\overset{快}{\rightleftharpoons}} (CH_3)_3C{—}\overset{+}{O}H_2$$

$$(CH_3)_3C{—}\overset{+}{O}H_2 \underset{}{\overset{慢}{\rightleftharpoons}} (CH_3)_3C^+ + H_2O$$

$$(CH_3)_3C^+ + X^- \xrightarrow{快} (CH_3)_3CX$$

伯醇则通常按 S_N2 机理进行反应:

$$RCH_2OH \underset{}{\overset{H^+}{\rightleftharpoons}} RCH_2{—}\overset{+}{O}H_2 \xrightarrow{X^-} \left[\overset{\delta^-}{X} \cdots \underset{\underset{R}{|}}{CH} \cdots \overset{\delta^+}{O}H_2 \right] \longrightarrow RCH_2X + H_2O$$

注意:在 S_N1 反应机理中,由于生成碳正离子中间体,有可能会发生重排形成另一种更稳定的碳正离子,特别是在 β–C 上有支链的仲醇,重排倾向更突出。例如:

6 个碳以下的醇能溶于 Lucas 试剂,而卤代烃不能溶于 Lucas 试剂,因此,生成卤代烃以后溶液分层或变混浊。

思考: β – 碳上有支链的仲醇与氢卤酸反应,常常出现重排产物,以下仲醇卤代时,得到唯一产物,未发生重排,为什么?

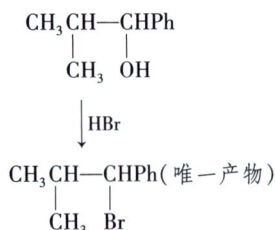

$$\underset{\underset{CH_3}{|}\quad\underset{OH}{|}}{CH_3CH{—}CHPh}$$

$$\downarrow HBr$$

$$\underset{\underset{CH_3}{|}\quad\underset{Br}{|}}{CH_3CH{—}CHPh}(唯一产物)$$

原因: 在这一反应中,生成的二级碳正离子同时又是苄基型的碳正离子,因为电子离域,苄基型碳正离子比三级碳正离子更稳定,因此不发生重排,所以没有相应的重排产物产生。

重排向着形成更加稳定的碳正离子的方向进行。

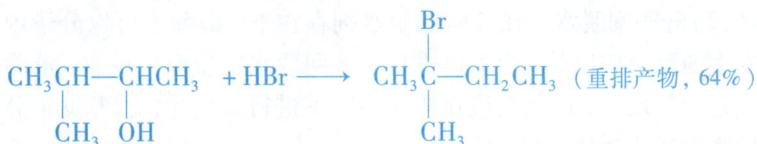

$$CH_3CH-CHCH_3 + HBr \longrightarrow CH_3\overset{Br}{\underset{CH_3}{C}}-CH_2CH_3 \ (重排产物，64\%)$$

(下标 CH_3、OH)

若选用卤化磷（PBr_3、PI_3）及氯化亚砜（$SOCl_2$）与醇（1°醇或2°醇）反应也能生成卤代烃，而且一般不发生重排反应，是制备卤代烃的常用方法。

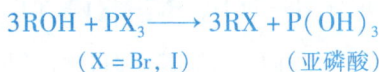

$$3ROH + PX_3 \longrightarrow 3RX + P(OH)_3$$
$$(X = Br,\ I) \qquad\qquad (亚磷酸)$$

$$ROH + SOCl_2 \xrightarrow[\triangle]{醚} RCl + SO_2 + HCl$$

在实际工作中，三溴化磷或三碘化磷常用红磷与溴或碘作用而产生。醇与氯化亚砜反应时，除氯代烃外，其他的两个产物都是气体（SO_2 和 HCl），反应能进行得彻底，产率高，易提纯（没有其他副产物），是目前由醇制备氯代烃的最常用方法。

3. 脱水反应

醇在硫酸、氧化铝等催化作用下，加热可发生脱水反应。脱水反应有两种方式：分子内脱水生成烯烃，分子间脱水生成醚。

（1）**分子内脱水** 不同类型的醇的脱水活性次序为：叔醇 > 仲醇 > 伯醇。脱水时遵循查依采夫规则，主要产物为双键碳上连有较多烃基的烯烃。一些不饱和醇、芳香醇、二元醇等脱水时，若能形成稳定的共轭烯烃，则共轭烯烃为主产物，且反应活性高。脱水反应举例如下：

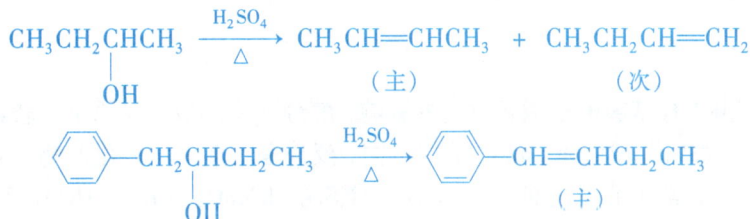

$$CH_3CH_2CHCH_3 \xrightarrow[\triangle]{H_2SO_4} CH_3CH=CHCH_3 + CH_3CH_2CH=CH_2$$
（下标 OH）   （主）   （次）

$$\text{苯}-CH_2CHCH_2CH_3 \xrightarrow[\triangle]{H_2SO_4} \text{苯}-CH=CHCH_2CH_3$$
（下标 OH）   （主）

醇在酸催化下的分子内脱水反应，一般按 E1 机理进行。

$$-\overset{|}{\underset{H}{C}}-\overset{|}{\underset{OH}{C}}- \xrightleftharpoons{H^+} -\overset{|}{\underset{H}{C}}-\overset{|}{\underset{^+OH_2}{C}}- \xrightarrow{慢} -\overset{|}{\underset{H}{C}}-\overset{+}{C}- \xrightarrow{-H^+} C=C$$

不同醇的脱水反应活性主要取决于碳正离子中间体的稳定性。因为碳正离子中间体的稳定性次序是 3° > 2° > 1°，所以醇脱水反应的活性次序是 3°醇 > 2°醇 > 1°醇。例如，下列反应中硫酸催化下仲醇和叔醇的消除反应所用硫酸的浓度较伯醇逐步降低：

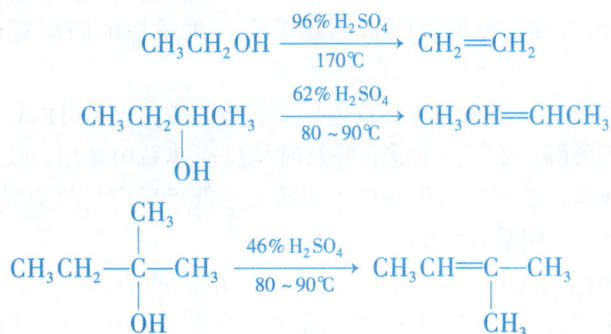

$$CH_3CH_2OH \xrightarrow[170℃]{96\% H_2SO_4} CH_2=CH_2$$

$$CH_3CH_2CHCH_3 \xrightarrow[80\sim90℃]{62\% H_2SO_4} CH_3CH=CHCH_3$$
（下标 OH）

$$CH_3CH_2-\overset{CH_3}{\underset{OH}{C}}-CH_3 \xrightarrow[80\sim90℃]{46\% H_2SO_4} CH_3CH=\overset{}{\underset{CH_3}{C}}-CH_3$$

思考：醇的脱水反应总是在酸性条件下进行，且一般按 E1 机理进行，为什么？

原因：羟基不是好的离去基团，在中性或碱性条件下，难以离去。在酸性条件下，羟基与质子结合（被质子化），质子化的羟基以水分子（碱性弱，是良好的离去基团）的形式易于离去。在加热下失水生成碳正离子，通过 E1 历程进行消除得到烯烃。而 E2 消除机理中，需要碱夺去 β-C 上的氢，酸性条件下没有碱存在，因而醇的消除只能按 E1 机理进行。

（2）分子间脱水　在硫酸或脱水剂存在下，醇除了可以分子内脱水发生消除反应以外，也可以进行分子间脱水发生取代反应，消除和取代是竞争反应，取代反应在较低温度下进行。例如，乙醇发生分子间的脱水反应生成乙醚：

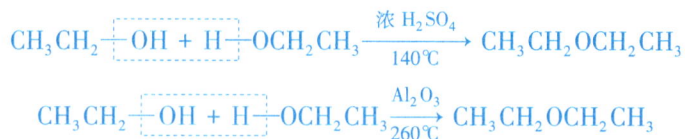

$$CH_3CH_2 \fbox{$-OH + H-$} OCH_2CH_3 \xrightarrow[140℃]{浓\ H_2SO_4} CH_3CH_2OCH_2CH_3$$

$$CH_3CH_2 \fbox{$-OH + H-$} OCH_2CH_3 \xrightarrow[260℃]{Al_2O_3} CH_3CH_2OCH_2CH_3$$

在卤代烃的章节中，我们已经知道，卤代烃的取代反应和消除反应，是一对竞争反应。同样，醇的分子间脱水和分子内脱水也是相互竞争的，通常，在较低温度下，有利于分子间脱水成醚，在较高温度下，有利于分子内脱水成烯。值得注意的是，与叔卤代烃类似，叔醇主要发生分子内脱水成烯，而伯醇则较易发生分子间的脱水，按 S_N2 机理反应成醚。

分子间脱水反应机理：以乙醇脱水生成乙醚为例，首先是乙醇被硫酸质子化，然后另一分子乙醇作为亲核试剂从羟基的背面进攻，通过一个过渡态而生成质子化的乙醚，再将质子转移给硫酸氢根后生成产物乙醚。反应过程如下：

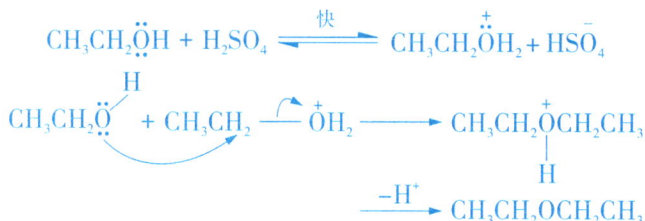

$$CH_3CH_2\ddot{O}H + H_2SO_4 \underset{快}{\rightleftharpoons} CH_3CH_2\overset{+}{\ddot{O}}H_2 + HSO_4^-$$

$$CH_3CH_2\underset{H}{\overset{H}{\ddot{O}}} + CH_3CH_2\overset{+}{-}\ddot{O}H_2 \longrightarrow CH_3CH_2\underset{H}{\overset{+}{O}}CH_2CH_3$$

$$\xrightarrow{-H^+} CH_3CH_2OCH_2CH_3$$

4. 氧化反应

由于羟基吸电子诱导效应的影响，醇分子中的 α – 氢原子比较活泼，易被氧化或脱氢。醇的结构不同，反应条件不同，氧化产物也各不相同。常用的氧化剂为 $K_2Cr_2O_7 – H_2SO_4$、$KMnO_4$、$CrO_3 – HOAc$ 等。伯醇首先被氧化成醛，而醛又易被氧化成相应的羧酸。

$$\underset{伯醇}{RCH_2OH} \xrightarrow{[O]} \underset{醛}{RCHO} \xrightarrow{[O]} \underset{羧酸}{RCOOH}$$

仲醇氧化则生成酮；

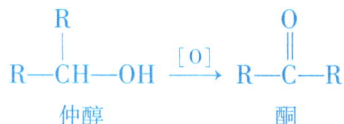

$$\underset{仲醇}{R-\overset{R}{\underset{|}{C}}H-OH} \xrightarrow{[O]} \underset{酮}{R-\overset{O}{\overset{||}{C}}-R}$$

叔醇分子中因无 α – 氢原子，一般不被氧化。但在酸性条件下，叔醇与氧化剂共热，容易被脱水成烯进而发生烯烃的碳碳键破裂氧化。

由于伯醇的氧化产物醛容易被进一步氧化成酸，如要用强氧化剂由氧化伯醇制备醛，必须将生成的醛及时从反应体系中蒸出，以避免进一步氧化成酸。这一方法仅适用于制备沸点低于反应物醇的醛，但一般收率较低，应用受到限制。

选用温和的氧化剂，可得到较高产率的醛。例如，在无水条件下，以 CH_2Cl_2 为溶剂，三氧化铬和吡啶的配合物 $[(C_5H_5N)_2 \cdot CrO_3]$

交警用呼吸分析仪检查驾驶员是否酒驾，该仪器的工作原理是基于醇的氧化反应。呼吸分析仪通过测定呼出气体中酒精的浓度来确定血液中酒精的浓度。人吹气到呼吸分析仪，被测气体通过重铬酸溶液，乙醇被氧化，橙色的氧化剂重铬酸溶液被还原成绿色的铬离子溶液。呼吸分析仪与分光光度计相连，可定量测定绿色 Cr^{3+} 的浓度，从而确定参与反应的酒精的含量。

叔醇分子中因无 α – 氢原子，一般不被氧化。但是，叔醇在酸性条件下与氧化剂共热，会先脱水成烯，进而发生烯烃的碳碳键破裂氧化。例如叔丁醇与酸性高锰酸钾的反应：

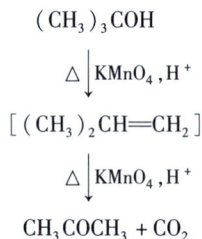

$$(CH_3)_3COH$$
$$\triangle \downarrow KMnO_4, H^+$$
$$[(CH_3)_2CH=CH_2]$$
$$\triangle \downarrow KMnO_4, H^+$$
$$CH_3COCH_3 + CO_2$$

做氧化剂，可将伯醇氧化成醛，且产率较高，该氧化剂称为**沙瑞特**（Sarrett）**试剂**。例如：

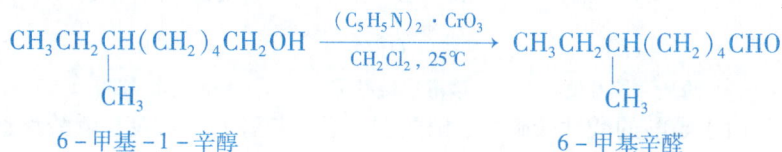

$$CH_3CH_2CH(CH_2)_4CH_2OH \xrightarrow[CH_2Cl_2, 25℃]{(C_5H_5N)_2 \cdot CrO_3} CH_3CH_2CH(CH_2)_4CHO$$
$$| \qquad\qquad\qquad\qquad\qquad\qquad\qquad\qquad |$$
$$CH_3 \qquad\qquad\qquad\qquad\qquad\qquad\qquad\qquad CH_3$$

6 - 甲基 - 1 - 辛醇　　　　　　　　　　　6 - 甲基辛醛

采用 Sarrett 试剂为氧化剂时，分子中的碳碳双键或碳碳三键不被氧化，可用于制备不饱和醛。例如：

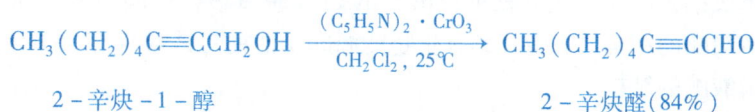

$$CH_3(CH_2)_4C{\equiv}CCH_2OH \xrightarrow[CH_2Cl_2, 25℃]{(C_5H_5N)_2 \cdot CrO_3} CH_3(CH_2)_4C{\equiv}CCHO$$

2 - 辛炔 - 1 - 醇　　　　　　　　　　2 - 辛炔醛（84%）

温和的氧化剂还有**琼斯**（Jones）**试剂**（$CrO_3 \cdot$ 稀 H_2SO_4）和活性二氧化锰（新制备的 MnO_2）等。

伯醇或仲醇的蒸气在高温下通过活性铜（或镍、银等）催化剂表面时，可发生脱氢反应，分别生成醛或酮。例如：

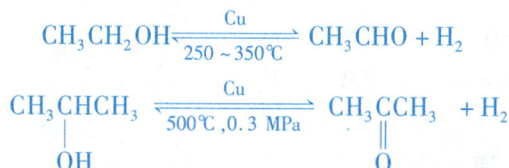

$$CH_3CH_2OH \underset{250\sim350℃}{\overset{Cu}{\rightleftharpoons}} CH_3CHO + H_2$$

$$CH_3CHCH_3 \underset{500℃, 0.3\ MPa}{\overset{Cu}{\rightleftharpoons}} CH_3CCH_3 + H_2$$
$$\quad|\qquad\qquad\qquad\qquad\qquad\ \ \|$$
$$\quad OH\qquad\qquad\qquad\qquad\qquad O$$

叔醇分子中因无 α - 氢原子，所以不能脱氢，只能脱水生成烯烃。

5. 与无机酸成酯

醇与有机酸成酯将在第 10 章羧酸及其衍生物中介绍。醇与含氧无机酸作用也可生成酯，一般认为是醇去羟基酸去氢。例如，硫酸与乙醇反应生成酸性硫酸酯：

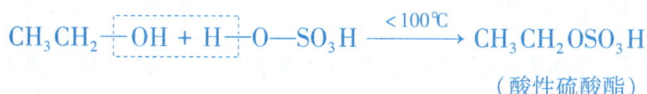

$$CH_3CH_2{-}OH + H{-}O{-}SO_3H \xrightarrow{<100℃} CH_3CH_2OSO_3H$$

（酸性硫酸酯）

用高级醇（C(12) ~ C(18)）制成的烷基硫酸钠，具有去污能力，可做洗涤剂，其钙镁盐在水中的溶解度较大，可在硬水中使用，具有很强的起泡能力，是浮选的一种起泡剂及某些氧化矿和非金属矿的捕收剂。

酸性硫酸酯能进一步与醇反应生成中性硫酸酯（$ROSO_2OR$）。

与硫酸一样，硝酸和亚硝酸也能与伯醇作用生成酯。甘油与硝酸反应可生成**甘油三硝酸酯**（glyceryl trinitrate）。

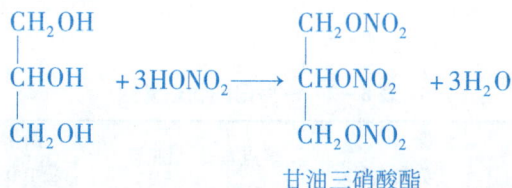

$$\begin{array}{l} CH_2OH \\ | \\ CHOH \\ | \\ CH_2OH \end{array} + 3HONO_2 \longrightarrow \begin{array}{l} CH_2ONO_2 \\ | \\ CHONO_2 \\ | \\ CH_2ONO_2 \end{array} + 3H_2O$$

甘油三硝酸酯

$$(CH_3)_2CHCH_2CH_2OH + HONO \longrightarrow (CH_3)_2CHCH_2CH_2ONO$$

异戊醇　　　　　亚硝酸　　　　　亚硝酸异戊酯

多数硝酸酯受热后能剧烈分解而发生爆炸。为了使用安全，通常将硝酸酯与一些惰性材料混合在一起。

磷酸是三元酸，可形成三种磷酸酯，磷酸酯的结构通式如下：

甘油三硝酸酯（俗称硝化甘油）和亚硝酸异戊酯在临床上可用作血管扩张和缓解心绞痛的药物。科学家发现：硝化甘油能治疗心脏病的原因是它能释放出信使分子"NO"，并阐明了"NO"在生命活动中的作用机理。为此，1998 年，美国科学家 Robert F. Furchgott、Louis J. Ignarro 和 Ferid Murad "因发现一氧化氮在心血管系统中起信号分子作用"而获得诺贝尔生理医学奖。

此外，硝化甘油容易引起爆炸。1866 年诺贝尔发明了由硝化甘油和硅藻土等成分组成的安全炸药。

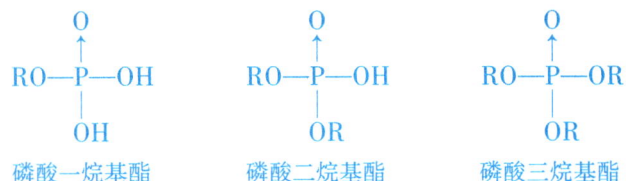

磷酸一烷基酯　　　　磷酸二烷基酯　　　　磷酸三烷基酯

　　由于磷酸的酸性较硫酸、硝酸弱,不易与醇直接成酯,磷酸酯通常由醇与 $POCl_3$(磷酰氯)作用制得。磷酸酯也是一类重要的化合物,常用作萃取剂、增塑剂和杀虫剂。生物体中广泛存在磷酸酯的结构,如组成细胞的重要成分核糖核酸(RNA)和脱氧核糖核酸(DNA)都含有磷酸酯的结构,磷脂及具有生物能源库功能的三磷酸腺苷(ATP)也有磷酸酯的结构。

8.2　酚

8.2.1　酚的结构

　　酚与醇分子中都含有羟基,醇与酚结构上的区别是酚羟基直接连在芳环上(Ar—OH),与 sp^2 杂化的芳香碳原子相连的羟基,称为酚羟基。酚羟基中的氧原子是 sp^2 杂化,氧原子上的一对未共用电子对处于未杂化的 p 轨道上,该 p 电子与苯环的大 π 键电子形成 p-π 共轭体系,如图8-2所示。

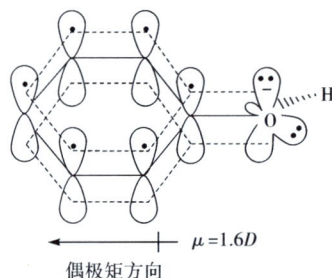

图8-2　苯酚的结构示意图

8.2.2　酚的物理性质

　　酚类化合物大多为固体,只有少数烷基酚(如甲酚,通常是邻、对、间甲基苯酚三种异构体的化合物)为高沸点液体。由于酚分子中的羟基能形成分子间氢键,所以酚类化合物的熔点和沸点比相对分子质量相近的芳香烃和卤代芳烃都高。

　　低级酚在水中有一定的溶解度,随着分子中酚羟基数目的增多,在水中的溶解度相应增大,取代酚的溶解度差别大。酚类化合物一般可溶于乙醇、乙醚、苯等有机溶剂。甲酚的50%的皂液称为来苏尔(Lysol)水,常用作病房与医疗器械消毒。一些酚类化合物的物理常数见表8-2。

表8-2　一些酚的物理常数

化合物名称	英文名称	熔点 /℃	沸点 /℃	溶解度 (g/100 g 水) 25℃	pK_a, 25℃
苯酚	phenol	40.8	181.8	9.3	10
邻甲基苯酚	o-methyl phenol	30.5	191	2.5	10.29
间甲基苯酚	m-methyl phenol	11.9	202.2	2.6	10.09
对甲基苯酚	p-methyl phenol	34.5	201.8	2.3	10.26

续表 8－2

化合物名称	英文名称	熔点 /℃	沸点 /℃	溶解度 （g/100 g 水） 25℃	pK_a, 25℃
邻氯苯酚	o－chlorophenol	9	173	2.8	8.48
间氯苯酚	m－chlorophenol	33	214	2.6	9.02
对氯苯酚	p－chlorophenol	43	217	2.6	9.38
邻硝基苯酚	o－nitro phenol	44.5	214.5	0.2	7.22
间硝基苯酚	m－nitro phenol	96	194 $(9.3 \times 10^3\ Pa)$	1.4	8.39
对硝基苯酚	p－nitro phenol	114	295	1.7	7.15
2,4－二硝基苯酚	2,4－dintrophenol	113	分解	0.6	3.96
2,4,6－三硝基苯酚(苦味酸)	2,4,6－trinitrophenol (picric acid)	122	分解 (300℃爆炸)	1.4	0.25
邻苯二酚	catechol	105	245	45	
间苯二酚	resorcin(ol)	110	281	123	
对苯二酚	hydroquinone	170	285.2	8	
1,2,3－苯三酚	pyrogallol	133	309	62	
α－萘酚	α－naphthol	94	279	难	
β－萘酚	β－naphthol	123	286	0.1	

8.2.3 酚的化学性质

从酚的结构我们已经知道，在酚 p－π 共轭体系中，酚羟基氧的 p 电子云向苯环偏移，导致 O—H 键的极性增强，使羟基氢较易离去，显示明显的酸性；同时，酚的 C—O 键不易断裂，酚羟基难于被取代；p－π 共轭的结果，使芳环电子云密度增大，易于发生环上的亲电取代反应。按下来，我们分别讨论涉及 O—H 键和 C—O 键变化引起的酚的化学反应。

1. 酸性

苯酚具有酸性，其 pK_a 约为 10.0，能与氢氧化钠反应生成苯酚钠而溶于水，反应式如下所示：

$$\text{⬡—OH} + NaOH \longrightarrow \text{⬡—ONa} + H_2O$$

苯酚的酸性比水（$pK_a = 15.6$）强，更强于醇（如乙醇 $pK_a = 16$），但比碳酸（$pK_a = 6.4$）弱，更弱于羧酸（如乙酸 $pK_a = 4.76$）。因此在酚钠溶液中通入 CO_2，即可将苯酚游离出来：

$$\text{⬡—ONa} + CO_2 + H_2O \longrightarrow \text{⬡—OH} + NaHCO_3$$

利用上述性质，可以从混合物中分离提纯酚，也可以鉴别酚与醇或羧酸。

当苯环上连有取代基时，酚的酸性强弱与取代基的种类、数目和位置等因素有关。例如：

思考：为什么苯酚的酸性比醇强？

我们以苯酚和环己醇为例，对两者进行比较来回答这个问题。苯酚和环己醇都是弱酸，在水溶液中都有自己的离解平衡，它们离解后分别产生苯氧负离子和环己基氧负离子。结构上，苯氧负离子是一个带负电荷的共轭体系，氧原子 p 轨道上的孤电子对与苯环大 π 键发生 p－π 共轭。共轭体系中，电子云密度平均化的结果，是氧原子上的电子云向苯环转移，使氧原子上的负电荷得到分散，因而增强了苯氧负离子的稳定性，苯酚较易离解出质子而显较强的酸性。

苯氧负离子中的 p－π 共轭

环己基氧负离子中，不存在 p－π 共轭体系，氧原子上的负电荷得不到分散，因此环己基负离子不如苯氧负离子稳定，所以环己醇较难离解出质子，酸性比酚弱。

2,4,6－三硝基苯酚的 pK_a 为 0.25，其酸性已接近无机强酸，俗名为苦味酸，它的酸性之所以如此强，是因为硝基的吸电子诱导和共轭作用很好地稳定了酚氧负离子的结果。

pK_a	10.29	10.09	10.00

pK_a	8.39	7.15	4.09

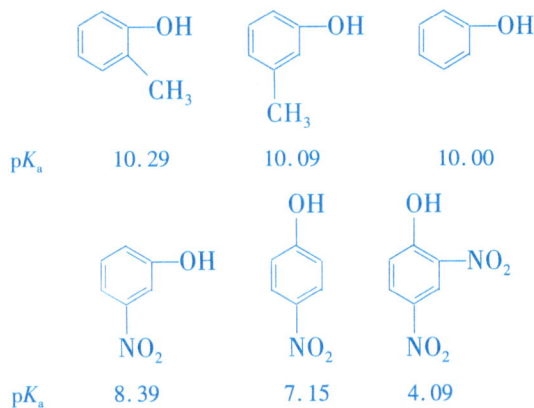

通常，当苯环上连有给电子基时，酚的酸性减弱；而连有吸电子基时，酚的酸性增强，苯环上吸电子基团越多，酚的酸性就越强。取代基的性质、数目以及取代位置不同，对酸性影响的程度不同。一般，当给电子基处于羟基的邻、对位时，酚的酸性减弱较多；当吸电子基处于邻、对位时，酚的酸性增强更多。这是因为间位取代基的影响主要是诱导效应，对位取代基以共轭效应为主，通常共轭效应的影响更大，而邻位取代基同时存在诱导效应、共轭效应以及空间效应的影响。

2. 芳环上的取代反应

羟基是邻、对位定位基，是很强的致活基团，因此酚类化合物的芳环上容易发生亲电取代反应。常见反应有卤代反应、硝化反应、磺化反应，接下来对这些反应逐一分析。

（1）**卤代反应**　酚很容易发生卤代反应。例如，苯酚在室温下就能与溴水反应，立即生成 2,4,6 - 三溴苯酚白色沉淀。此反应非常灵敏，也能定量完成，可用于苯酚的定性和定量分析。

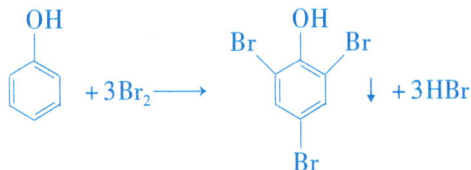

（2）**硝化反应**　苯酚在室温下用稀硝酸硝化，即生成邻硝基苯酚和对硝基苯酚，因苯酚易被氧化，产率较低。两种产物可用水蒸气蒸馏的方法进行分离，因为邻硝基苯酚可形成分子内氢键，易随水蒸气一起被蒸出，而对硝基苯酚因形成分子间氢键而缔合，不易随水蒸气一起蒸出。

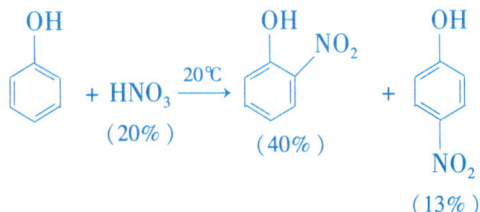

由于浓硝酸具有强氧化性，酚极易被氧化，制备多硝基酚时，通常不用酚直接硝化，而是用间接的方法，例如，可通过卤代硝基苯水解制备硝基酚。

（3）**磺化反应**　苯酚与浓硫酸很容易进行磺化反应，在较低温度（15～25℃）下，主要得到邻羟基苯磺酸（动力学控制产物）；在较高温

思考： 由 1,3 - 苯二酚为原料，设计合成 2 - 硝基 - 1,3 - 苯二酚的合成路线（提示：应用磺化反应的占位和钝化作用，参见芳香烃中"取代苯的定位规律"）。

度(80~100℃)下，则主要得到对羟基苯磺酸(热力学控制产物)。这两种产物若进一步磺化，都生成 4-羟基-1,3-苯二磺酸。

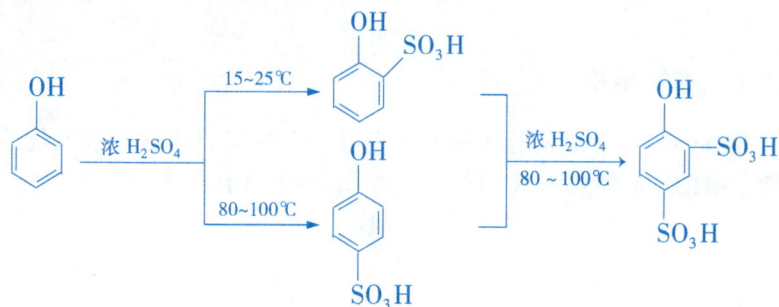

3. 酚的氧化

酚类化合物极易被氧化，生成有色的醌类化合物。颜色随氧化程度加深而加深，由无色至粉红色、红色、深褐色等。酚的氧化反应举例：

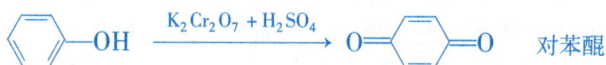

邻苯二酚和对苯二酚比苯酚更易氧化成相应的醌。

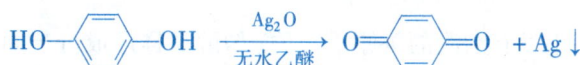

由于多元酚具有强的还原性，一些多元酚或烷基酚常用作抗氧化剂。

4. 与三氯化铁显色反应

酚与三氯化铁溶液能发生显色反应，反应灵敏，可用于鉴别。

$$6C_6H_5OH + FeCl_3 \rightleftharpoons H_3[Fe(C_6H_5O)_6] + 3H_2O + 3HCl$$
蓝紫色

酚与三氯化铁反应生成的产物颜色常见的有红、绿、蓝、紫等。苯酚、间苯二酚及均苯三酚与三氯化铁溶液作用显紫色，甲酚显蓝色，邻苯二酚和对苯二酚显绿色，连苯三酚呈红色，α-萘酚呈紫色沉淀，β-萘酚呈绿色沉淀。

值得注意的是，与三氯化铁显色不是酚的独有的性质，通常具有烯醇式结构(C=C—OH)的化合物多数可与三氯化铁溶液发生显色反应。

同时，不是所有的酚都能与 $FeCl_3$ 发生显色反应。例如，硝基苯酚、间羟基苯甲酸、对羟基苯甲酸分子中虽然有游离羟基，但并不能与 $FeCl_3$ 发生显色反应。

5. 甲酚与 P_2S_5 的作用

甲酚与 P_2S_5 在 120~240℃反应 2 h，生成二甲苯基二硫代磷酸，又称为甲酚黑药，是一种硫矿浮选剂。

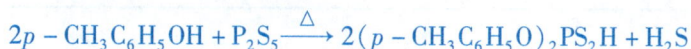

$$2p\text{-}CH_3C_6H_5OH + P_2S_5 \xrightarrow{\triangle} 2(p\text{-}CH_3C_6H_5O)_2PS_2H + H_2S$$

有机抗氧剂：是能够抑制或者延缓其他化合物在空气中热氧化的有机化合物，分为两大类：受阻酚类抗氧剂和芳香胺类抗氧剂。

受阻酚类抗氧剂是一些具有空间阻碍作用的酚类化合物。它们的抗热氧化效果显著，不污染被保护的制品，发展很快。这类抗氧剂的品种很多，2,6-二叔丁基-4-甲基苯酚是其中的一个重要代表。

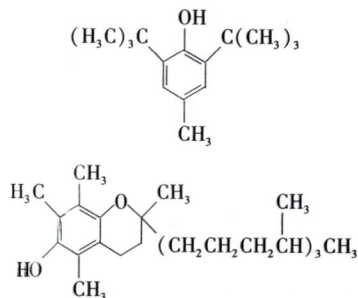

维生素 E，又名 α-生育酚，存在于植物油中，是一种天然的酚类抗氧剂。

芳香胺类抗氧剂又称为橡胶防老剂，主要用在橡胶制品中，是生产数量最多的一类抗氧剂。这类抗氧剂价格低廉，抗氧效果显著，但由于使制品变色，限制了它们在白色和浅色制品中的应用。

8.3 醚

8.3.1 醚的结构

醚(ether)可看成是醇或酚分子中羟基上的氢原子被烃基取代的产物。醚的一般结构为 R—O—R′，如图 8 - 3 所示。

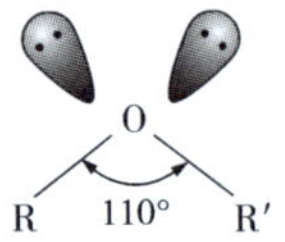

图 8 - 3　醚的结构

醚中的氧原子为 sp^3 杂化，两个未共用电子对处于 sp^3 杂化轨道中，醚氧两端分别与烃基相连，氧原子带部分的负电荷，与氧直接相连的碳原子带部分的正电荷，整个分子极性较小，具有弱亲核性。醚化学性质比较稳定，与碱、稀酸、活泼金属、还原剂和氧化剂等均不作用。醚的性质主要体现在醚键中氧原子的孤对电子上。

8.3.2 醚的物理性质

醚分子中没有活泼的氢原子，不能像醇那样形成分子间氢键，醚分子间只存在弱的偶极 - 偶极作用，所以其沸点比相对分子质量相近的醇低得多。例如，正丁醇的沸点 117.8℃，而乙醚的沸点为 34.6℃。常温下甲醚、甲乙醚及甲基乙烯基醚为气体，其他醚为无色液体。大多数醚易燃、易挥发。一些醚的物理性质见表 8 - 3。

> **思考**：石油醚是醚类化合物吗？
>
> 石油醚(petroleum ether)是一种轻质石油产品，其沸程为 30 ~ 150℃，收集的温度区间一般有 30 ~ 60℃、60 ~ 90℃、90 ~ 120℃ 等沸程规格。石油醚是烷烃的混合物，不是醚。由于外观与醚类似，最初来自石油产品，被称为石油醚。它的性质稳定，常用作非极性有机溶剂。

表 8 - 3　一些醚的物理常数

化合物名称	英文名称	熔点/℃	沸点/℃	密度/$(g \cdot cm^{-3})$
甲醚	dimethyl ether	- 141	- 24.8	0.67
甲乙醚	ethyl methyl ether	—	10.8	0.725
乙醚	diethyl ether	- 116	34.6	0.706
乙丙醚	ethyl propyl ether	- 79	63.6	—
正丙醚	dipropyl ether	- 123	88	0.736
异丙醚	diisopropyl ether	- 86	69	0.735
正丁醚	dibutyl ether	- 98	142	0.764
乙烯基醚	divinyl ether	—	35	—
烯丙基醚	diallyl ether	—	94	0.830
二苯醚	diphenyl ether	—	259	1.075
苯甲醚	methyl phenyl ether	—	155	0.994
环氧乙烷	ethylene oxide	- 111	13.5	0.882 (10℃)
环氧丙烷	propylene oxide	—	34	0.83
四氢呋喃	tetrahydrofuran	- 108	66	0.889
1,4 - 二氧六环	1,4 - dioxane	12	101	1.034

醚在水中的溶解度要比相应的烷烃大，因为醚分子中的氧原子可与水分子中的氢原子形成氢键，因此，小分子醚在水中的溶解度与同碳数的醇相近。如甲醚和乙醇都可与水互溶；乙醚在水中的溶解度约为 8 g，和正丁醇相当。

8.3.3　醚的化学性质

1. 与酸作用生成𨦬盐

醚氧原子上的孤对电子可以作为一个路易斯（Lewis）碱，与浓硫酸、浓氢卤酸等强酸作用生成𨦬盐。

因为𨦬盐的形成，醚可溶于浓的强酸中，但这种𨦬盐不稳定，遇水即分解，恢复成原来的醚。利用这一性质可分离提纯醚，同时，也可用来区别醚与烃或卤代烃。在溶剂萃取中，也常利用这一特性将醚作为萃取剂，例如：用乙醚萃取金的配合物。

醚还可与缺电子的化合物（Lewis 酸）如 BF_3、$AlCl_3$ 等形成配合物，在一些无水反应中，常用作溶剂。如：

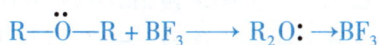

$$R—\ddot{O}—R + BF_3 \longrightarrow R_2O\!:\!\rightarrow BF_3$$

2. 醚键的断裂

醚与氢卤酸等强酸一起加热，能发生 C—O 键的断裂，生成醇和卤代烷，若氢卤酸过量，则生成的醇也会进一步与氢卤酸反应，转变成卤代烃。

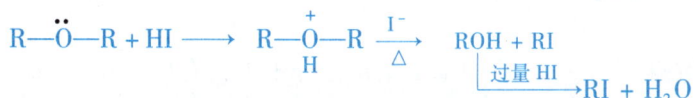

$$R—\ddot{O}—R + HI \longrightarrow R—\overset{+}{\underset{H}{O}}—R \xrightarrow[\triangle]{I^-} ROH + RI \xrightarrow{过量\,HI} RI + H_2O$$

醚键的断裂是亲核取代反应，醚与质子形成𨦬盐后，增大了碳氧键的极性，有利于碳氧键的断裂，亲核试剂 X^- 进攻带正电荷的碳形成卤代烷。在质子性溶剂中，X^- 的亲核性最强的是碘离子，所以醚键断裂的反应常用氢碘酸。伯烷基醚与氢碘酸作用时，按 S_N2 机理进行反应，亲核试剂进攻空阻较小的碳，因此甲基醚总是优先得到碘甲烷。若醚键所连的两个烃基中，一个是烷基，一个是芳烃基，断键时通常生成碘代烷和酚；若两个烃基都是芳香烃基，则 C—O 键难于断键，如二苯醚就很稳定，不与氢碘酸反应。

（图：苯甲醚 + HI $\xrightarrow{\triangle}$ 苯酚 + CH_3I）

3. 生成过氧化物

含有 α-氢的烷基醚（如乙醚），在空气中久置或经光照时，会被氧气缓慢氧化，生成过氧化物。这种过氧化物还可进一步聚合。例如：

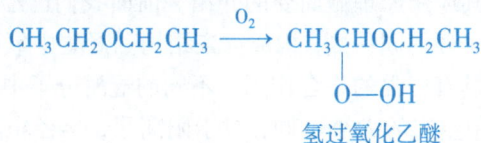

$$CH_3CH_2OCH_2CH_3 \xrightarrow{O_2} CH_3\underset{\underset{O—OH}{|}}{C}HOCH_2CH_3$$

氢过氧化乙醚

过氧化醚性质不稳定，温度较高时能迅速分解而发生爆炸。因

甲基苯甲基醚是一伯烷基醚，与氢碘酸反应主要产物是苯甲基碘，不是甲基碘，试解释之。反应式：

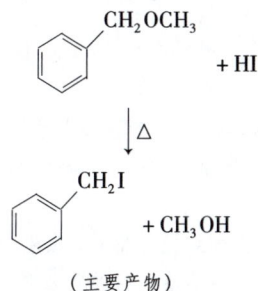

（图：CH_2OCH_3 苯环 + HI $\xrightarrow{\triangle}$ CH_2I 苯环 + CH_3OH（主要产物））

因为，反应机理中，醚质子化后，C—O 键的断裂有两种方式，一种断裂方式是甲醇分子离去，产生较稳定的苯甲基（苄基）碳正离子，另一种断裂方式是苯甲醇离去，生成较不稳定的甲基碳正离子。显然，形成比较稳定的苄基型碳正离子中间体的断裂方式是主要的。因此，这一反应按 S_N1 机理进行，主要生成苄基碘和甲醇。

此,在使用醚类时,应尽量避免将其长时间暴露在空气中。贮存时,可加入少量抗氧化剂(如对苯二酚)以防止过氧化物的生成。

8.4　环氧乙烷

最简单和最重要的环醚是**环氧乙烷**(epoxyethane),类似于环丙烷,环氧乙烷张力很大,不稳定,在酸或碱的催化下,易与亲核试剂作用,发生开环反应。通过环氧乙烷可得到多种重要的有机化合物,因此它是重要的化工原料。例如:

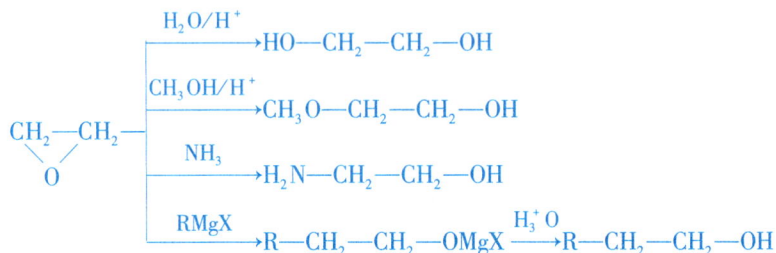

在酸催化下,环氧乙烷与水反应生成乙二醇,这是工业上生产乙二醇的方法之一。乙二醇用来制造树脂、合成纤维、化妆品、炸药等,还可用作溶剂和配置发动机的冷冻液,用途广泛。

从上面的反应中我们看到,环氧乙烷与 Grignard 试剂 RMgX(X = Cl、Br)反应生成的产物,在酸性条件下水解后,可得到比 Grignard 试剂多两个碳的伯醇,这是有机合成中增长碳链的方法之一。

8.5　冠醚

冠醚(crown ether)的基本结构是分子中具有$(—CH_2—CH_2O—)_n$重复单元的大环化合物。因其形状似皇冠,故称为冠醚。冠醚类化合物具有特定命名法,名称为 $x-$冠$-y$,其中 x 表示构成环的原子总数,y 表示环中的氧原子数。例如:

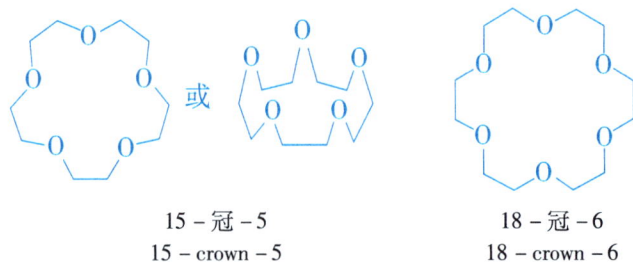

15 - 冠 -5　　　　　　　　18 - 冠 -6
15 - crown - 5　　　　　　18 - crown - 6

冠醚的实际结构中,氧原子位于环的同一侧,由于氧原子具有未共用电子对,可与金属离子形成配位键,与冠醚络合的金属离子外围具有类似烃的性质,从而将金属离子从水相转移到有机相中,因此,冠醚常用作多相反应的相转移剂。

冠醚广泛应用于金属离子萃取、相转移催化以及分子识别等领域。接下来对其应用原理做简要的介绍。前面我们已经提到,冠醚分子中氧原子处于环的同一侧,构成空穴结构。冠醚中氧原子上的孤对电子对阳离子具有很强的络合作用。不同的冠醚分子中重复单元的数目不同,分子中空穴的大小不同,对于阳离子,半径小者与冠醚结合不牢,半径大者无法进入冠醚的孔穴。因此利用适当半径的冠醚就可

醚类化合物容易形成过氧化物,过氧化物加热会引发爆炸等安全事故。

在蒸馏纯提纯醚时,应先检验有无过氧化物存在。检验方法是:取少量醚,加入等体积的2%碘化钾醋酸溶液,如有过氧化物存在,则会产生游离的碘,能使湿润的淀粉试纸变蓝色。如果醚中检测出过氧化物,需先将过氧化物除去以后才能使用,以免发生危险。

除去醚中的过氧化物的方法之一:用还原剂如 $FeSO_4$ 溶液洗涤,Fe^{2+} 将过氧化物还原破坏。

以从多种离子的混合液中有选择地将某一种离子萃取出来。例如：K^+的直径为 266 pm，18 – 冠 – 6 空穴的大小为 260 ~ 320 pm，正好容纳 K^+；15 – 冠 – 5 的空穴直径为 170 ~ 220 pm，能与 Na^+ 离子（直径为 180 pm）形成稳定的配合物；12 – 冠 – 4 的空穴直径为 120 ~ 150 pm，正好容纳 Li^+ 离子（直径为 120 pm）。

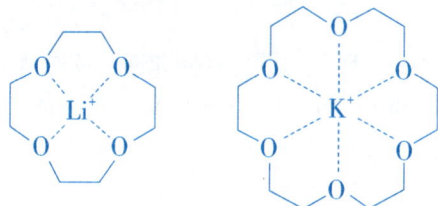

冠醚的另一个特点是可与许多有机物互溶，这点在有机合成上非常有用。有机合成中使用无机试剂时，常因无机试剂不溶于有机溶剂而影响反应的顺利进行。冠醚的另一个重要用途就是作为**相转移催化剂**（phase – transfer catalyst）。利用冠醚与金属离子的络合性使许多盐溶解到有机溶剂中，如 $KMnO_4$、KF、KCN 等在 18 – 冠 – 6 存在下，能转移到有机相中与有机物顺利地发生相应的反应。相转移催化反应具有反应速率快、条件温和、操作简便、产率高的优点，但因冠醚的价格昂贵，且毒性较大，应用受到限制。相转移催化剂不限于冠醚，还有季铵盐类，如溴化四丁基铵和溴化三乙基苄铵、非环多醚类如聚乙二醇 –400、聚乙二醇 –800 等。目前，相转移催化反应在很多反应中已得到应用，有的已用于工业生产。

冠醚衍生物在分子识别领域的应用，例如 18 – 冠 – 6 四羧基衍生物可选择性地结合伯铵离子，对仲铵离子和叔铵离子结合能力较差；它还可选择性地结合去甲肾上腺素，而对肾上腺素结合较差。此外，一些天然存在的抗菌药物（如莫能菌素、无活菌素）具有类似冠醚的结构，通过选择性地与金属离子结合，干扰细胞内外金属离子平衡，从而达到杀菌的目的。

8.6　重要的醇、酚和醚

1. 重要的醇

重要的醇有甲醇、乙醇、乙二醇、丙三醇等。

乙二醇俗称甘醇，熔点为 –16℃，常用作汽车的抗冻剂，也是合成聚酯纤维（涤纶）的原料。

丙三醇俗称甘油，在低温时和浓硝酸及浓硫酸作用，生成甘油三硝酸酯。甘油三硝酸酯是很剧烈的炸药，也可作为缓解心绞痛的药物。

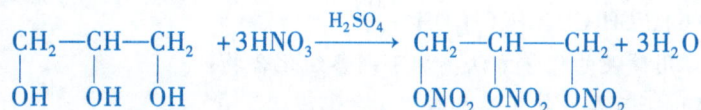

$$\underset{\substack{| \\ OH}}{CH_2} - \underset{\substack{| \\ OH}}{CH} - \underset{\substack{| \\ OH}}{CH_2} + 3HNO_3 \xrightarrow{H_2SO_4} \underset{\substack{| \\ ONO_2}}{CH_2} - \underset{\substack{| \\ ONO_2}}{CH} - \underset{\substack{| \\ ONO_2}}{CH_2} + 3H_2O$$

仲辛醇（2 – 辛醇）具有良好的起泡性能，可用作浮选起泡剂，效果好于 2 号油（各种一元醇混合物）；也可用作萃取剂，如从氯化钴溶液中萃取铁，使铁钴分离。仲辛醇也广泛用于 Nb、Ta 的萃取分离，它的另一用途是做助溶剂，以改善萃取过程中的物理化学性能。

相转移催化剂

1 – 溴辛烷与氰化钾的水溶液在 100℃ 下搅拌回流数天都无产物生成，但加入一定量的 18 – 冠 –6 作为催化剂后，反应 1.8 h，转化率达到 99%：

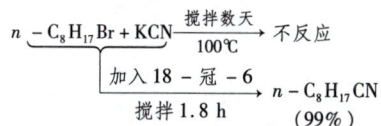

$$n - C_8H_{17}Br + KCN \xrightarrow[\substack{100℃}]{\text{搅拌数天}} \text{不反应}$$
$$\xrightarrow[\substack{\text{搅拌 1.8 h}}]{\text{加入 18 – 冠 –6}} n - C_8H_{17}CN \ (99\%)$$

原因：在反应体系中加入催化剂的冠醚后，与 K^+ 形成的配合物能进入有机相，同时以离子对的形式将 CN^- 引入有机相中。CN^- 在有机相中无溶剂化作用，呈裸露的离子，反应活性很大，从而使反应得以顺利进行。而发生反应后生成的 Br^- 又可进入水相，与水相中的阴离子 CN^- 交换，生成 KCN 与冠醚的配合离子对，进入有机相，使反应循环进行。

四氢呋喃(THF)、1,4－二氧六环因它们的氧原子暴露程度高，易与水形成氢键，具有良好的水溶性，同时，因含有烃基部分，又具有好的脂溶性。四氢呋喃是实验室常用的极性非质子性溶剂。

2. 重要的酚

重要的酚有苯酚和对苯二酚等。苯酚可用来合成炸药、医药、杀虫剂和塑料；对苯二酚有强还原性，常用作抗氧剂和阻聚剂。

3. 重要的醚

重要的醚有乙醚、环氧乙烷、冠醚和四氢呋喃等。

四氢呋喃(tetrahydrofuran)，是无色易挥发液体，有类似乙醚的气味，溶于水、乙醇、乙醚、丙酮、苯等多数有机溶剂。四氢呋喃是最强的极性醚类之一，常用作溶剂。

习 题

1. 排列下列化合物的酸性强弱：

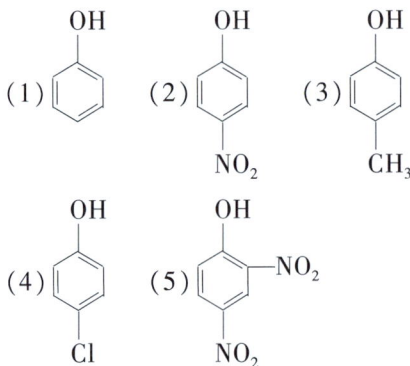

(1) 苯酚 OH

(2) 对硝基苯酚 OH NO$_2$

(3) 对甲基苯酚 OH CH$_3$

(4) 对氯苯酚 OH Cl

(5) 2,4－二硝基苯酚 OH NO$_2$ NO$_2$

2. 写出下列反应的主要产物：

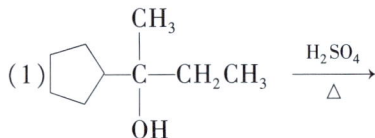

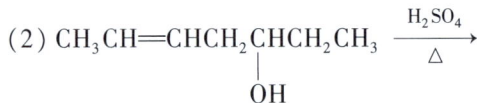

(1) 环戊基—C(CH$_3$)(OH)—CH$_2$CH$_3$ $\xrightarrow[\triangle]{H_2SO_4}$

(2) CH$_3$CH=CHCH$_2$CHCH$_2$CH$_3$ （OH） $\xrightarrow[\triangle]{H_2SO_4}$

(3) 苯基—OCH$_2$CH$_3$ + HI $\longrightarrow$

(4) HO—C$_6$H$_4$—CH$_2$OH + NaOH $\longrightarrow$

(5) C$_6$H$_5$CH$_2$OH $\xrightarrow{HI}$

(6) ClCH$_2$CH$_2$CH$_2$CH$_2$OH $\xrightarrow{NaOH}$

3. 用简便的化学方法鉴别下列各组化合物：
(1) 正丁醇、仲丁醇和叔丁醇
(2) 苯甲醇、苯酚和苯甲醚

4. 如何分离提纯下列各组化合物中的少量杂质？
(1) 溴乙烷中含有少量乙醇
(2) 苯甲醚中含有少量苯酚

5. 由指定原料合成化合物(无机试剂任选)。

(1)由丙烯合成丙基异丙醚

(2)由苯酚和乙醇合成苯基乙基醚

(3)由苯合成4-异丙基苯酚

6. 某化合物A，分子式为 C_7H_8O，不溶于 $NaHCO_3$，但溶于 $NaOH$，与溴水反应可很快地产生化合物B，分子式为 $C_7H_5OBr_3$，试推断A和B的构造式。若A不溶于 $NaOH$，则A应是什么结构?

7. 化合物A分子式为 $C_6H_{10}O$，能与 PCl_3 作用，也能被 $KMnO_4$ 氧化。A在 CCl_4 中可吸收 Br_2，而不放出 HBr；将A催化加氢得到B，B氧化可得C，C分子式为 $C_6H_{10}O$；B与 H_2SO_4 共热，所得产物再经还原即生成D，D分子式为 C_6H_{12}，一种常用溶剂，沸点为80℃。试写出A、B、C和D的可能构造式。

扩展阅读

茶多酚

茶多酚(Green Tea Polyphenols, GTP)又名抗氧灵、维多酚、防哈灵，是茶叶中多羟基酚类化合物的复合物，由30种以上的酚类物质组成，其主体成分是儿茶素及其衍生物。

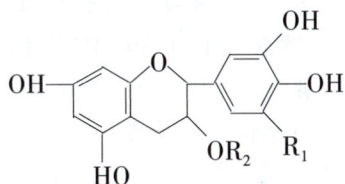

纯净的茶多酚为白色无定形的结晶状物质，提取过程中由于少量茶多酚氧化聚合而呈现淡黄色至褐色，略带茶香，有涩味；易溶于乙醇、甲醇、乙酸乙酯、丙酮等，微溶于油脂，不溶于苯及氯仿等有机溶剂；耐热性较好，具有吸湿性，在pH为2~7稳定，在光照或pH>8的条件下易于氧化聚合。可与铁离子生成绿黑色化合物。茶多酚主要用作抗氧化剂、食品保鲜剂等。

茶多酚用作抗氧化剂由于茶多酚多为含有2个以上的邻位羟基多元酚，具有较强的供氢能力，故是一种理想的抗氧化剂。茶多酚对自然界的近百种细菌均有抑制活性，显示出抗菌的广谱性，是良好的食品保鲜剂。茶多酚具有强还原性，可防止天然色素(如胡萝卜素、叶绿素、红花黄、维生素 B_2 和胭脂红等)受光氧化作用而褪色，对色素的稳定有一定的功效。茶多酚对下列疾病有明显的防治效果：降血压、抗凝血、降血脂肥胖、防治动脉硬化和血栓形成等心血管病、降血糖、防治糖尿病、杀菌抗病毒；防治胃肠道、呼吸道、流感等疾病；防治肝炎、抗衰老和增强免疫机能；健齿、防治牙周炎、防龋齿、消臭解毒等疗效。茶多酚可以作为上述疾病患者的辅助药品和保健药品的原料。

茶多酚的提取工艺主要有：

(1)有机溶剂萃取法

这是使用最广泛的方法之一。其原理是利用茶叶中不同化合物在

不同溶剂中的溶解度差异进行提取分离。该法比较简单，对茶多酚的提取率为 10%～15%。工艺流程：茶叶→沸水浸提→过滤→滤液→氯仿萃取→乙酸乙酯萃取→浓缩干燥→粗 GTP。或者用乙醇、丙醇、甲苯等直接萃取，但效果不是很好，且步骤烦琐。

(2)离子沉淀提取法

该方法主要是利用有些金属离子能够沉淀茶多酚而使其与咖啡碱分离。由于这些沉淀的选择性较高，产品的纯度相对较好，可达85%以上，但在其后的稀酸转溶过程中茶多酚损失较大，而且沉淀剂有的是有一定毒性的金属离子，有的偏碱性易造成茶多酚的氧化。因此在产品的纯度、收率、成本及安全性上仍不是完全令人满意。

(3)吸附分离提取法

将绿茶叶末加热水浸提 3 次，合并提取液。茶叶提取液通过高分子吸附剂进行吸附，然后用 95% 乙醇溶液洗脱，使吸附剂上吸附的GTP 脱附于乙醇中，经减压蒸馏回收乙醇，浓缩液经真空干燥或喷雾干燥得到茶多酚。该法工艺技术简单，能耗低，但需要对 GTP 选择性强的高吸附量的吸附剂。

(4)超临界流体萃取

超临界流体萃取(SFE)是一种的新型分离技术，它是利用温度和压力略超过或靠近临界温度和临界压力介于气体和液体之间的流体作为萃取剂，从固体或液体中萃取某种高沸点和热敏性成分、以达到分离和提纯的目的。由于其介质通常为无毒的二氧化碳，对产品没有毒，特别适合于医药、食品添加剂等产品的提取。与一般的萃取分离技术相比，超临界流体萃取技术具有优良的传递性能，较强的渗透力，良好的选择性，对有机物溶解度大，萃取率高，产品质量好，操作条件温和，特别适用于分离热敏性物质等优点。

(5)超声波浸提法

超声波浸提法利用超声波的机械破碎和空化作用，加速茶多酚等浸提物从茶叶向溶剂的扩散速率，缩短浸提时间，浸提液采用与传统工艺相同处理精制过程取得产品。在超声波辐射作用下，浸提不超过一小时的效果可与传统浸提数小时的效果相比。传统工艺浸提不论是用水或有机溶剂，所有时间都较长，在湿度较高的情况下茶多酚容易发生氧化，品质降低，收率减小；超声波浸提的最大优点就是浸提所需的时间短，因此避免了长时间处于高温下茶多酚的氧化，收率和产品质量都较传统方法高。

(6)微波浸提法

微波浸提法是最近几年刚开始的一种新方法，基本原理是利用在微波场中分子发生高频的运动，扩散速率增大，因此茶多酚等浸提物在微波的辐射作用下可快速浸取出来。利用微波辅助浸提，一般一次只要数分钟即可达到传统浸提数小时的效果。因此大大地减少了茶多酚长时间在高温下的氧化，提高了产品的品质与收率。微波技术应用于茶多酚的提取具有短时、高效、节能等优点。微波结合水浴提取，不仅茶多酚浸出率高，优于乙醇、水提取，而且降低了成本和减少了污染。

第 9 章

醛和酮
(Aldehydes and Ketones)

9.1　醛和酮的结构

醛和酮都含有羰基，羰基由一个 σ 键与一个 π 键组成，其中碳原子与氧原子均为 sp^2 杂化。碳原子的一个 sp^2 杂化轨道与氧原子的一个 sp^2 杂化轨道形成碳氧 σ 键，它与另外两个 σ 键处于同一平面上；碳原子和氧原子中未参与杂化的 p 轨道通过"肩并肩"的方式平行重叠形成 π 键。由于羰基中氧原子的电负性较大，π 电子云不是对称地分布在碳与氧之间，而是强烈地偏向氧原子一端，使氧原子带有部分负电荷，碳原子带部分正电荷。甲醛的结构如图 9-1 所示。

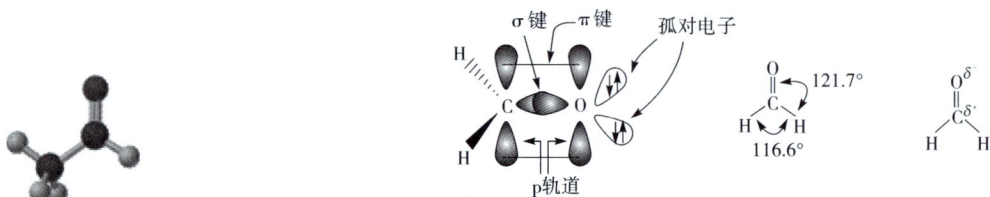

甲醛

乙醛

丙酮

图 9-1　甲醛的结构

9.2　醛和酮的物理性质

醛、酮中的羰基可以与水形成氢键，一元醛、酮中，甲醛、乙醛、丙酮与水互溶，其余醛、酮在水中的溶解度随其相对分子质量的增加而逐渐减少。高级醛、酮不溶于水，所有醛、酮在酸中溶解度较水中的大，它们均易溶于有机溶剂中。

因为醛、酮分子中氧原子上没有氢原子，醛、酮分子间不能形成氢键，但羰基极性较强，分子间引力较大，故醛、酮的沸点虽低于相对分子质量相近的醇，但高于醚和烷烃。例如：

	正丙醇	丙醛	丙酮	甲乙醚	正丁烷
相对分子质量	60	58	58	60	58
沸点/℃	97.4	49	56.2	8	-0.4

一些醛、酮的物理常数见表 9-1。

表 9-1　某些醛、酮的物理常数

化合物名称	英文名称	熔点/℃	沸点/℃	相对密度/$(g \cdot cm^{-3})$
甲醛	methanal	-92	-21	0.8150
乙醛	acetaldehyde	-121	20.8	0.7834
丙醛	propanal	-81	48.8	0.8058
丁醛	butanal	-99	75.7	0.8170
戊醛	pentanal	-91.5	103	0.8095
丙烯醛	propenal	-87	52	0.8410
苯甲醛	benzaldehyde	-26	178.1	1.0415
苯乙醛	phenylacetaldehyde	33-34	195	1.0272
丙酮	acetone	-95.35	56.2	0.7899

续表 9 – 1

化合物名称	英文名称	熔点/℃	沸点/℃	相对密度/(g·cm^{-3})
丁酮	butanone	– 86.35	79.6	0.8054
2 – 戊酮	2 – pentanone	– 77.8	102.4	0.8089
乙烯酮	ethenone	– 151	– 56	
甲基异丁基酮	methylisobutylketone	– 80.4	115.8	0.801
2,4 – 戊二酮	2,4 – pentanedione	– 23.5	140	0.9753
环己酮	cyclohexanone	– 45	155	0.9478
苯乙酮	acetophenone	20.5	202	1.0282
二苯甲酮	benzophenone	49	306	1.0976

9.3　醛和酮的化学性质

由于羰基的极性使得醛、酮很易与一系列亲核试剂发生亲核加成反应。同时受羰基的影响，α – 氢原子表现出一定的酸性。醛、酮的化学反应可概括如下：

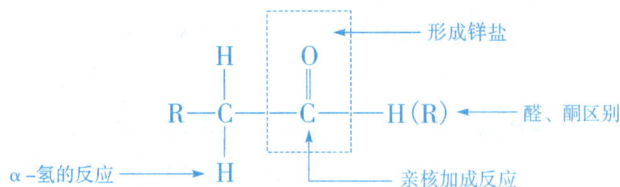

1. 羰基的亲核加成反应及机理

羰基是极性基团。当醛、酮发生加成反应时，第一步首先是亲核试剂 Nu$^-$ 进攻带部分正电荷的羰基碳原子，并与之成键，此时 π 键断开形成氧负离子中间体；第二步是试剂的亲电部分 A$^+$ 与中间体氧负离子结合，形成加成产物。第一步为决速步骤，故该反应称为亲核加成反应。其加成反应机理的通式如下：

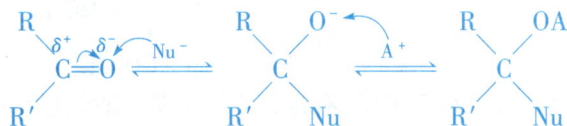

图中 Nu 为亲核部分；R′为 H 或烃基；A 为其他原子，如 H、MgBr 等。

一般说来，带负电荷的氧比带正电荷的碳要稳定，故上述加成反应的第一步是亲核试剂进攻，生成较为稳定的中间体，因此这类反应称为亲核加成。醛、酮的亲核加成虽然是可逆反应，但由于加成产物常会进一步发生变化，例如失水反应，因此使反应趋向完全。

亲核加成反应的难易取决于羰基碳原子的亲电性强弱（即所带部分正电荷多少）、亲核试剂亲核性的强弱以及空间位阻大小等。一般说来，酮的羰基的亲电能力比醛的弱些，这是由于酮的羰基和两个烃基相连，烃基具有给电子作用，从而使羰基碳原子的正电性降低，即降低了它的亲电能力；另一方面，两个体积较大的烃基增加了空间位阻，使亲核试剂难以接近。所以在许多亲核加成反应中，醛一般比酮更为活泼。醛、酮进行亲核加成反应时，由易到难的次序为：

$$\begin{array}{ccc} \underset{H}{\overset{H}{C}}=O > & \underset{H_3C}{\overset{H}{C}}=O > & \underset{C_6H_5}{\overset{H}{C}}=O > \\[2mm] \underset{H_3C}{\overset{H_3C}{C}}=O > & \underset{C_6H_5}{\overset{H_3C}{C}}=O > & \underset{C_6H_5}{\overset{C_6H_5}{C}}=O \end{array}$$

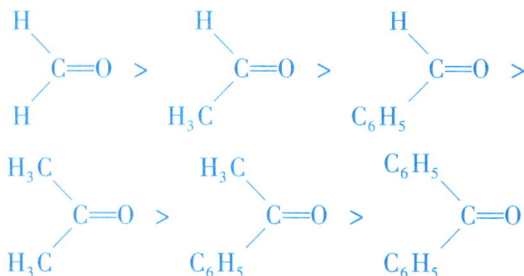

醛、酮与 HCN 的加成反应机理是在多种实验事实基础上提出的。实验表明：丙酮与 HCN 反应 3 ~ 4 小时，只有一半原料起作用，而加几滴 KOH 溶液则反应可在几分钟内完成。在大量酸存在时，丙酮与 HCN 的混合液放置几个星期都不起反应。这是因为碱可增加 CN⁻ 离子浓度，而酸则降低 CN⁻ 离子浓度，可见在 HCN 的加成反应中，CN⁻ 的浓度起着决定反应速率的作用。

（1）**与氢氰酸加成**　醛、脂肪族甲基酮及八个碳原子以下的环酮与氢氰酸进行加成反应，生成 α - 羟基腈（即氰醇）。

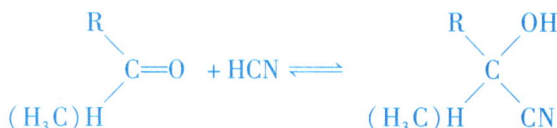

$$\underset{(H_3C)H}{\overset{R}{C}}=O + HCN \rightleftharpoons \underset{(H_3C)H}{\overset{R}{\underset{CN}{C}}OH}$$

芳香族甲基酮则难起反应，因为羰基若与芳环直接相连，可构成 π - π 共轭体系，电子由芳环向羰基转移，从而减少了羰基碳的正电性；此外，体积较大的芳基也会对羰基造成较大的空间位阻。这两方面都不利于亲核试剂的进攻，故使 HCN 的加成难以发生。

实验证明其反应机理是 CN⁻ 作为亲核试剂首先向羰基碳进攻。其反应机理如下：

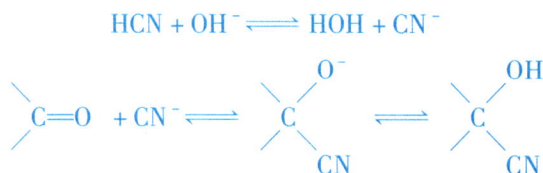

$$HCN + OH^- \rightleftharpoons HOH + CN^-$$

$$C=O + CN^- \rightleftharpoons \underset{CN}{\overset{O^-}{C}} \rightleftharpoons \underset{CN}{\overset{OH}{C}}$$

反应产物氰醇比反应物醛、酮多一个碳原子，故可利用该反应在有机合成中增长碳链。氰醇既可经催化水解生成羟基酸，也可经分子内脱水生成不饱和酸，反应如下：

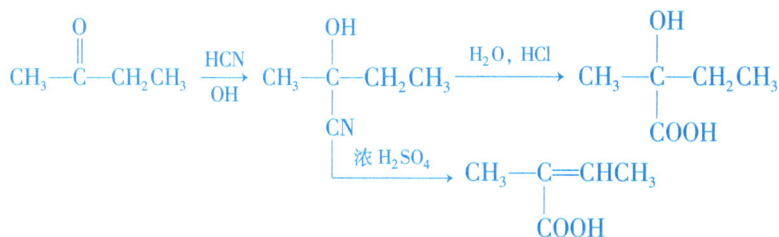

$$CH_3-\overset{O}{C}-CH_2CH_3 \xrightarrow[OH]{HCN} CH_3-\overset{OH}{\underset{CN}{C}}-CH_2CH_3 \xrightarrow{H_2O,\ HCl} CH_3-\overset{OH}{\underset{COOH}{C}}-CH_2CH_3$$

$$\xrightarrow{浓 H_2SO_4} CH_3-\overset{}{\underset{COOH}{C}}=CHCH_3$$

在实际工作中，由于 HCN 有毒，又易挥发，常使用 NaCN，并逐滴加入 H₂SO₄，这样一边产生 HCN，一边进行加成反应。

（2）**与亚硫酸氢钠加成**　醛、脂肪族甲基酮及少于八个碳原子的脂环酮能与饱和亚硫酸氢钠作用，生成不溶于饱和亚硫酸氢钠而溶于水的 α - 羟基磺酸钠。

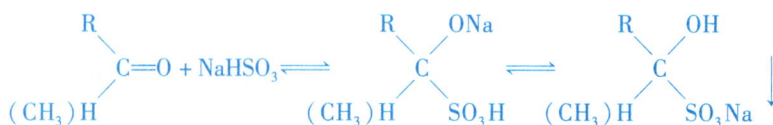

亲核加成反应的活性比较下列醛、酮与 NaHSO₃(1 mol/L)进行加成，反应 1 h 的产率：

CH₃CHO	CH₃COCH₃
89%	56%
CH₃COCH₂CH₃	⬡=O
36%	35%
C₂H₅COC₂H₅	PhCOCH₃
2%	1%

由于最后两个酮的反应产率太低，实际上已列入不与 NaHSO₃ 反应的范畴。

$$\underset{(H_3C)H}{\overset{R}{C}}=O + NaHSO_3 \rightleftharpoons \underset{(H_3C)H}{\overset{R}{\underset{SO_3H}{C}}ONa} \rightleftharpoons \underset{(H_3C)H}{\overset{R}{\underset{SO_3Na}{C}}OH} \downarrow$$

可用过量饱和亚硫酸氢钠溶液使醛或甲基酮从其他化合物中分离出来，然后将所得的加成产物与稀酸（或稀碱）溶液共热，即可分解出原来的醛或脂肪族甲基酮，使之纯化。该反应不仅可用于分离、提纯醛与甲基酮，还可用于定性鉴定化合物是否为醛或脂肪族甲基酮。

醛、酮与醇的反应是一个可逆反应，为提高缩醛(酮)的产率，常采用将反应产生的水从体系中移去的方法，如使用回流分水装置移去反应生成的水。反应一般采用固体酸如对甲苯磺酸，或无水酸如干燥的氯化氢气体作为催化剂。

因 α - 羟基磺酸钠可与氰化钠作用生成 α - 羟基腈，在有机合成

中可用于制备 α - 羟基腈，避免使用挥发性大的氢氰酸。

（3）**与醇的加成**　在干燥氯化氢的催化下，一分子醇与一分子醛作用生成同碳羟基醚类化合物，称为半缩醛。半缩醛不稳定，再与另一分子醇失水生成缩醛。

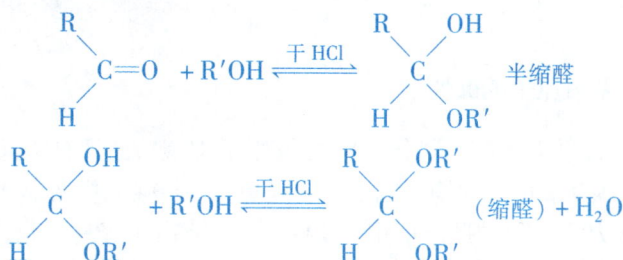

半缩醛（酮）不稳定，难以分离。但羟基醛（如 γ 或 δ - 羟基醛）经分子内羟基对醛基的加成，形成的五元或六元环状半缩醛却比较稳定。碳水化合物的环状结构就属于这类半缩醛（酮）。缩醛稳定得多，其性质与醚近似，对碱、氧化剂、还原剂都很稳定，但遇酸易发生水解，变成原来的醛和醇。在有机合成中常利用生成缩醛或缩酮的反应来保护醛基或酮基。在同样条件下，酮不易形成缩酮。但环状缩酮却较易形成，例如：利用 1,2 - 或 1,3 - 二元醇与酮反应。

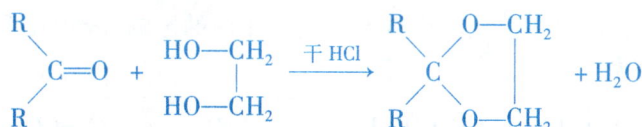

（4）**与格氏试剂加成**　格氏试剂 RMgX 中与金属相连的碳带负电，是一种很强的亲核试剂，可进攻羰基碳，另一部分则与羰基氧相连，所得加成产物在酸性条件下水解即为醇。

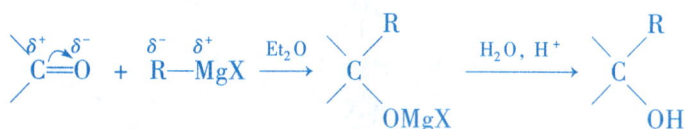

因格氏试剂亲核性很强，几乎与所用的醛、酮都能反应，所得醇的类型取决于羰基化合物的类型，甲醛与格氏试剂反应得伯醇，其余醛得仲醇，酮则得叔醇。

（5）**与氨的衍生物反应**　醛和酮都可与氨的衍生物作用，失去一分子水，碳氧双键变为碳氮双键。

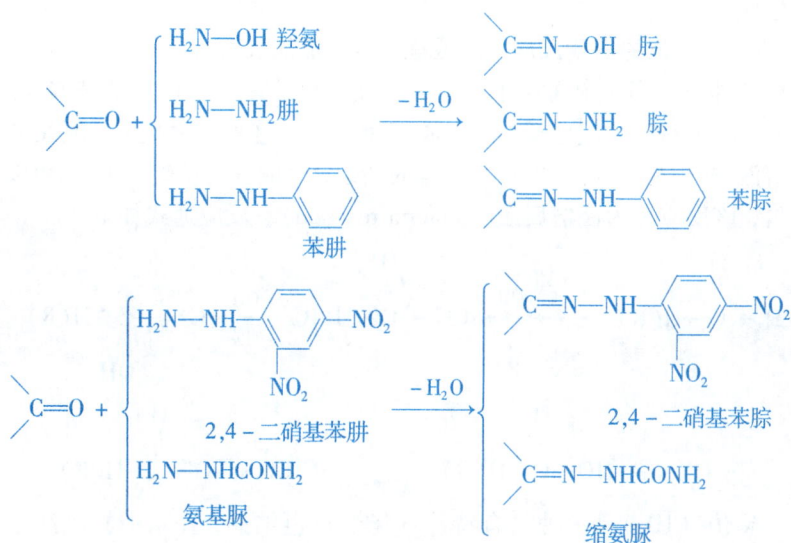

伯胺与胺的衍生物类似，也能与醛、酮发生加成缩合反应，形成 N - 取代亚胺，该反应需在酸催化下进行，但酸度过高会导致伯胺因成盐而失去活性，故一般用醋酸调节控制 pH = 4 ~ 5。例如：

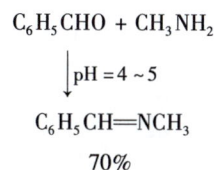

$$C_6H_5CHO + CH_3NH_2$$

$$\downarrow pH = 4 \sim 5$$

$$C_6H_5CH{=}NCH_3$$

$$70\%$$

在环己酮和苯甲醛的混合物中加入少量氨基脲反应，过几秒钟后，产物主要是环己酮缩氨脲，而过几小时后，主要产物是苯甲醛缩氨脲。你能够解释原因吗？

在碱催化下,醛、酮的卤代反应一般不易控制在一卤代或二卤代阶段。因为 OH⁻ 夺取质子而形成烯醇负离子是反应速率的控制步骤,当发生一卤代后,卤原子的吸电子作用使其余的 α-氢原子更为活泼,第二、第三个氢更易被碱夺取,形成碳负离子,共振为烯醇负离子,进而生成多卤代物。因此,只要一个氢被卤代,则第二、第三个氢均被卤代,即反应不能停留在一元取代阶段,一直到这个碳上的氢完全被取代为止。

卤仿的生成即甲基酮在碱性条件下发生 α-卤代反应,重复三次,得三卤甲基酮,再经与碱的加成-消除反应,得羧酸和三卤甲基负离子,最后通过酸碱反应得到卤仿。

反应机理是先进行亲核加成,后消除一分子水。反应产物大多是固体,具有特定的熔点,可用于定性鉴定醛或酮。所以,氨的衍生物常称为羰基试剂。其中 2,4-二硝基苯肼最为常用。又因为这些产物与稀酸共热,均水解成原来的醛和酮,所以可利用该反应分离和提纯醛和酮。

2.羰基氧原子的碱性

羰基氧原子与醇、醚分子中的氧原子类似,也具有未共用电子对,而且羰基氧原子周围的电子云密度更大,与强无机酸形成配位盐结构的能力比醇和醚强,可用于溶剂萃取。醛由于容易氧化,无萃取适用价值,而具有一定碳链长度的酮则常用作溶剂或萃取剂。

3.α-氢的反应

在醛、酮中,直接与官能团羰基相连的碳原子,称为 α-碳,连在其上的氢为 α-氢。由于受羰基吸电子作用的影响,α-氢活泼,有一定的酸性。

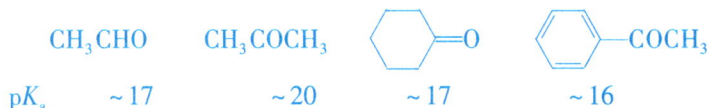

其弱酸性可通过互变异构体烯醇式结构表现出来:

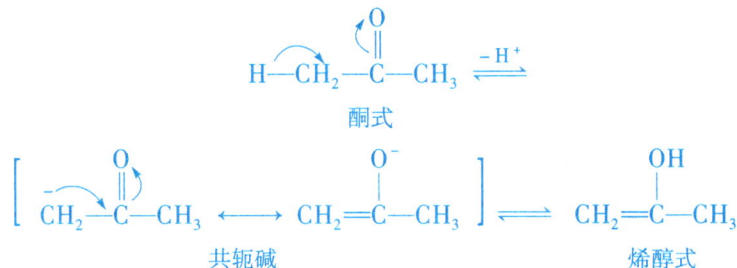

一般情况下,醛和酮的烯醇式结构不稳定,在互变异构中很少,但当化学反应以烯醇式结构进行时,平衡被破坏,将不断朝烯醇式方向生成。

(1)α-氢的卤代反应 醛或酮的 α-氢能被卤素取代,特别是在碱性条件下。当一个卤原子引入 α-碳之后,其余的氢更易被取代。若 α-碳上有三个氢原子,则生成三卤代物。这种三卤代醛、酮在碱性溶液中不稳定,可发生碳-碳键的断裂,生成三卤甲烷(卤仿)和羧酸盐,该反应称为**卤仿反应**(haloform reaction)。反应通式如下:

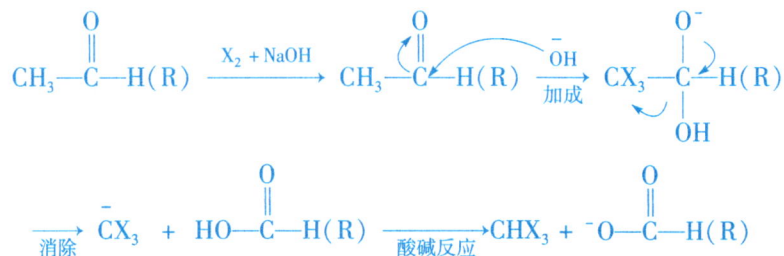

碘仿(CHI_3)是一种具有特殊气味的黄色结晶,在水中易沉淀出

来，故常用碘仿反应来鉴别乙醛和甲基酮(CH_3COR)，以及具有甲基仲醇结构的醇[$CH_3CH(OH)$—]。因为强碱条件下的碘是一种氧化剂，能将后者氧化为甲基酮结构，进而发生碘仿反应。

（2）**羟醛缩合反应** 在稀酸或稀碱(常用 10% NaOH)的催化下，两分子具有 α－氢的醛或酮结合形成一分子 β－羟基醛或 β－羟基酮，此类反应称为羟醛(酮)缩合。例如：

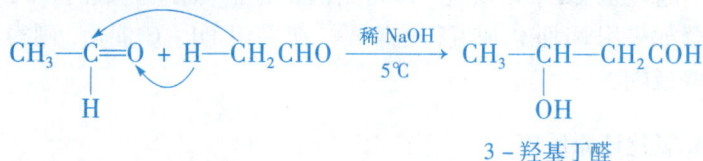

$$CH_3-C=O + H-CH_2CHO \xrightarrow[5℃]{稀 NaOH} CH_3-CH-CH_2COH$$

3－羟基丁醛

羟醛缩合反应是分步进行的，首先一分子醛在碱作用下产生碳负离子，该碳负离子作为亲核试剂对另一分子醛的羰基进行亲核加成，生成的氧负离子中间体再接受一个质子即生成 β－羟基醛。

反应机理如下：

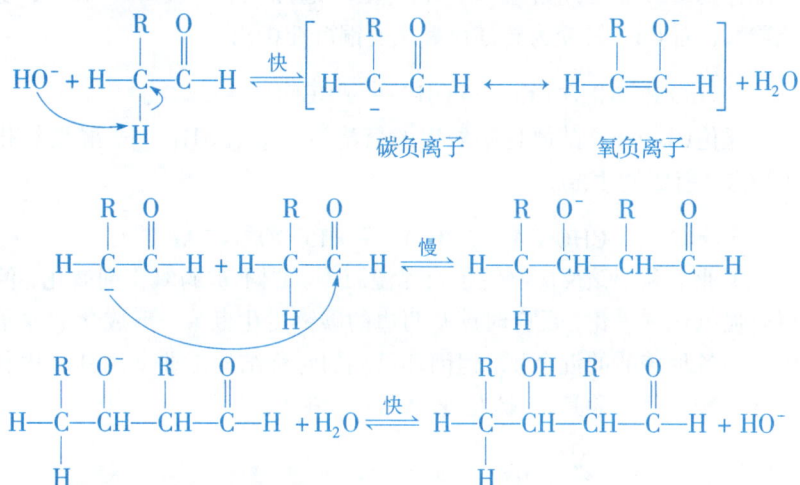

碳负离子　　氧负离子

对于产物羟醛来说，由于醛基和羟基的影响使 α－氢很活泼，故受热易失水生成 α,β－不饱和醛。例如：

$$CH_3-CH-CH_2CHO \xrightarrow{\triangle} CH_3-CH=CHCHO + H_2O$$

2－丁烯醛(巴豆醛)

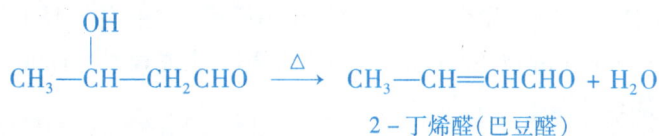

羟醛缩合的反应通式为：

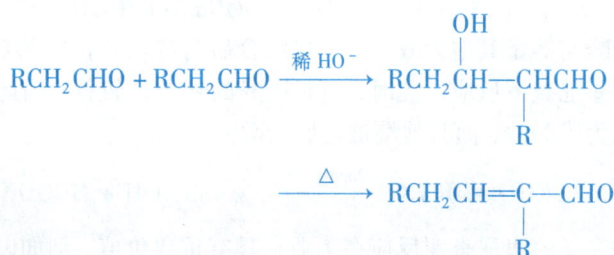

$$RCH_2CHO + RCH_2CHO \xrightarrow{稀 HO^-} RCH_2CH-CHCHO$$
$$\xrightarrow{\triangle} RCH_2CH=C-CHO$$

不同的含有 α－氢的醛分子间的缩合有四种产物，但当其中一种醛分子无 α－氢，另一种醛有 α－氢时，它们之间的缩合就有制备意义。若用一个芳香醛和一个脂肪醛或酮进行交叉缩合反应，反应在氢氧化钠或乙醇钠溶液中进行，将得到产率颇高的 α,β－不饱和醛酮，这一反应称作**克莱森－斯密特**(Claisen－Schmidt)缩合。反应产物中两个较大基团处于反式，因为反式比顺式稳定。例如：

含有 α－氢的酮在相同的条件下也能发生羟酮缩合反应，但酮的羟酮缩合反应比醛难，其反应平衡偏向于反应物，反应不容易进行。如果采用特殊的方法使平衡向右移动，也可得到较高的产率。例如：丙酮在氢氧化钡催化下，在常温下平衡混合物中只含有 5% 左右的缩合产物，若反应在索氏(Soxhlet)提取器中进行，使缩合产物不断地从平衡体系提取出，产率可达到 70% 左右。

查尔酮(chaltone)，其化学名为二苯基丙烯酮，以它为母体的化合物存在于甘草、红花等多种天然植物体中，是植物体内合成黄酮的前体，其本身也有重要的药理作用，如抗蛲虫作用、抗过敏作用。它也是精细化学品合成的重要中间体。查尔酮衍生物也常被用作屏保和液晶显示材料等。某些查尔酮衍生物可以作为新型有机非线性光学材料，具有较大的非线性光学效应和较宽的透光范围，因此有可能在半导体激光器和半导体泵浦的固体激光器得到应用。

$$C_6H_5CHO + CH_3COC_6H_5 \xrightarrow[\text{EtOH}]{10\% \text{ NaOH}} \begin{array}{c} C_6H_5 \\ \diagdown \\ H \end{array} C=C \begin{array}{c} H \\ \diagup \\ COC_6H_5 \end{array}$$

查尔酮（chaltone）

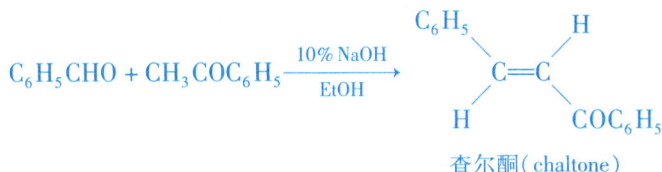

羟醛缩合在有机合成中有重要作用，可由此制得碳链增长的羟基酸、不饱和醛或酮，以及进一步得到饱和的醛或酮。生成的 α，β-不饱和醛如果用 Ni 催化加氢得饱和醇，如果用 Pd-C 催化，则得到饱和的醛或酮。

4. 氧化还原反应

（1）**醛被弱氧化剂氧化**　醛很容易被氧化，而酮则难于被氧化。即使用弱氧化剂也可氧化醛，如由硫酸铜和酒石酸钾钠的碱性溶液混合而成斐林（Fehling）试剂，是一种深蓝色的二价铜的配合物溶液，其中配合的 Cu^{2+} 起氧化剂作用。它与醛一起加热，醛被 Cu^{2+} 氧化，变成羧酸，而 Cu^{2+} 转变为砖红色氧化亚铜沉淀析出。

$$R-CHO + Cu^{2+} + OH^- \xrightarrow{\triangle} RCOO^- + Cu_2O \downarrow$$

托伦（Tollens）试剂是硝酸银的氨溶液 $[Ag^+(NH_3)_2]$，醛被氧化为羧酸，有银镜生成。

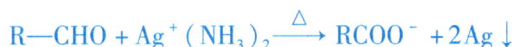

$$R-CHO + Ag^+(NH_3)_2 \xrightarrow{\triangle} RCOO^- + 2Ag \downarrow$$

工业上利用该反应制镜子及保温瓶等。酮不被弱氧化剂氧化，但可被强氧化剂氧化，反应时羰基两边的碳链发生断裂，形成含碳原子较少的各种羧酸的混合物，但因环己酮的对称结构工业上用其氧化制备己二酸。己二酸是合成"尼龙66"的原料。

$$\text{(环己酮)} \xrightarrow[V_2O_5]{HNO_3} HOOCCH_2CH_2CH_2CH_2COOH$$

（2）**康尼查罗（Cannizzaro）反应**　没有 α-氢的醛在浓的强碱（如 40% NaOH）作用下，发生分子间的氧化还原反应，一分子醛被氧化成羧酸，另一分子醛被还原成醇，这一反应称为康尼查罗（Cannizzaro）反应。例如：

$$2\ H-\overset{O}{\overset{\|}{C}}-H \xrightarrow{NaOH} H-\overset{O}{\overset{\|}{C}}-ONa + CH_3OH$$

当甲醛与等量其他无 α-氢的醛混合后与浓氢氧化钠共热，则发生交叉的康尼查罗反应。此时，由于甲醛的还原性较强，因此甲醛总是被氧化为甲酸盐，而其他醛被还原为醇。

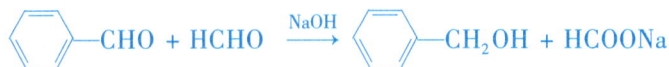

$$\text{◯}-CHO + HCHO \xrightarrow{NaOH} \text{◯}-CH_2OH + HCOONa$$

这种交叉的康尼查罗反应在工业上具有重要价值，例如以乙醛和过量甲醛为原料，先发生羟醛缩合反应，再发生交叉康尼查罗反应，可制备季戊四醇 $C(CH_2OH)_4$。季戊四醇可用于制备飞机用的高级涂料、聚季戊四醇树脂及炸药等。

（3）**还原反应**　醛、酮可被还原，产物取决于还原条件，可以得到醇，也可得到烃。醛、酮的催化加氢得到醇，常用金属催化剂为 Pt、Ni、Pd 等。醛被还原为一级醇，酮被还原为二级醇。如：

康尼查罗反应机理及同位素标记法在反应机理研究中的应用

康尼查罗反应机理如下所示：

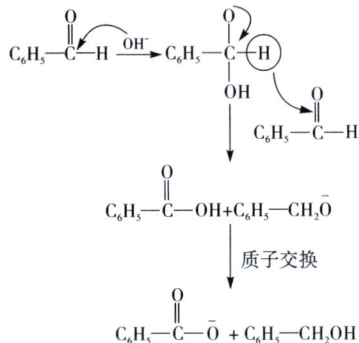

$$C_6H_5-\overset{O}{\overset{\|}{C}}-H \xrightarrow{OH^-} C_6H_5-\overset{\overset{O^-}{|}}{\underset{OH}{C}}-\textcircled{H}$$

$$\downarrow$$

$$C_6H_5-\overset{O}{\overset{\|}{C}}-OH + C_6H_5-CH_2\overset{-}{O}$$

$$\downarrow \text{质子交换}$$

$$C_6H_5-\overset{O}{\overset{\|}{C}}-\overset{-}{O} + C_6H_5-CH_2OH$$

反应机理中包括两步亲核加成反应和一步酸碱反应。在甲醛与其他无 α-氢的醛发生交叉歧化时，因甲醛的空间位阻较小，HO⁻ 优先与其进行亲核加成，故甲醛总是被氧化。

有人认为，"在康尼查罗反应中，一个醛分子接受的氢负离子是从溶液中来的。"以上说法是否正确？如何用实验来证明？

可以采取同位素标记的方法来设计实验证明。采用同位素 D 标记的苯甲醛氢，考察得到的还原产物苯甲醇中是否有两个 D。实验证明了产物中有两个 D 原子，也就说明了一个醛分子接受的氢负离子应是来自另一分子醛中的氢。同位素标记法是有机化学反应机理研究的一种非常有用的方法，利用同位素标记可以发现许多通常条件下很难观察到的现象。同位素标记法也已广泛应用于医学、生命科学、农业科学和环境科学等领域。

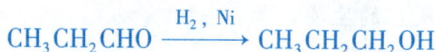

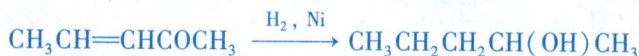

催化氢化时，碳碳双键也一并加氢。若在含有碳碳双键的不饱和醛、酮中，欲保留碳碳双键，只还原羰基时，常用金属氢化物为还原剂，如硼氢化钠（$NaBH_4$）和氢化铝锂（$LiAlH_4$）。例如：

两种金属氢化物中，$LiAlH_4$ 的还原能力较强，但 $NaBH_4$ 既溶于水，也溶于醇，使用方便。

此外，在强还原条件下，醛、酮也可直接还原为烃，有两种方法。

其一是克莱门森（Clemmensen）还原法。利用锌汞齐与浓盐酸为还原剂，与醛、酮一起回流，羰基被还原成亚甲基。该方法只适用于对酸稳定的化合物。例如：

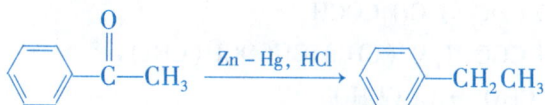

其二是乌尔夫－凯惜纳－黄鸣龙（Wolff-Kishner-Huang Minlong）还原法。以缩乙二醇为溶剂，利用肼、浓碱为还原剂，常压加热，羰基被还原为亚甲基。

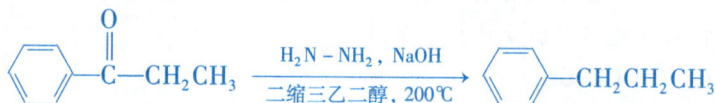

我国有机化学家黄鸣龙对原有方法做了改进，其优点是可在较低温度下反应，收率高，并且用于对酸敏感的化合物，因此该反应在原有名称基础上称为乌尔夫－凯惜纳－黄鸣龙法。目前，此反应又得到进一步改进，用二甲亚砜做溶剂，反应温度降至 100℃，更有利于工业化生产。

9.4　重要的醛和酮

重要的醛、酮有甲醛、乙醛、苯甲醛、丙酮、乙酰丙酮、甲基异丁基酮、2-丁烯酮和环己酮等。甲基异丁基酮（MIBK）的构造式为 $CH_3COCH_2CH(CH_3)_2$，其最重要的用途是做高级溶剂。在有色金属冶金中，MIBK 可以从金属矿中提取稀有金属，从核裂变中回收金属铀，从铀中萃取钚，从 $HF-H_2SO_4$ 液萃取钽和铌。

黄鸣龙

黄鸣龙（1898—1979），有机化学家，江苏扬州人。为我国有机化学的发展和甾体药物工业的建立以及科技人才的培养做出了突出贡献。1945年，黄鸣龙应美国著名的甾体化学家 L. F. Fieser 教授的邀请去哈佛大学化学系做研究工作。一次在做 Kishner-Wokff 还原反应时，出现了意外情况，但黄鸣龙并未弃之不顾，而是继续做下去，结果得到出乎意外的好产率。于是，他仔细分析原因，又通过一系列反应条件试验，终于对羰基还原为亚甲基的方法进行了创造性的改进。现此法简称黄鸣龙还原法，在国际上已广泛采用，并被写入各国有机化学教科书中。此方法的发现虽有其偶然性，但与黄鸣龙一贯严格的科学态度和严谨的治学精神是分不开的。

习题

1. 写出苯甲醛与下列试剂反应的主要产物：

（1）氢氰酸（微量 OH^-）

（2）苯肼

（3）氨基脲

（4）$Ag(NH_3)_2OH$

（5）40% NaOH

（6）乙二醇（干 HCl）

（7）乙基溴化镁，然后酸化

（8）$LiAlH_4$，然后水解

2. 写出下列反应的主要产物:

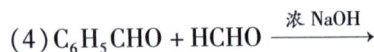

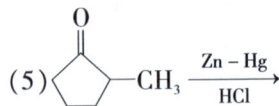

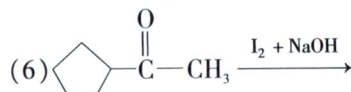

$(1) CH_3CHO \xrightarrow{NaHSO_3}$

$(2) CH_3CH_2CH_2CHO \xrightarrow{稀\ NaOH}$

$(3) CH_2{=}CHCH_2CHO \xrightarrow{NaBH_4}$

$(4) C_6H_5CHO + HCHO \xrightarrow{浓\ NaOH}$

(5) $\xrightarrow[HCl]{Zn-Hg}$

(6) $\xrightarrow{I_2+NaOH}$

3. 下列各组化合物中,哪个更易发生亲核加成反应。

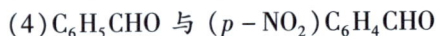

$(1) C_2H_5CHO$ 与 CH_3COCH_3

$(2) C_2H_5COC_2H_5$ 与 $(CH_3)_2CHCOCH(CH_3)_2$

$(3) CH_3CHO$ 与 Cl_3CCHO

$(4) C_6H_5CHO$ 与 $(p-NO_2)C_6H_4CHO$

4. 下列化合物哪些能发生碘仿反应?哪些能顺利地与 $NaHSO_3$ 发生加成?哪些能发生自身羟醛(酮)缩合反应?哪些能发生康尼查罗反应?哪些能与苯肼反应生成苯腙?

$(1) CH_3CH_2CHO$

$(2) CH_3CH(OH)CH_2CH_3$

$(3) CH_3COCH_2CH_3$

$(4) C_6H_5CHO$

(5) 环己酮

(6) 2-苯基乙醇

5. 用化学方法区别下列各组化合物:

(1) 丙醛与丙酮

(2) 乙醇与乙醛

(3) 2-戊酮与-3-戊酮

(4) 环己酮与环己醇

(5) 丙醇、丙醛与丙酮

(6) 苯甲醇、苯乙酮与苯酚

6. 由指定原料合成化合物(无机试剂任选)。

(1) 乙醛合成正丁醇

(2) 乙醇合成2-丁醇

(3) 丙酮、正溴丁烷合成2-甲基-2-己醇

7. 某化合物 A 分子式为 $C_5H_{12}O$,氧化后得 B,其分子式为 $C_5H_{10}O$。B 能与亚硫酸氢钠作用,而 A 可用浓 H_2SO_4 脱水得烯烃 C,C 的氧化产物之一是丙酮。试推测 A、B 和 C 的构造式。

8. 某化合物 A 的分子式为 $C_8H_{14}O$,A 可以使溴水很快褪色,可以和苯肼发生反应生成黄色沉淀。A 氧化后得一分子丙酮及另一化合物 B,B 具有酸性,与次碘酸钠反应生成碘仿和另一化合物 $(NaOOCCH_2CH_2COONa)$,试推测 A 和 B 的构造式。

第 10 章

羧酸及其衍生物

(Carboxylic Acids and Their Derivatives)

10.1　羧酸

羧酸(carboxylic acid)是一类含有羧基(—COOH)官能团的化合物，按照羧基的个数，含一个羧基称为一元酸，含两个羧基称为二元酸，含三个羧基及以上一般为多元酸；除甲酸外，羧酸也可以看作是烃的羧基衍生物，按羧基直接相连的烃基碳架结构可分为脂肪族羧酸、脂环族羧酸、芳香族羧酸和杂环族羧酸。羧基中的羟基被其他原子或基团取代的产物称为羧酸衍生物(derivatives of carboxylic acid)，如酰卤、酸酐、酯、酰胺等。羧酸烃基上的氢原子被其他原子或原子团取代后生成的化合物叫作取代羧酸(substituted carboxylic acid)，如卤代酸、羟基酸、氨基酸和羰基酸等。

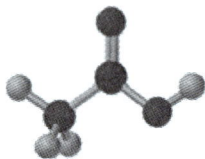

乙酸

10.1.1　羧酸的结构

羧基中的羰基碳以 sp^2 轨道杂化，3 个 sp^2 杂化轨道其中一个与羟基成键，另一个与氧成键，还有一个与烃基或氢成键，三个键之间的夹角约为 120°。其中未参加杂化的 p 轨道与一个氧原子的 p 轨道形成 C=O 中的 π 键。羧基中羟基氧原子上的未共用电子对与羧基中的 C=O 形成 p - π 共轭体系，使羧基中碳原子和两个氧原子的电子云密度发生一定程度的平均化，如图 10 - 1 所示。

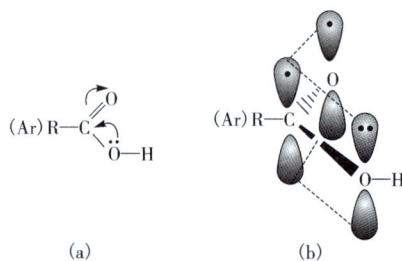

图 10 - 1　羧酸的结构

10.1.2　羧酸的物理性质

常温下，甲酸、乙酸、丙酸等低级脂肪酸是具有刺激性气味的液体，含 4 ~ 9 个碳原子以下的饱和一元羧酸为具有刺激性臭味的液体，含 10 个碳原子及以上的直链羧酸为固体。脂肪族二元羧酸和芳香族羧酸都是结晶固体。羧酸的沸点比相对分子质量相同或相近的烷烃、卤代烃、醇、醛、酮的沸点高，这是由于羧基是强极性基团，羧酸分子间的氢键比醇羟基间的氢键作用力更强，且一对羧酸分子之间可以形成两对氢键，这种由两个氢键相互结合起来的双分子缔合体具有较高的稳定性，可表示如下：

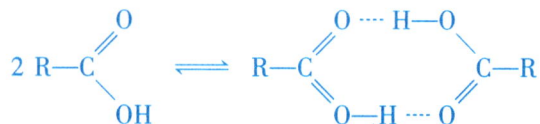

饱和一元直链羧酸的熔点随着碳原子数的增加而呈锯齿状上升，即含偶数碳原子的羧酸比它前后相邻的含奇数碳原子的两个同系物的熔点要高，因为前者具有较高的对称性，可使羧酸的晶格更紧密地排

列，熔点较高。

羧酸中羧基是极性较强的亲水基团，其与水分子间的氢键比醇与水分子间的氢键作用力强，所以羧酸在水中的溶解度比相应的醇大。在饱和一元羧酸中，甲酸至丁酸都可与水混溶。从戊酸开始，随着其相对分子质量的增加，水溶性迅速降低。癸酸以上的羧酸不溶于水。羧酸大多能溶于乙醇、乙醚、氯仿等有机溶剂中。一些常见羧酸的物理常数如表 10 - 1 所示。

表 10 - 1　一些羧酸的物理常数

名称	英文名称	沸点/℃	熔点/℃	密度/(g·cm^{-3})	pK_a
甲酸(蚁酸)	formic acid	100.5	8.4	1.220	3.77
乙酸(醋酸)	acetic acid	117.9	16.6	1.049	4.76
丙酸	propanoic acid	141	−20.8	0.992	4.88
正丁酸(酪酸)	butanoic acid	163.5	−4.26	0.959	4.82
异丁酸	isobutanoic acid	153.2	−46.1	0.949	4.85
正戊酸(缬草酸)	pentanoic acid	186	−59	0.939	4.81
异戊酸	isopentanoic acid	174	−51	0.933	—
正己酸(羊油酸)	hexanoic acid	205	−1.5	0.922	—
正辛酸(羊脂酸)	octanoic acid	239	16.5	0.919	4.85
2 - 乙基己酸	2 - ethyl hexanoic acid	227	−83	0.908	—
正癸酸(羊脂酸)	capric acid	270	31.5	0.885	—
十二酸(月桂酸)	dodecanoic acid	225	44.3	0.809	—
十四酸(豆蔻酸)	tetradecanoic acid	250.5	58	0.853	—

10.1.3　羧酸的化学性质

羧酸的官能团是由羰基和羟基复合而成，它们形成 p - π 共轭体系，相互影响，使羧酸分子具有独特的化学性质，而不是这两个基团性质的简单加合。

根据羧酸分子结构的特点，羧酸的反应可在分子的四个部位发生：①反应涉及 O—H 键，主要是酸的解离；②反应发生在羰基上，如羰基上亲核取代及羰基被还原反应；③脱羧反应，C—C 键断裂失去 CO_2；④α - 氢的取代反应。

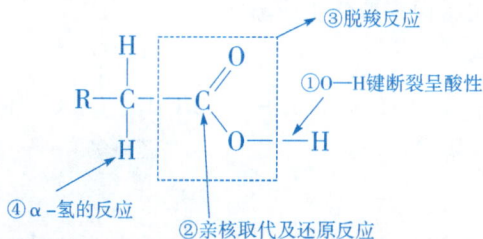

1. 酸性和成盐

由于羰基和羟基的 p - π 共轭效应，使 O—H 键的电子云密度降低，故羧基中羟基上的氢易于离解，表现出明显的酸性，且羧酸根负离子的负电荷平均分配在两个氧原子上，使这个负离子较稳定。

X - 射线衍射实验证明了甲酸根负离子的结构：甲酸根负离子的两个碳氧键均为 0.127 nm，而正常 C=O 键长为 0.123 nm，C—O 键长为 0.143 nm。

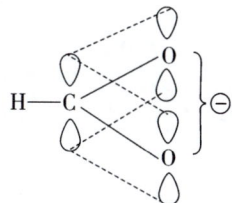

思考：羧酸的酸性与成盐反应有何实际意义？

现有一含苯甲酸、苯酚和苯甲醇三组分的混合物，试根据化合物的酸碱性和物理性质，设计分离提纯的实验方案。

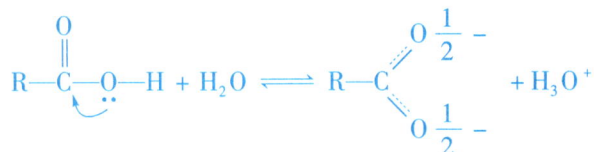

$$R-\overset{\overset{O}{\|}}{C}-\overset{..}{\underset{..}{O}}-H + H_2O \rightleftharpoons R-\overset{O\frac{1}{2}-}{\underset{O\frac{1}{2}-}{C}} + H_3O^+$$

羧酸一般都是弱酸,其 pK_a 值为 $4\sim5$,例如乙酸 pK_a 为 4.75,但羧酸的酸性比碳酸的酸性($pK_a=6.36$)要强,也比苯酚($pK_a=9.95$)强。羧酸能与碱作用生成盐,加入强无机酸又可使羧酸析出。

$$RCOOH + NaOH \longrightarrow RCOONa + H_2O$$
$$RCOOH + NaHCO_3 \longrightarrow RCOONa + CO_2\uparrow + H_2O$$
$$RCOONa + HCl \longrightarrow RCOOH + NaCl$$

在科研和生产中常利用羧酸的酸性和成盐来鉴别或分离提纯羧酸。如用溶解试验可区别不溶于水的羧酸、醇和酚。某些不溶于水的羧酸既溶于 NaOH 溶液,也溶于 NaHCO_3 溶液;而酚只能溶于 NaOH 溶液。不溶于水的醇在 NaOH 溶液和 NaHCO_3 溶液中都不溶解。

碱金属、碱土金属、重金属及稀土金属离子都可以和羧酸进行阳离子交换反应,生成羧酸盐:

$$nRCOOH + Me^{n+} \longrightarrow (RCOO)_nMe + nH^+$$

除碱金属羧酸盐以外的大多数金属羧酸盐都难溶于水。难溶于水的羧酸盐能较好地溶于某些有机溶剂中。利用羧酸的这一性能,中长碳链羧酸被用来萃取分离某些金属。如脂肪酸钠皂和铜离子的交换反应。

$$2\ RCOONa + Cu^{2+} \longrightarrow (RCOO)_2Cu + 2Na^+$$

(有机相)　(水相)　　(有机相)　(水相)

这是一种阳离子交换反应,因此羧酸萃取剂也被称为"液体阳离子交换剂"。因它具有酸性,又称酸性萃取剂。

2. 羧酸衍生物的生成

羧基中的羟基可以被卤原子、羧酸根、烃氧基及氨基取代,分别生成酰卤、酸酐、酯及酰胺。

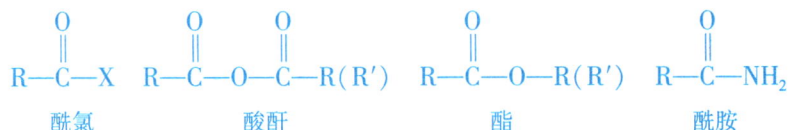

$$\underset{酰氯}{R-\overset{\overset{O}{\|}}{C}-X} \quad \underset{酸酐}{R-\overset{\overset{O}{\|}}{C}-O-\overset{\overset{O}{\|}}{C}-R(R')} \quad \underset{酯}{R-\overset{\overset{O}{\|}}{C}-O-R(R')} \quad \underset{酰胺}{R-\overset{\overset{O}{\|}}{C}-NH_2}$$

(1)**酰氯的生成**　羧酸与三氯化磷、五氯化磷或亚硫酰氯等反应,羧基中的羟基可被卤素取代生成酰氯。

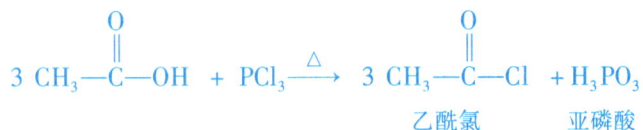

$$3\ CH_3-\overset{\overset{O}{\|}}{C}-OH + PCl_3 \xrightarrow{\triangle} 3\ CH_3-\overset{\overset{O}{\|}}{C}-Cl + H_3PO_3$$

乙酰氯　　　亚磷酸

$$R-\overset{\overset{O}{\|}}{C}-OH + SOCl_2 \longrightarrow R-\overset{\overset{O}{\|}}{C}-Cl + SO_2\uparrow + HCl\uparrow$$

前者适用于制备低沸点酰氯,因亚磷酸沸点较高,后者适用于制备高沸点酰氯,因为其副产物均是气体,产生后立即逸出,故产品较纯。

(2)**酸酐的生成**　除甲酸在脱水时生成一氧化碳外,其他一元羧酸在脱水剂五氧化二磷或乙酸酐的作用下,发生两分子间的失水反

应，生成酸酐：

$$R-\overset{O}{\overset{\|}{C}}-[OH + H]-O-\overset{O}{\overset{\|}{C}}-R \xrightarrow[\triangle]{P_2O_5} R-\overset{O}{\overset{\|}{C}}-O-\overset{O}{\overset{\|}{C}}-R + H_2O$$

$$2 \;\text{苯甲酸} \xrightarrow{(CH_3CO)_2O} \text{苯甲酸酐}$$

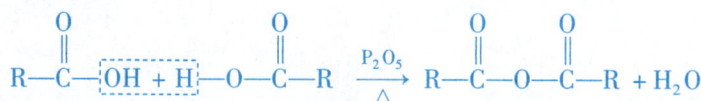

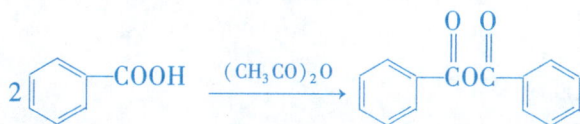

此法仅适合制备单酐。用无水羧酸盐与酰卤共热制备混酐的通式为：

$$RCOONa + R'COX \longrightarrow RCOOOCR' + NaX$$

某些二元酸，如丁二酸、戊二酸和邻苯二甲酸等只需加热脱水便可生成五元环或六元环的酸酐。

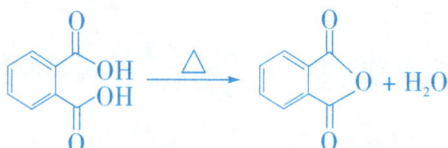

$$\text{邻苯二甲酸} \xrightarrow{\triangle} \text{邻苯二甲酸酐} + H_2O$$

（3）酯的生成　羧酸与醇在酸的催化作用下生成酯的反应，称为酯化反应。

$$CH_3\overset{O}{\overset{\|}{C}}-OH + H-OC_2H_5 \underset{\text{加热回流}}{\overset{H^+}{\rightleftharpoons}} CH_3-\overset{O}{\overset{\|}{C}}-OC_2H_5 + H_2O$$

酯化反应速率很小，常需加入一定量无机酸（如浓硫酸或干燥的氯化氢）或某些固体酸进行催化，以加速达到平衡。因为酯化为可逆反应，不能进行到底，为提高酯的产率，常采取过量的反应物酸或醇，或者不断将反应混合物中所生成的水除去的方法。

羧酸与醇的酯化反应，醇提供氢还是提供羟基生成水？不同类型的醇生成酯的机制不同。伯醇和绝大多数仲醇酯化时，羧酸脱羟基，醇脱氢。如用含有^{18}O的醇进行酯化，形成含有^{18}O的酯。

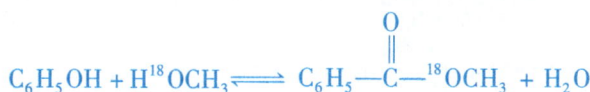

$$C_6H_5OH + H^{18}OCH_3 \rightleftharpoons C_6H_5-\overset{O}{\overset{\|}{C}}-{}^{18}OCH_3 + H_2O$$

不同结构羧酸与甲醇酯化反应的速率如下：

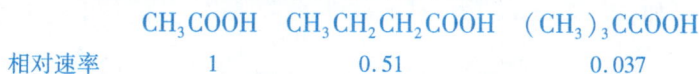

	CH_3COOH	$CH_3CH_2CH_2COOH$	$(CH_3)_3CCOOH$
相对速率	1	0.51	0.037

强酸性阳离子交换树脂也可作为催化剂，具有反应条件温和、操作简便和产率较高等优点。例如：

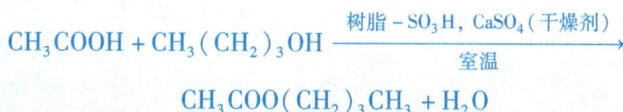

$$CH_3COOH + CH_3(CH_2)_3OH \xrightarrow[\text{室温}]{\text{树脂}-SO_3H,\ CaSO_4(\text{干燥剂})}$$

$$CH_3COO(CH_2)_3CH_3 + H_2O$$

也可用羧酸盐与卤代烃反应制备酯。例如：

$$CH_3COO^- + \text{苯}-CH_2Cl \longrightarrow \text{苯}-CH_2OOCCH_3 + Cl^-$$

（4）酰胺的生成　羧酸与氨或胺作用，首先生成铵盐，然后加热脱水生成酰胺：

$$RCOOH + NH_3 \longrightarrow RCOO^-NH_4^+ \xrightarrow{\triangle} RCONH_2$$

二元羧酸与氨共热脱水，可生成酰亚胺。例如：

酯化反应一般按如下反应机理进行：

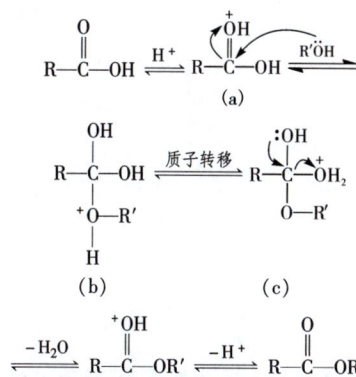

$$R-\overset{O}{\overset{\|}{C}}-OH \overset{H^+}{\rightleftharpoons} R-\overset{\overset{+}{O}H}{\overset{\|}{C}}-OH \xleftarrow{R'\ddot{O}H}$$
$$\text{(a)}$$

$$R-\overset{OH}{\underset{\overset{+}{O}-R'}{\underset{|}{\overset{|}{C}}}}-OH \overset{\text{质子转移}}{\rightleftharpoons} R-\overset{OH}{\underset{O-R'}{\underset{|}{\overset{|}{C}}}}-\overset{..}{O}H_2$$
$$\qquad\qquad H$$
$$\text{(b)}\qquad\qquad\text{(c)}$$

$$\overset{-H_2O}{\rightleftharpoons} R-\overset{\overset{+}{O}H}{\overset{\|}{C}}-OR' \overset{-H^+}{\rightleftharpoons} R-\overset{O}{\overset{\|}{C}}-OR'$$

H^+首先和羧基中的羰基氧结合，增加羰基碳的正电性；醇向正电性的羰基碳进攻，发生亲核加成，生成四面体的正离子中间体（b）；通过质子转移形成中间体（c），并很快失去一分子H_2O和H^+而生成酯。反应经历了亲核加成－消除过程。反应结果是羧酸发生酰氧键断裂，羧酸的羟基被烃氧基取代，属于酰基上的亲核取代反应。

叔醇酯化反应机理：

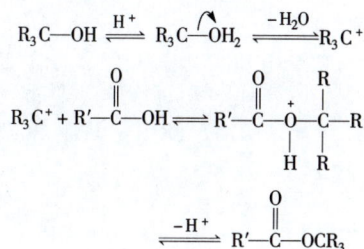

$$R_3C-OH \overset{H^+}{\rightleftharpoons} R_3C-\overset{+}{O}H_2 \overset{-H_2O}{\rightleftharpoons} R_3C^+$$

$$R_3C^+ + R'-\overset{O}{\overset{\|}{C}}-OH \rightleftharpoons R'-\overset{\overset{+}{O}-C-R}{\underset{H\ \ R}{\overset{\|}{C}}-O}$$

$$\overset{-H^+}{\rightleftharpoons} R'-\overset{O}{\overset{\|}{C}}-OCR_3$$

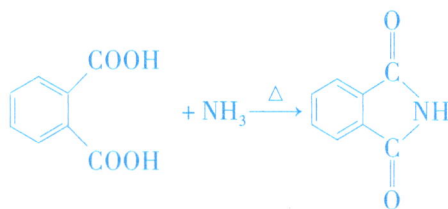

$$\text{邻苯二甲酸} + NH_3 \xrightarrow{\triangle} \text{邻苯二甲酰亚胺}$$

3. 还原反应

羧基是十分稳定的官能团，在一般情况下，普通的氧化剂、还原剂都难与它发生反应。羧基中的羰基由于 $p-\pi$ 共轭效应的结果，失去了典型羰基的特性，所以羧基很难用催化氢化或一般的还原剂还原，只有特殊的还原剂氢化铝锂($LiAlH_4$)能将其还原成伯醇。用氢化铝锂直接还原羧酸，不但产率高，而且具有选择性，只还原羧基，不还原碳碳双键或三键。例如：

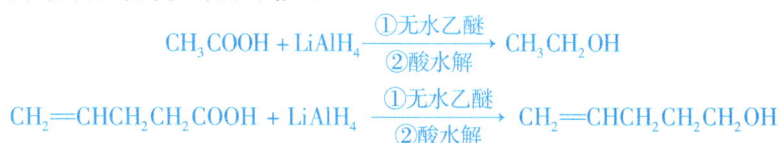

$$CH_3COOH + LiAlH_4 \xrightarrow[\text{②酸水解}]{\text{①无水乙醚}} CH_3CH_2OH$$

$$CH_2{=}CHCH_2CH_2COOH + LiAlH_4 \xrightarrow[\text{②酸水解}]{\text{①无水乙醚}} CH_2{=}CHCH_2CH_2OH$$

4. 脱羧反应

羧酸失去羧基放出二氧化碳的反应称为脱羧反应。如羧酸与无水碱金属盐及碱石灰($NaOH-CaO$)共热，生成比原羧酸少一个碳原子的烃：

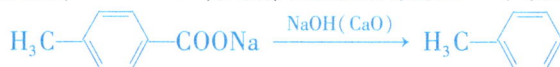

$$H_3C{-}\text{C}_6H_4{-}COONa \xrightarrow{NaOH(CaO)} H_3C{-}\text{C}_6H_5$$

羧酸的 $\alpha-$ 碳上连有强吸电子基时，则脱羧反应更易进行。如：

$$Cl_3CCOOH \xrightarrow[\triangle]{50℃} CHCl_3 + CO_2$$

由于羧基是较强的吸电子基，所以二元羧酸如草酸和丙二酸受热后较易脱羧，生成少一个碳的羧酸。

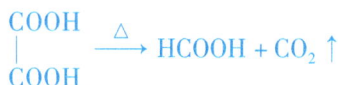

$$\begin{matrix} COOH \\ | \\ COOH \end{matrix} \xrightarrow{\triangle} HCOOH + CO_2\uparrow$$

$$HOOC{-}CH_2{-}COOH \xrightarrow{\triangle} CH_3COOH + CO_2\uparrow$$

丁二酸和戊二酸加热时不脱羧，而是分子内失水，生成稳定的环状酸酐。如：

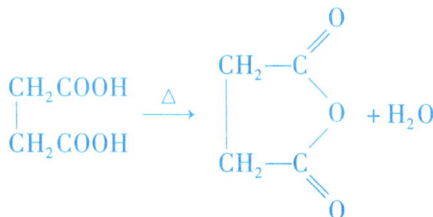

$$\begin{matrix} CH_2COOH \\ | \\ CH_2COOH \end{matrix} \xrightarrow{\triangle} \text{丁二酸酐} + H_2O$$

已二酸和庚二酸在氢氧化钡存在下加热发生脱羧的同时，还脱去一分子水，分别生成环戊酮和环己酮。这是工业上合成环戊酮和环己酮的重要方法之一。

5. $\alpha-$ 氢的卤代反应

羧基类似于羰基，是较强的吸电子基团，它可通过诱导效应和 $\sigma-\pi$ 超共轭效应使 $\alpha-$ 氢变得活泼。但羧基的致活作用比羰基小得多，所以羧酸 $\alpha-$ 氢被卤素取代的反应比醛、酮困难，如乙酸虽有三

各种二元酸受热后，由于两个羧基的位置不同，而发生不同的作用，有的脱水，有的脱酸，有的同时脱水脱羧。根据以上反应可知，在有机反应中有成环可能时，一般形成五元或六元环，这称为布朗(Blanc G)规则，这是布朗研究各种二元酸和乙酸酐加热反应后得到的结论。

个 α－氢但不能发生碘仿反应。羧酸要在少量红磷的催化下，才能进行 α－氢的卤代（氯代或溴代）反应。

$$CH_3CH_2COOH \xrightarrow{Br_2,P} CH_2CHBrCOOH \xrightarrow{Br_2,P} CH_3CBr_2COOH$$

这些卤代酸类似简单卤代烃可发生亲核取代和消除反应。

10.2　取代酸

羧酸分子中烃基上的氢原子被其他原子或基团取代的产物叫作取代酸，在化学性质上不仅具有所含各单官能团化合物的一般性质，而且还具有分子中不同官能团之间相互影响的某些特殊性质。常见的取代酸有卤代酸、羟基酸、氨基酸和羰基酸。

例如：

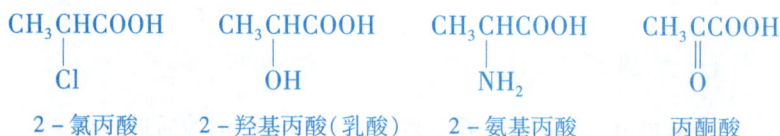

$$\underset{\underset{Cl}{|}}{CH_3CHCOOH} \qquad \underset{\underset{OH}{|}}{CH_3CHCOOH} \qquad \underset{\underset{NH_2}{|}}{CH_3CHCOOH} \qquad \underset{\underset{O}{\parallel}}{CH_3CCOOH}$$

　2－氯丙酸　　　2－羟基丙酸（乳酸）　　2－氨基丙酸　　　　丙酮酸

10.2.1　卤代酸

常见的卤代酸是氯代酸和溴代酸，具有卤代烃和羧酸的一般性质，如成盐、成酯及卤原子被羟基或其他官能团取代等。又由于卤素与羧基相互影响，表现出一些特殊性质。

（1）**酸性**

卤代酸的酸性一般要强于相应的羧酸。而且分子中连接的卤原子越多、卤原子与羧基的相对位置越近，酸性越强。一些卤代酸的 pK_a 值列于表 10－2 中。这种现象是由于卤原子具有较强的吸电子诱导效应所引起的。

（2）**水解反应**

卤代酸的碱性水解反应取决于卤原子和羧基的相对位置。由于 α－卤原子的反应活性受到羧基的较大影响，α－卤代酸的水解比卤代烷容易。

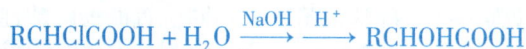

$$RCHClCOOH + H_2O \xrightarrow{NaOH} \xrightarrow{H^+} RCHOHCOOH$$

β－卤代酸和碱液一起回流，首先生成 β－羟基酸，再消除一分子水而生成 α，β－不饱和酸。

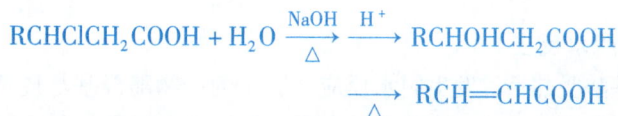

$$RCHClCH_2COOH + H_2O \xrightarrow[\triangle]{NaOH} \xrightarrow{H^+} RCHOHCH_2COOH$$

$$\xrightarrow{\triangle} RCH{=\!\!=}CHCOOH$$

表 10－2　一些羧酸和取代酸的 pK_a

化合物	pK_a	化合物	pK_a
HCOOH	3.77	FCH_2COOH	2.66
CH_3COOH	4.76	$CH_3CH_2CH_2COOH$	4.82
$ClCH_2COOH$	2.86	$CH_3CH_2CHClCOOH$	2.84
$Cl_2CHCOOH$	1.29	$CH_3CHClCH_2COOH$	4.06
Cl_3CCOOH	0.69	$ClCH_2CH_2CH_2COOH$	4.52

续表 10 – 2

化合物	pK_a	化合物	pK_a
$HOCH_2COOH$	3.83	苯-COOH	4.20
CH_3CH_2COOH	4.88	苯-COOH, OH(邻)	2.98
$CH_3CHCOOH$ $\mid$ OH	3.87	苯-COOH, OH(间)	4.08
$HOCH_2CH_2COOH$	4.51	HO-苯-COOH(对)	4.57

10.2.2　羟基酸

羟基酸可分为醇酸和酚酸,以下主要对醇酸的性质进行讨论。

(1)酸性

羟基酸的酸性强于相应脂肪酸,但羟基的电负性小于卤素原子,所以对酸性的影响较卤素原子的小。在醇酸中,羟基距羧基越近,其酸性越强。例如,羟基乙酸的酸性比乙酸强,而 2 – 羟基丙酸的酸性比 3 – 羟基丙酸强:

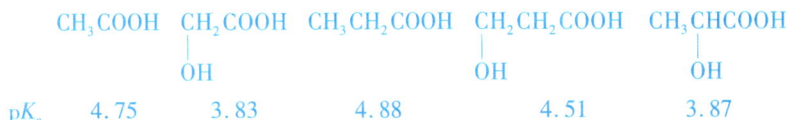

$$CH_3COOH \quad \underset{OH}{CH_2COOH} \quad CH_3CH_2COOH \quad \underset{OH}{CH_2CH_2COOH} \quad \underset{OH}{CH_3CHCOOH}$$

pK_a　　4.75　　　3.83　　　　4.88　　　　　4.51　　　　　3.87

在酚酸中,羟基对酸性的影响要复杂些,不仅有诱导效应,而且还有共轭效应的影响。当羟基在羧基的对位时,羟基距羧基较远,它的吸电子的诱导效应很小,给电子的共轭效应占优势。所以对羟基苯甲酸的酸性小于苯甲酸的酸性;当羟基在羧基的邻位时,羟基和羧基负离子形成分子内的氢键,增强了羧基负离子的稳定性,有利于羧酸的解离,使酸性明显增强;羟基在羧基的间位时,只存在吸电子诱导,酸性较苯甲酸强一些。羟基在苯环上不同位置的酚酸酸性顺序为:

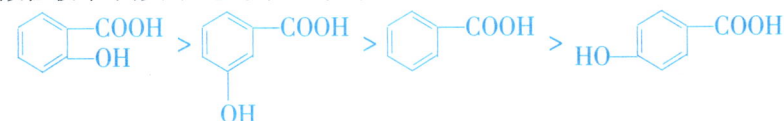

邻-COOH/OH > 间-COOH/OH > 苯-COOH > 对 HO-COOH

(2)脱水反应

羟基酸受热后,发生脱水反应。脱水的产物随羟基与羧基的相对位置不同而不同。α – 羟基酸脱水时,两分子之间羟基和羧基相互酯化,生成六元环的交酯。例如乳酸可生成丙交酯,反应式如下:

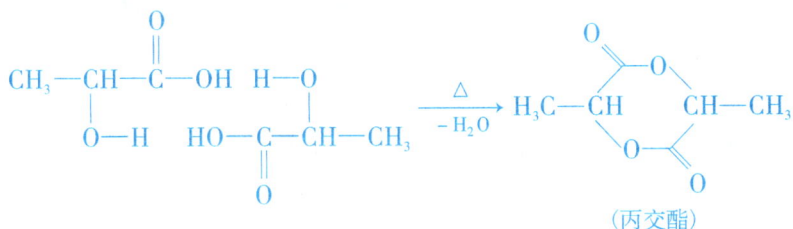

$$CH_3-CH-C-OH \quad H-O \qquad \xrightarrow[-H_2O]{\triangle} \quad H_3C-CH \quad CH-CH_3$$
$$O-H \quad HO-C-CH-CH_3 \qquad \qquad \qquad (丙交酯)$$

β – 羟基酸中 α – 氢同时受羧基和羟基的影响,比较活泼,所以

γ – 羟基酸和 δ – 羟基酸在中性或碱性条件下成内酯,在碱性条件下可开环成羧酸盐,酸化后又成内酯。在内酯与羟基酸的平衡体系中,γ – 内酯占98%,δ – 内酯只占25%。可见,在内酯中以五元环张力最小、最稳定,这与 γ – 内酯键角大小有关。

许多内酯存在于自然界,有些是天然香精的主要成分。例如

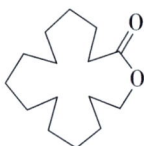

十五内酯(黄蜀葵素)

在受热时，容易和相邻碳原子上的羟基失水而成 α，β - 不饱和酸。

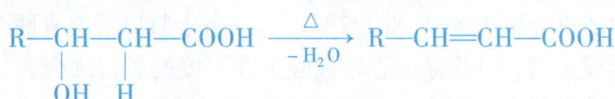

γ - 羟基酸极易失去水，在室温时就能自动在分子内脱水而生成五元环的内酯：

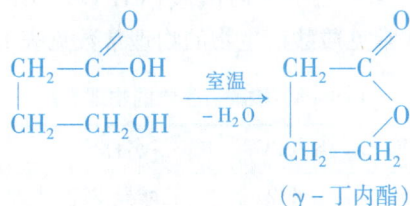

（γ - 丁内酯）

δ - 羟基酸亦发生分子内失水，生成六元环的**内酯**（lactone）。

（3）α - 羟基酸的分解反应

α - 羟基酸与稀硫酸共热，羧基和 α - 碳原子之间的键断裂，生成一分子醛（或酮）和一分子甲酸。例如：

这个反应是 α - 羟基酸特有的反应，可以由高级羧酸经过 α - 溴代酸（水解转变成 α - 羟基酸）制高级醛，同时也使碳链缩短一个碳。

（4）α - 羟基酸的氧化反应

α - 羟基酸分子中的羟基易被氧化。例如托伦试剂和稀硝酸不能氧化醇，但能氧化 α - 羟基酸而生成 α - 酮酸：

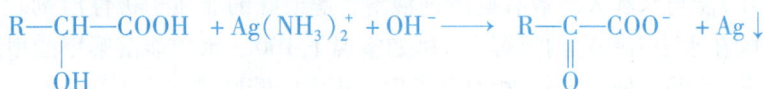

10.3　羧酸衍生物

羧酸分子中羧基上的羟基被其他原子或基团取代的产物称为羧酸衍生物（derivatives of carboxylic acid）。如果羟基分别被卤素、酰氧基、烃氧基、氨基取代后所形成的化合物，则分别生成酰卤、酸酐、酯、酰胺，这些都是羧酸的重要衍生物。它们的结构通式和化合物类型如下：

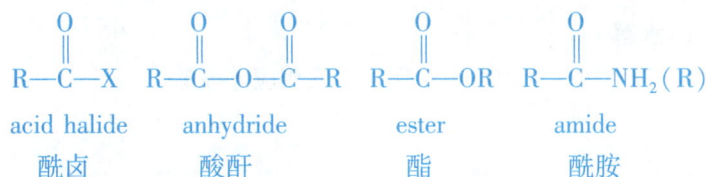

10.3.1　羧酸衍生物的物理性质

低级的酰氯和酸酐是有刺鼻气味的液体，高级的为固体。挥发性的酯都具有特征而愉快的香味。许多水果的香味就是由酯引起的，例如，乙酸异戊酯有香蕉香味，正戊酸异戊酯有苹果香味，所以许多酯可用作食品或化妆品中的香料。大部分酰胺是固体，没有香味。

酰氯、酸酐和酯分子间没有氢键的缔合作用，所以它们的沸点比相对分子质量相近的羧酸要低。

酰胺则与上述三种衍生物不同，氮原子上无取代基的伯酰胺 $RCONH_2$ 大都是结晶状固体（除甲酰胺在室温下是液体外），其沸点和

乙酰氯

乙酐

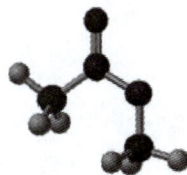
乙酸甲酯

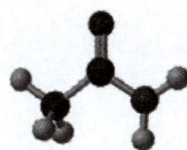
乙酰胺

熔点都比相应的羧酸高。如乙酸熔点16.6℃、沸点118℃，而乙酰胺的熔点和沸点分别为81℃和222℃。这是由于氮原子上有两个氢原子分别能形成氢键，因此存在着较羧酸更高程度的氢键缔合。

当酰胺分子中氨基上的氢原子全被烷基取代后，所形成的取代酰胺由于失去氢键的缔合作用，一般为液体，且沸点降低。如丙酰胺沸点为213℃；而 N,N－二甲基丙酰胺［$CH_3CH_2CON(CH_3)_2$］沸点为174~175℃。一些常见羧酸衍生物的物理常数见表10－3。

乙酰水杨酸（aspirin）的制备：

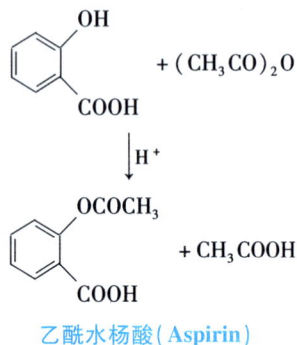

OH + (CH_3CO)$_2$O
COOH

↓ H^+

OCOCH$_3$ + CH_3COOH
COOH

乙酰水杨酸（Aspirin）

表 10 - 3　羧酸衍生物的物理常数

名　称	沸点/℃	熔点/℃	名称	沸点/℃	熔点/℃
乙酰氯	51	－112	乙酸异戊酯	142	－78
乙酰溴	76.7	－96	苯甲酸甲酯	200	－12
苯甲酰氯	197	－1	苯甲酸乙酯	213	－35
乙酸酐	140	－73	苯甲酸苄酯	324	21
邻苯二甲酸酐	285	132	乙酰胺	221	82
乙酸甲酯	57.5	－98	丙酰胺	213	79
乙酸乙酯	77	－84	N,N－二甲基甲酰胺	153	－61

酰氯与酸酐不溶于水，但可被水分解，在空气中易吸潮变质。低级的酰胺可溶于水，N,N－二甲基甲酰胺（N,N－dimethylformamide，DMF）能与水和大多数有机溶剂混溶，是很好的非质子极性溶剂。低级酯在水中有一定的溶解度，例如室温下100 g水中能溶解甲酸甲酯30 g、乙酸乙酯8.5 g。相对分子质量更大的酯则难溶或不溶于水。所有的羧酸衍生物可溶于乙醚、氯仿、丙酮和苯等有机溶剂。

10.3.2　羧酸衍生物的化学性质

羧酸衍生物都含有酰基，具有相似的化学性质。它们的典型反应是水解、醇解和氨解。

1. 亲核取代反应

（1）水解

四种羧酸衍生物均可与水作用生成相应的羧酸。

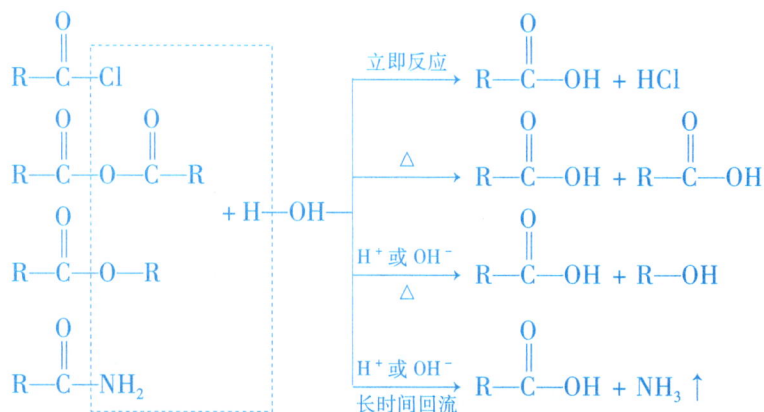

其中，酰卤最容易水解，酰胺最难水解，酸酐和酯的水解活性居中。酯的水解在理论上或实践上都有重要的意义。

（2）**醇解**

酰氯、酸酐、酯和酰胺都可以进行醇解得到酯。

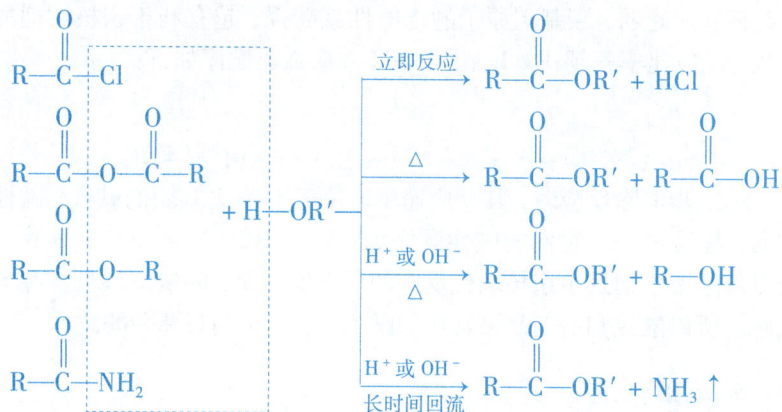

酰氯是一个优良的酰化剂，与醇作用很快生成酯，常用来合成一些难以通过酸直接酯化得到的酯，如酚酯、位阻较大的叔醇酯。酸酐的醇解较酰氯温和，也是制备酯的常用方法，需用酸或碱催化反应。酯的醇解又叫**酯交换反应**（transesterification reaction），反应是可逆的，需加入过量的醇或将生成的醇移出反应体系，使反应向生成新的酯的方向进行，酯交换反应常用于从一个低沸点醇的酯转化为高沸点醇的酯，工业上常有应用。酰胺的醇解较困难，实际应用较少。

（3）**氨解**

酰氯、酸酐、酯和酰胺都可以进行氨解，得到酰胺。

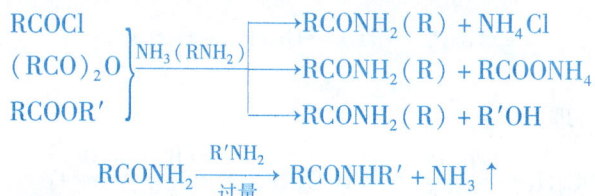

$$RCONH_2 \xrightarrow[\text{过量}]{R'NH_2} RCONHR' + NH_3 \uparrow$$

酰氯与氨或胺迅速反应，生成酰胺和 HCl，生成的 HCl 与原料胺生成盐而消耗过多的原料，因此常用碱（如 NaOH、吡啶）中和 HCl。酸酐也较易与氨或胺反应生成酰胺，常用三乙胺以中和生成的羧酸。

2. 亲核取代反应机理

羧酸衍生物的水解、醇解和胺解遵循类似的反应机理，为酰基上的亲核取代反应，其反应通式为：

式中：HNu 代表亲核试剂，如 HOH、HOR、HNH_2（RNH_2、R_2NH）等；L 代表离去基团，如—X、—OCOR、—OR、—NH_2 等。酰基的亲核取代反应分两步进行：首先，亲核试剂进攻羰基碳发生亲核加成，形成四面体型的氧负离子中间体；然后，中间体发生消除反应，L 以负离子离去，恢复碳氧双键形成取代产物

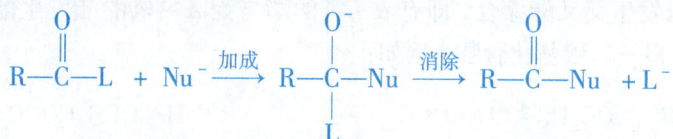

酰基的亲核取代反应速率受电子效应和空间效应的影响，第一步

酯交换反应实例：

$$CH_2\!=\!CHCOOCH_3 + n\text{-}C_4H_9OH$$
$$\big\Updownarrow H^+$$
$$CH_2\!=\!CHCOOC_4H_9\text{-}n + CH_3OH$$

氨解反应实例： 酸酐的氨（胺）解反应常用于芳香一级胺和二级胺的酰化。如：

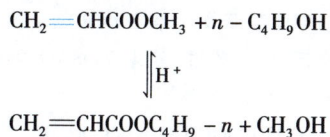

注意：酚羟基与酸酐的反应较难，需酸或碱催化。

三级胺（NR_3）氮原子上没有氢原子，不能酰化，为什么？从羧酸衍生物的亲核取代反应机理来看，若三级胺发生亲核取代，通过加成-消除后将得到如下结构：

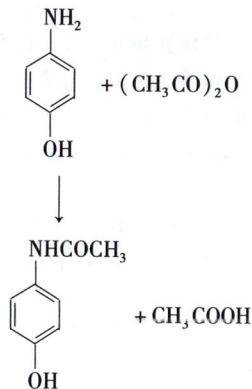

该结构中，带正电荷的氮原子与带部分正电荷的羰基相连，很不稳定，难于形成，同时，又无质子可消去形成酰化产物。所以，三级胺不能酰化。

亲核加成时，若羰基碳上连有吸电子基团，且体积较小，使中间体稳定，有利于加成；若羧酸衍生物的 R 相同，则 L 的 $-I$ 效应越强，$p-\pi$ 共轭效应越弱，羰基碳原子的正电性就越强，越有利于亲核试剂的进攻，反应速率就越快。L 基团的 $-I$ 效应强弱顺序如下：

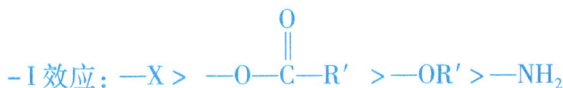

$$-I\text{效应}: —X > —O—\overset{\overset{\displaystyle O}{\|}}{C}—R' > —OR' > —NH_2$$

第二步消除反应时，其反应速率取决于 L 离去基团的碱性，碱性越弱，越易离去。它们的碱性顺序为：$X^- < RCOO^- < RO^- < H_2N^-$。所以羧酸衍生物发生亲核取代反应的活性次序是：酰氯 > 酸酐 > 酯 > 酰胺。所以酰氯和酸酐是最常用的酰化剂，用来制备酯和酰胺。

3. 酯缩合反应

酯中的 α-氢比较活泼，在乙醇钠作用下，可与另一分子酯发生类似羟醛缩合的反应，结果是一分子酯的 α-氢被另一分子酯的酰基取代，生成 β-酮酸酯，该反应称为克莱森酯缩合反应（Claisen ester condensation reaction），如乙酸乙酯自身缩合生成乙酰乙酸乙酯——一种重要的有机合成中间体。

$$CH_3\overset{\overset{\displaystyle O}{\|}}{C}—OC_2H_5 + CH_3\overset{\overset{\displaystyle O}{\|}}{C}—OC_2H_5 \xrightarrow[\textcircled{2}CH_3COOH]{\textcircled{1}C_2H_5ONa}$$

$$CH_3\overset{\overset{\displaystyle O}{\|}}{C}—CH_2\overset{\overset{\displaystyle O}{\|}}{C}—OC_2H_5 + C_2H_5O$$

乙酰乙酸乙酯

反应机理如下：

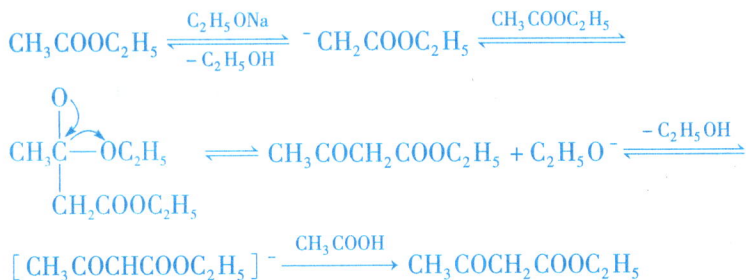

$$CH_3COOC_2H_5 \underset{-C_2H_5OH}{\overset{C_2H_5ONa}{\rightleftharpoons}} {}^-CH_2COOC_2H_5 \xrightarrow{CH_3COOC_2H_5}$$

$$CH_3\overset{\overset{\displaystyle O}{\|}}{\underset{\underset{\displaystyle CH_2COOC_2H_5}{|}}{C}}—OC_2H_5 \rightleftharpoons CH_3COCH_2COOC_2H_5 + C_2H_5O^- \underset{}{\overset{-C_2H_5OH}{\rightleftharpoons}}$$

$$[CH_3COCHCOOC_2H_5]^- \xrightarrow{CH_3COOH} CH_3COCH_2COOC_2H_5$$

乙醇钠夺取乙酸乙酯的 α-氢产生碳负离子，该碳负离子对另一分子酯的羰基进行亲核加成，然后消除乙氧负离子得到乙酰乙酸乙酯。由于乙酰乙酸乙酯亚甲基氢的酸性（$pK_a \approx 11$）明显强于乙醇（$pK_a \approx 16$），因此，在乙氧负离子的作用下几乎不可逆地发生质子交换生成乙酰乙酸乙酯的钠盐。最后，用乙酸酸化得乙酰乙酸乙酯。在上述一系列平衡反应中，只有"三乙"与醇钠作用成盐的反应拉动了整个反应的进行。

凡是 α-碳上有氢原子的酯，在乙醇钠或其他碱性催化剂（如氨基钠）存在下，都能进行克莱森酯缩合反应。酯除了可以自身缩合外，也可以发生交叉酯缩合，即有 α-氢的酯与无 α-氢的酯发生酯缩合生成 1,3-二羰基化合物，例如：

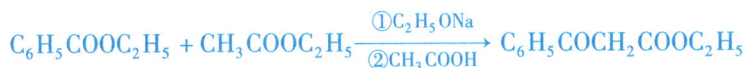

$$C_6H_5COOC_2H_5 + CH_3COOC_2H_5 \xrightarrow[\textcircled{2}CH_3COOH]{\textcircled{1}C_2H_5ONa} C_6H_5COCH_2COOC_2H_5$$

酯缩合反应是形成 C—C 键的重要反应，可以通过酯缩合反应合

具有 α-氢的酮也可与酯发生交叉酯缩合反应。酮的 α-氢酸性较酯强，因此反应中酮首先产生碳负离子，与酯羰基发生亲核加成反应。例如：苯甲酸乙酯与苯乙酮缩合得 1,3-二酮化合物。

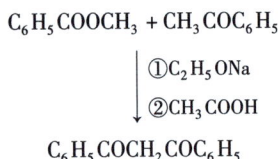

$$C_6H_5COOCH_3 + CH_3COC_6H_5$$

$$\downarrow \begin{array}{l} \textcircled{1}C_2H_5ONa \\ \textcircled{2}CH_3COOH \end{array}$$

$$C_6H_5COCH_2COC_6H_5$$

二元酸酯在碱作用下，也可发生分子内的酯缩合反应，形成五元或六元环的酮酯，这种分子内的酯缩合反应称为狄克曼（Dieckmann）缩合。例如：

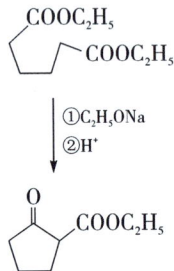

（环上结构式）

$$\downarrow \begin{array}{l} \textcircled{1}C_2H_5ONa \\ \textcircled{2}H^+ \end{array}$$

（环酮酯结构式 COOC_2H_5）

思考：乙酰乙酸乙酯同时存在着酮式和烯醇式，如何用简便的化学方法验证这两种异构体的存在？并证明酮式和烯醇式处于动态平衡体系。

实验过程如下：往乙酰乙酸乙酯的水溶液中加入苯肼，立即生成黄色沉淀，说明酮羰基的存在；往另一份乙酰乙酸乙酯的水溶液中加入几滴三氯化铁溶液，紫红色出现，说明有烯醇式结构存在。再往此溶液中迅速加入溴水，紫红色短暂消失，但很快又恢复，说明有部分酮式转变为烯醇式。

成一些 1,3 - 二官能团化合物，除以上讨论的 β - 酮酸酯外，还可合成 1,3 - 二酮（如苯甲酸甲酯与丙酮缩合）等。

4. 酮式 - 烯醇式互变异构

乙酰乙酸乙酯中的亚甲基因受邻近两个羰基的影响很活泼，亚甲基上的一个氢原子可转移到 β - 羰基上，形成烯醇式的酯：

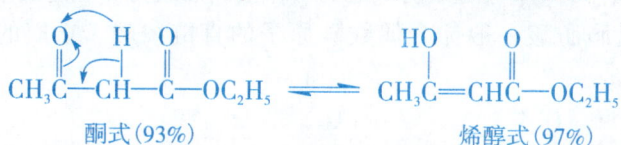

$$\underset{\text{酮式(93\%)}}{CH_3C-CH-C-OC_2H_5} \rightleftharpoons \underset{\text{烯醇式(97\%)}}{CH_3C=CHC-OC_2H_5}$$

从理论上讲，凡是含有 α - 氢的羰基结构的化合物都可能有酮式和烯醇式两种互变异构体存在。一般地说，烯醇式结构是不稳定的，它趋向于变为酮式。乙酰乙酸乙酯的烯醇式之所以比较稳定，一是由于羰基和酯基的双重吸电子诱导，使亚甲基氢变得较活泼，质子易于发生迁移；二是在烯醇式异构体中，碳碳双键与酯基的大 π 键形成 π - π 共轭体系，降低体系的能量；三是烯醇式羟基上的氢与酯基中羰基氧形成了分子内的氢键，进一步使烯醇式得到稳定。可见，不同结构的化合物，烯醇 - 酮型所占的比例不同，亚甲基上的氢越活泼，烯醇式中的共轭体系越延伸，在平衡点时，烯醇式异构体的含量越高。如 2,4 - 戊二酮（乙酰丙酮）和 1 - 苯基 - 1,3 - 丁二酮（苯甲酰丙酮）的烯醇式含量分别高达 76% 和 90% 。

10.4　重要的羧酸及其衍生物

重要的羧酸有甲酸、乙酸、丙烯酸、水杨酸、乙二酸、酒石酸、柠檬酸和环烷酸等，羧酸衍生物有乙酰乙酸乙酯、丙二酸二乙酯和油脂等。

1. 环烷酸

环烷酸是精制柴油的副产品，平均相对分子质量为 255，其通式为：

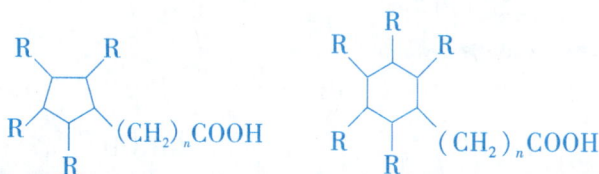

可用于萃取分离铜和镍，以及制备高纯度氧化钇的萃取流程，也可做油酸的代用品浮选氧化矿和非金属矿。

2. 柠檬酸

柠檬酸（3 - 羧基 - 3 - 羟基 - 戊二酸）是一羟基三元酸，在用离子交换法分离金属时是一种较好的洗脱剂，在浮选中可以作为抑制剂。结构如下：

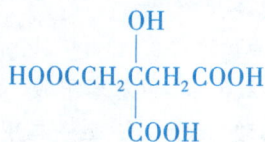

$$\underset{\underset{COOH}{|}}{\overset{\overset{OH}{|}}{HOOCCH_2CCH_2COOH}}$$

3.油脂

油脂为油与脂肪的简称,存在于动植物体内。动物的脂肪组织及油料植物的籽核为油脂的主要来源。常见的油脂有:牛油、猪油、花生油、菜籽油、茶油、椰子油、桐油和蓖麻油等。一般在室温下为固体或半固体的叫作脂肪,为液态的叫作油。油脂为高级脂肪酸的甘油酯,并且脂肪酸一般为含偶数碳原子的直链羧酸。它们的结构通式为:

$$
\begin{array}{ll}
CH_2O-\overset{\overset{\displaystyle O}{\|}}{C}-R & CH_2O-\overset{\overset{\displaystyle O}{\|}}{C}-(CH_2)_{14}CH_3 \\[4pt]
CHO-\overset{\overset{\displaystyle O}{\|}}{C}-R' & CHO-\overset{\overset{\displaystyle O}{\|}}{C}-(CH_2)_{16}CH_3 \\[4pt]
CH_2O-\overset{\overset{\displaystyle O}{\|}}{C}-R'' & CH_2O-\overset{\overset{\displaystyle O}{\|}}{C}-(CH_2)_7CH=CH(CH_2)_7CH_3 \\[4pt]
\text{油脂通式} & \text{甘油 - 1 - 软脂酸 - 2 - 硬脂酸 - 3 - 油酸脂}
\end{array}
$$

从油脂中可以得到的饱和脂肪酸,常见的有月桂酸、豆蔻酸、软脂酸、硬脂酸等,不饱和脂肪酸常见的有油酸、亚油酸、亚麻酸等。

习题

1.排列下列各组化合物酸性强弱:

(1)醋酸、丙酸、草酸、苯酚和苯甲醇

(2)苯酚、乙酸、氯乙酸和乙醇

2.用简便的化学方法鉴别下列各组化合物:

(1)甲酸、乙酸和丙二酸

(2)乙醇、乙醛和乙酸

(3) A B C D

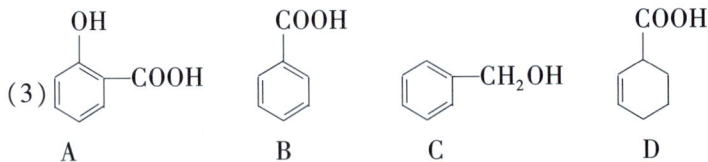

3.分离下列各组混合物:

(1)正辛酸和正己烷

(2)正丙醚、正己酸和苯酚

4.提纯下列各组化合物:

(1)乙酸正丁酯中含有少量乙酸

(2)苯酚中含有少量苯甲酸

5.排列下列反应的活性次序:

(1)与苯甲醇酯化:2,6 - 二甲基苯甲酸、邻甲基苯甲酸和苯甲酸

(2)与乙醇酯化:乙酸、丙酸、α,α - 二甲基丙酸和α - 甲基丙酸

6. 完成下列反应：

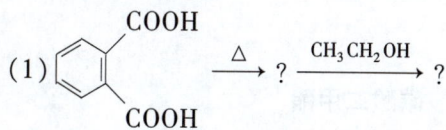

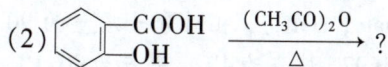

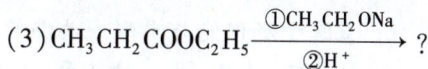

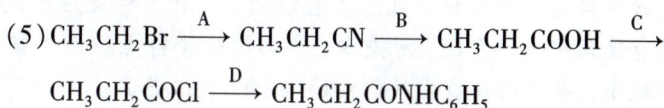

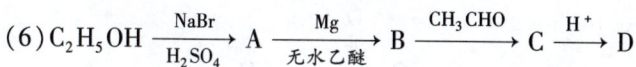

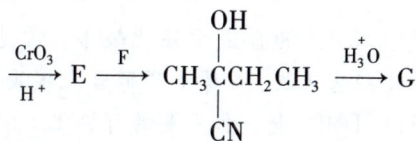

(1)

邻苯二甲酸（COOH, COOH）$\xrightarrow{\triangle}$? $\xrightarrow{CH_3CH_2OH}$?

(2)

（COOH, OH）$\xrightarrow[\triangle]{(CH_3CO)_2O}$?

(3) $CH_3CH_2COOC_2H_5 \xrightarrow[\text{②}H^+]{\text{①}CH_3CH_2ONa}$?

(4)

（COOH, OH）$\xrightarrow[\triangle]{NaHCO_3}$?

(5) $CH_3CH_2Br \xrightarrow{A} CH_3CH_2CN \xrightarrow{B} CH_3CH_2COOH \xrightarrow{C}$

$CH_3CH_2COCl \xrightarrow{D} CH_3CH_2CONHC_6H_5$

(6) $C_2H_5OH \xrightarrow[H_2SO_4]{NaBr} A \xrightarrow[\text{无水乙醚}]{Mg} B \xrightarrow{CH_3CHO} C \xrightarrow{H^+} D$

$\xrightarrow[H^+]{CrO_3} E \xrightarrow{F} CH_3\underset{CN}{\overset{OH}{\underset{|}{\overset{|}{C}}}CH_2CH_3} \xrightarrow{H_3O^+} G$

7. 用结构式表示下列各种羟基酸加热时生成的产物：

(1) α - 羟基丁酸

(2) β - 羟基丁酸

(3) γ - 羟基丁酸

(4) α - 甲基 - α - 羟基丙酸

8. 由指定原料合成化合物（无机试剂任选）。

(1) 由丙酮和甲醇合成 α - 甲基丙烯酸甲酯

(2) 甲苯合成苯乙酸

(3) 以 CH_3CH_2OH 为原料合成 $CH_3CH_2CH_2COOCH_2CH_3$

9. 化合物 A、B 和 C 的分子式都是 $C_3H_6O_2$，A 与碳酸钠作用放出 CO_2，B 和 C 不能，但在氢氧化钠溶液中加热，可水解。B 的水解液蒸馏出的液体可发生碘仿反应，推测 A、B 和 C 的结构。

10. 两个芳香族化合物 A 和 B，分子式都为 $C_8H_8O_2$，都不溶于水，但溶于稀碱。将它们的钠盐分别与碱石灰共热，都生成甲苯。将它们用高锰酸钾氧化，A 生成苯甲酸，B 则生成邻苯二甲酸。试写出 A 和 B 的构造式。

11. 有一化合物 A 的分子式为 $C_7H_{12}O_3$，能与苯肼反应生成苯腙，能与金属钠作用放出氢气，与三氯化铁溶液发生颜色反应，能使溴的四氯化碳溶液褪色。将 A 与氢氧化钠溶液共热并酸化后得到 B 和异丙醇。B 的分子式为 $C_4H_6O_3$，B 容易发生脱羧反应，脱羧的产物 C 能发生碘仿反应。试写出 A、B、C 的结构式。

扩展阅读

碳酸二甲酯

碳酸二甲酯（dimethyl carbonate，DMC），相对分子质量为90.08，相对密度为1.070，折射率为1.3697，熔点为4℃，沸点为90.1℃。在常温下为无色液体，具有可燃性，微溶于水但能与水形成共沸物，可与醇、醚、酮等几乎所有的有机溶剂混溶。DMC是一种低毒、环保性能优异、用途广泛的化工原料，它是一种重要的有机合成中间体，分子结构中含有羰基、甲基和甲氧基等官能团，具有多种反应性能，在生产中具有使用安全、方便、污染少、容易运输等特点。由于碳酸二甲酯毒性较小，是一种具有发展前景的"绿色"化工产品。

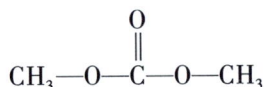

$$CH_3\text{—}O\text{—}\overset{\displaystyle O}{\overset{\|}{C}}\text{—}O\text{—}CH_3$$

碳酸二甲酯的合成方法比较多，常见的有：酯交换法、光气法、甲醇氧化羟基化法、尿素和甲醇合成碳酸二甲酯的尿素醇解法等。碳酸二甲酯（DMC）是一种重要的有机化工中间体，由于其分子结构中含有羰基、甲基、甲氧基和羰基甲氧基，因而可广泛用于羰基化、甲基化、甲氧基化和羰基甲基化等有机合成反应，用于生产聚碳酸酯、异氰酸酯、聚氨基甲酸酯、聚碳酸酯二醇、烯丙基二甘醇碳酸酯、甲胺基甲酸萘酯（西维因）、苯甲醚、四甲基醇铵、长链烷基碳酸酯、碳酰肼、丙二酸酯、丙二尿烷、碳酸二乙酯、三光气、呋喃唑酮、肼基甲酸甲酯、苯胺基甲酸甲酯等多种化工产品。由于DMC无毒，可替代剧毒的光气、氯甲酸甲酯、硫酸二甲酯等作为甲基化剂或羰基化剂使用，提高生产操作的安全性，降低环境污染。作为溶剂，DMC可替代氟里昂、三氯乙烷、三氯乙烯、苯、二甲苯等用于油漆涂料、清洁溶剂等。作为汽油添加剂，DMC可提高其辛烷值和含氧量，进而提高其抗爆性。此外，DMC还可作清洁剂、表面活性剂和柔软剂的添加剂。由于用途非常广泛，DMC被誉为当今有机合成的"新基石"。

第11章

含氮化合物

(Nitrogen Compounds)

有机含氮化合物是分子中氮原子与碳原子直接相连接的一类有机化合物，该类化合物在自然界和生命体内广泛存在，且与人类的日常生活息息相关。许多从动植物中获得的有机含氮化合物具有生理活性，如从金鸡纳树皮中分离获得的奎宁具有抗疟作用，从鸦片中提取得到的可待因具有镇痛作用；有些有机含氮化合物是人类生命活动不可缺少的物质，如各种氨基酸；大多数染料也都是含氮的芳香化合物。在前面的章节中涉及的有机含氮化合物有腈、酰胺、硫脲、亚胺、肟、腙等，本章中所讨论的含氮化合物主要包括硝基化合物、胺类化合物、重氮化合物和偶氮化合物等。

11.1　硝基化合物

硝基化合物(nitro compounds)中的硝基($-NO_2$)是一个强极性基团，其化学性质主要发生在硝基和与硝基相连碳上的 α - 氢原子上。

11.1.1　酸性

由于硝基的强极性，使得与硝基相连碳上的 α - 氢原子具有明显的酸性(如硝基乙烷的 pK_a 为 8.6)，因此具有 α - 氢原子的脂肪族伯、仲硝基化合物能够逐渐溶于强碱溶液中而形成盐。例如：

$$RCH_2NO_2 + NaOH \longrightarrow [RCHNO_2]^- Na^+ + H_2O$$

这是由于脂肪族伯、仲硝基化合物中 α - 碳上氢原子的迁移，发生了硝基式和假酸式(异硝基式)之间互变异构现象的缘故。

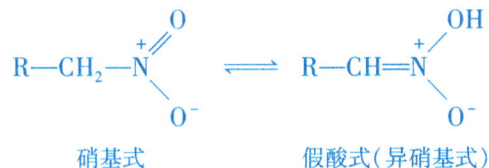

硝基式　　　　　　　假酸式(异硝基式)

通常情况下硝基化合物主要以硝基式存在，假酸式含量较少，但是当遇到碱溶液时，碱与假酸式硝基化合物作用使平衡不断向右移动，直至完全生成盐。

叔硝基化合物由于没有 α - 氢原子，不能异构成假酸式，所以不能与碱作用生成盐。

11.1.2　硝基的还原反应

硝基中的氮原子处于较高的氧化态，易被还原。还原产物根据还原条件(还原剂、反应介质等)的不同而不同。硝基化合物经催化加氢(如 Pt、Ni 为催化剂)或在酸性条件下(常用盐酸、硫酸或乙酸)以 Zn、Fe 或 Sn 等金属为还原剂，可将其还原为胺类化合物。例如：

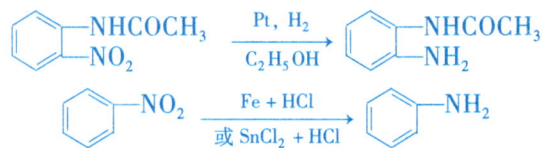

在碱性介质中，易发生双分子还原得到偶氮化合物，产物经酸性条件下进一步还原最终得到苯胺。

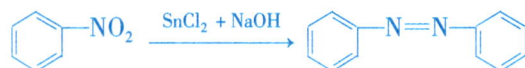

芳香族多硝基化合物用硫氢化铵、硫化铵、多硫化铵等还原，可以仅还原其中的一个硝基为氨基。例如：

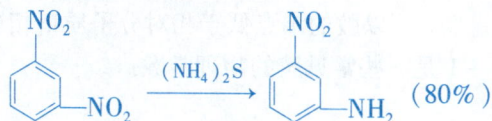

11.2　胺类化合物

胺类（amines）可看作氨分子中的一个或几个氢原子被烃基（或芳基）取代而形成的一类化合物，其通式为 RNH_2 或 $ArNH_2$。

11.2.1　胺的结构

氨和脂肪胺分子中的氮原子均为不等性 sp^3 杂化，其中三个 sp^3 杂化轨道与三个氢原子或碳原子形成三个 σ 键，氮原子的另一个 sp^3 杂化轨道被一对孤对电子所占用，整个分子呈棱锥形结构，孤对电子位于棱锥体的顶端，所以氨或胺分子的空间结构与甲烷分子的正四面体结构相类似，如图 11-1 所示。

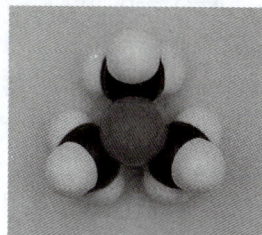

三甲胺分子模型

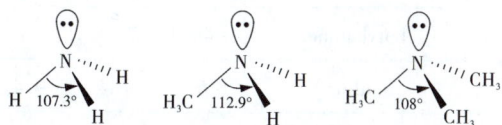

图 11-1　氨和脂肪胺的结构

苯胺分子中，氮原子的杂化状态更接近 sp^2，一对孤对电子所占有的 sp^3 杂化轨道中 p 轨道成分较多，尽管苯胺分子不是一个平面型分子（仍然为棱锥形结构），但氮原子的孤对电子仍能与苯环的大 π 键互相重叠，形成包括氮原子和苯环在内的共轭体系，如图 11-2 所示。共轭体系的形成降低了苯胺氮原子的电子云密度，从而减弱了其质子化的能力，因此苯胺的碱性（$pK_b = 9.40$）比氨和脂肪胺要弱得多。

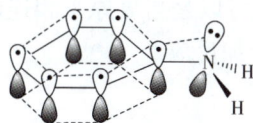

图 11-2　苯胺的结构

11.2.2　胺的物理性质

低级脂肪胺如甲胺、二甲胺、三甲胺和乙胺在常温下均是无色气体，十二胺及以上的直链伯胺均为固体，芳香胺为高沸点液体或低熔点固体。胺是中等极性化合物，胺与氨一样是极性分子，能与水产生氢键，因此低级胺（六个碳原子以下）能溶于水，溶解度随相对分子质量的增大而降低，高级胺则难溶于水。简单的芳胺微溶于水，复杂的芳胺则不溶于水。伯胺和仲胺分子间可形成氢键，叔胺的氮原子不连氢原子，分子间不能形成氢键，所以碳原子数目相同的胺的沸点以伯

低级脂肪胺的气味与氨相似，有的有鱼腥味，如二甲胺和三甲胺就是青鱼汁中的成分。鱼肉腐烂时可产生极臭且有毒的 1,4-丁二胺（腐胺）和 1,5-戊二胺（尸胺）。高级胺一般没有气味，芳香胺具有特殊的气味。芳胺毒性很大，可引起皮肤起疹、精神不安、视力不清、恶心等，某些芳胺如 2,4-二甲苯胺、β-萘胺等具有致癌作用。

胺最高,叔胺最低。同样,伯胺和仲胺的沸点比相对分子质量相近的烷烃高。另外,由于氮的电负性没有氧强,胺分子间的氢键较醇、羧酸分子间的氢键弱,所以胺的沸点低于相对分子质量相当的相应的醇和羧酸。表 11-1 是一些常见胺的物理常数。

铵根离子的溶剂化示意图:

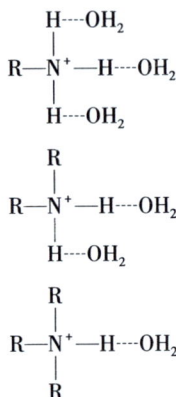

$$H\cdots OH_2$$
$$R-N^+-H\cdots OH_2$$
$$H\cdots OH_2$$

$$R$$
$$R-N^+-H\cdots OH_2$$
$$H\cdots OH_2$$

$$R$$
$$R-N^+-H\cdots OH_2$$
$$R$$

思考: 由化合物 A 到 B,碱性只增大 3 倍,而由 C 到 D 碱性增大 4 万倍,试解释之。

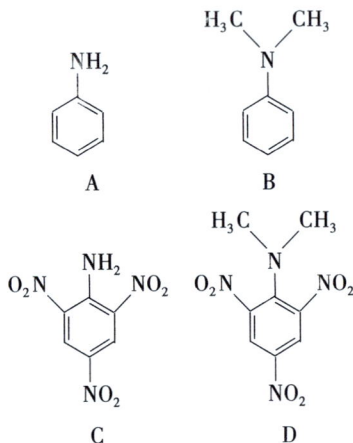

A

B

C

D

对于苯胺而言,由于氮原子上孤对电子可以与苯环形成 $p-\pi$ 共轭,电子云密度降低,因此碱性较弱,N,N-二甲基苯胺中甲基有给电子的诱导效应和超共轭效应,使得 N,N-二甲基苯胺的碱性增大了 3 倍。2,4,6-三硝基苯胺中氮原子上的孤对电子同样可以与苯环形成 $p-\pi$ 共轭,因此碱性降低;但是 N,N-二甲基-2,4,6-三硝基苯胺中,由于二甲基氨基与相邻的两个硝基存在较大的空间位阻,使得二甲基氨基所在平面与苯环所在的平面有较大的偏离,氮原子上的孤对电子不能与苯环形成共轭,因此电子云密度降低不大,碱性类似脂肪胺,所以碱性为 2,4,6-三硝基苯胺的 4 万倍。可见,空间效应可阻碍共轭效应的形成。

表 11-1 常见胺的名称与物理常数

名称	英文名称	熔点/℃	沸点/℃	pK_b(25℃)	水溶性(25℃, g/100 mL)
甲胺	methylamine	-95	-6.3	3.34	易溶
二甲胺	dimehylamine	-93	7.4	3.27	易溶
三甲胺	trimethylamine	-117	3	4.19	91
乙胺	ethylamine	-81	16.6	3.36	∞
二乙胺	diethylamine	-48	56.3	3.05	易溶
三乙胺	triethylmine	-115	89	3.25	14
正丙胺	propyllamine	-83	47.8	3.42	∞
正丁胺	butylamine	-49.1	77.8	—	易溶
苯胺	aniline	-6.3	184	9.4	3.7
二苯胺	diphenylamine	54	302	0.8	微溶
三苯胺	triphenylamine	127	365	—	不溶
N-甲基苯胺	N-methylaniline	-57	196	9.6	微溶
N,N-二甲基苯胺	N,N-dimethylaniline	2.45	194	9.62	微溶

11.2.3 胺的化学性质

胺的化学反应主要发生在氨基上,可以是氨基中带有一对孤对电子的氮原子参加反应,也可以是与氮原子相连的氢原子参加反应,或者氮原子和氢原子同时参加反应。

1. 胺的碱性

由于氨基上有孤对电子,易与质子结合,所以胺具有碱性:

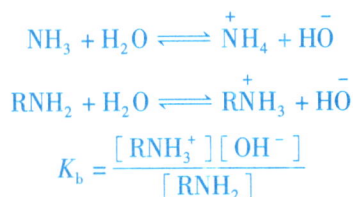

$$NH_3 + H_2O \rightleftharpoons \overset{+}{N}H_4 + \overset{-}{H}O$$

$$RNH_2 + H_2O \rightleftharpoons R\overset{+}{N}H_3 + \overset{-}{H}O$$

$$K_b = \frac{[RNH_3^+][OH^-]}{[RNH_2]}$$

一些常见胺的 pK_b 参见表 11-1。胺类的碱性强弱取决于以下几个因素的综合结果。

(1)电子效应

如果氨基氮原子上所连接的基团为给电子基团(如烷基),则氮原子上电子云密度增大,碱性会增强;且所连给电子基团越多,碱性也

越强。反之,当氨基氮原子上所连接的基团为吸电子基团(如苯基、卤素、硝基等)时,碱性则减弱。

(2)溶剂化效应

当溶剂为水时,则胺的氮上所连氢原子越多,它与水形成氢键的机会就越大,溶剂化程度也越大,这样铵正离子就越稳定,胺的碱性就较强。

(3)空间立体效应

氨基氮原子上连接的基团越多、体积越大,则空间位阻越大,相应地加大了氮原子未共用电子对的屏蔽作用,使其不易与质子结合,因此碱性减弱。

综上所述,在水溶液中的碱性强弱次序一般为:

季铵碱 > 脂肪胺 > NH₃ > 芳香胺

对于脂肪胺来说,在水溶液中的碱性强弱次序一般为:

仲胺 > 叔胺 > 伯胺

伯、仲、叔胺都是弱碱,它们与酸作用生成的盐受强碱作用后,会重新游离出来,例如:

$$RNH_3^+ Cl^- + NaOH \longrightarrow RNH_2 + NaCl + H_2O$$

在溶剂萃取中,这一性质就是反萃取的原理。实验室中常利用这一方法分离与提纯胺。

2. 氨基上氢原子的反应

(1)烃基化反应

伯、仲胺能与卤代烷发生亲核取代反应,氨基上的氢原子被烃基取代,生成仲胺和叔胺,叔胺继续与卤代烷作用生成季铵盐,季铵盐与氢氧化钠作用生成季铵碱。常得到几种胺及其盐的混合物。

$$R-NH_2 \xrightarrow[\text{NaOH}]{R-X} R_2NH \xrightarrow[\text{NaOH}]{R-X} R_3N \xrightarrow{R-X} [NR_4]^+ X^-$$

一级胺　　　　二级胺　　　　三级胺　　　　季铵盐

$$[NR_4]^+ X^- \xrightarrow{\text{NaOH}} [NR_4]^+ OH^-$$

季铵盐　　　　　　　季铵碱

烷基化后的混合物的沸点如果有一定的差距,可以用分馏的方法将它们一一分离;也可以通过控制原料物质的量比和反应条件如温度、时间等,使其中某一个胺为主要产物。例如制伯胺时,用大量的氨,使仲胺、叔胺生成量减至最少,但此法制备胺的纯度不高。

(2)酰基化反应

伯、仲胺能和酰卤、酸酐等酰化试剂作用生成酰胺,常用的酰化试剂有苯甲酰氯、乙酰氯和乙酸酐。用酰卤或酸酐作为酰化剂时,常需要加入碱吸收反应所产生的酸,常用的碱是氢氧化钠、三乙胺和吡啶。叔胺氮上无氢原子,不能发生酰化反应。

$$H_3C-\overset{O}{\underset{||}{C}}-Cl + HN(C_2H_5)_2 \longrightarrow CH_3C-\overset{O}{\underset{||}{N}}(C_2H_5)_2 + HCl$$

$$H_3C-\overset{O}{\underset{||}{C}}-O-\overset{O}{\underset{||}{C}}-CH_3 + C_6H_5NH_2 \longrightarrow CH_3C-\overset{O}{\underset{||}{N}}HC_6H_5 + CH_3COOH$$

酰胺是一类很好的中性萃取剂,其萃取剂能力大于酮类萃取剂。

对硝基苯胺可通过分子间的氢键而缔合,沸点较高;邻硝基苯胺则容易形成分子内氢键,而呈六元螯环结构,沸点相对较低,可用水蒸气蒸馏蒸出,从而将其与对硝基苯胺分离。

磺酰胺类药物(sulfa drugs)是一类非常重要的人工合成抗菌药物。1936年,科学家发现对氨基苯磺酰胺可有效治疗链球菌感染。在第二次世界大战中,此类药物挽救了无数生命。

$$H_2N-\underset{}{\overset{}{\bigcirc}}-\overset{O}{\underset{O}{\overset{||}{\underset{||}{S}}}}-NH_2$$

芳香族胺的酰基化反应在有机合成中可用于保护氨基（酰胺可水解还原出氨基）。例如：

苯胺与硝酸直接硝化时，因苯胺易被硝酸氧化，产率往往很低。为防止苯胺被氧化，制备硝基苯胺时常先将苯胺乙酰化，然后进行硝化反应，反应后再通过酸或碱水解将乙酰基除去，游离出氨基。

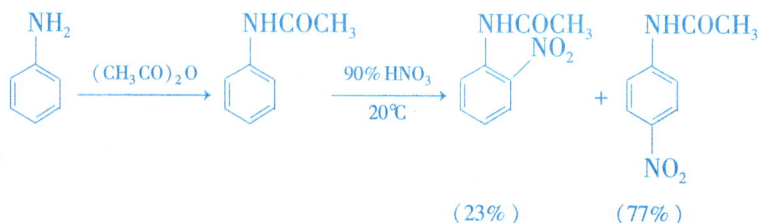

$$\text{NH}_2 \xrightarrow[\text{(CH}_3\text{CO)}_2\text{O}]{} \text{NHCOCH}_3 \xrightarrow[20\text{℃}]{90\% \text{ HNO}_3} \text{NHCOCH}_3(\text{NO}_2) \ (23\%) + \text{NHCOCH}_3(\text{NO}_2) \ (77\%)$$

反应产物通常是邻硝基苯胺与对硝基苯胺的混合物，可用水蒸气蒸馏法分离。

伯胺和仲胺还能与苯磺酰氯或对甲基苯磺酰氯反应生产磺酰胺。由伯胺反应生产的磺酰胺，氮原子上的氢原子受强吸电子基团磺酰基的影响，具有弱酸性，与氢氧化钠反应可形成盐而溶于水，将溶液酸化，又会生产不溶于水的磺酰胺；仲胺反应得到的磺酰胺，其氮原子上不含酸性氢原子，因此不能溶于氢氧化钠溶液，将溶液酸化也不溶解；叔胺由于没有可以离去的氢原子，所以不能被磺酰化，不溶于碱，但可以溶于酸。因此，利用苯磺酰氯或对甲基苯磺酰氯与胺的反应，可以鉴别和分离伯胺、仲胺和叔胺，该反应称为兴斯堡（Hinsberg）反应。

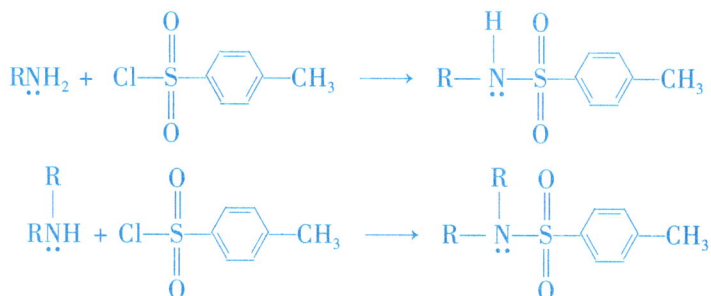

$$\text{RNH}_2 + \text{Cl}-\overset{\text{O}}{\underset{\text{O}}{\overset{\|}{\underset{\|}{\text{S}}}}}-\text{CH}_3 \longrightarrow \text{R}-\overset{\text{H}}{\text{N}}-\overset{\text{O}}{\underset{\text{O}}{\overset{\|}{\underset{\|}{\text{S}}}}}-\text{CH}_3$$

$$\text{RNH}(\text{R}) + \text{Cl}-\overset{\text{O}}{\underset{\text{O}}{\overset{\|}{\underset{\|}{\text{S}}}}}-\text{CH}_3 \longrightarrow \text{R}-\overset{\text{R}}{\text{N}}-\overset{\text{O}}{\underset{\text{O}}{\overset{\|}{\underset{\|}{\text{S}}}}}-\text{CH}_3$$

（3）和亚硝酸反应

不同结构的胺和亚硝酸反应有不同的现象，同样也可用来鉴别伯、仲、叔胺。脂肪族伯胺与亚硝酸反应生成重氮盐，但是脂肪族重氮盐极不稳定，很快分解生成高度活泼的碳正离子，并定量放出氮气。该碳正离子进一步发生取代、消除和重排反应，得到醇、烯烃及卤代烃等多种产物的混合物：

$$\text{R}-\text{NH}_2 \xrightarrow{\text{NaNO}_2 + \text{HCl}} [\text{R}-\overset{+}{\text{N}}\equiv\text{N}]\text{Cl}^- \xrightarrow{\text{H}_2\text{O}} \text{N}_2，醇，烯烃，卤代烷$$

芳香族伯胺在过量的强酸存在下，能与亚硝酸（一般用亚硝酸钠加盐酸或硫酸替代）在0℃左右生成较稳定的重氮盐，该盐在稀酸中加热分解放出氮气并生成酚类：

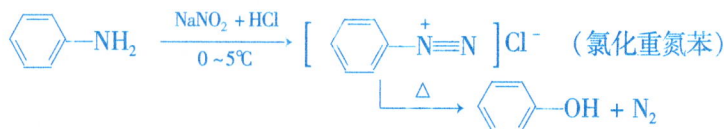

$$-\text{NH}_2 \xrightarrow[0\sim5\text{℃}]{\text{NaNO}_2 + \text{HCl}} [-\overset{+}{\text{N}}\equiv\text{N}]\text{Cl}^- \quad（氯化重氮苯）$$
$$\xrightarrow{\triangle} -\text{OH} + \text{N}_2$$

无论是脂肪族仲胺还是芳香族仲胺，与亚硝酸反应都生成稳定的黄色N-亚硝基胺，该化合物和稀酸共热分解成原来的仲胺。可利用

此性质来分离或精制仲胺：

$$CH_3CH_2NHCH_2CH_3 \xrightarrow{NaNO_2/HCl} CH_3CH_2\overset{\overset{\displaystyle NO}{|}}{N}CH_2CH_3 \xrightarrow[\triangle]{H^+} CH_3CH_2NHCH_2CH_3$$

脂肪族叔胺和亚硝酸反应只能生成一个不稳定的易水解的亚硝酸盐，该盐经碱处理又重新得到原来的胺：

$$R_3N \xrightarrow{NaNO_2 + HCl} R_3NH^+NO_2^- \xrightarrow{HO^-} R_3N$$

由于氨基的强致活作用，芳香叔胺与亚硝酸反应在苯环上发生亲电取代，称为亚硝基化（nitrosation）反应。亚硝基将进入氨基的对位，若对位被占据，则进入邻位。这种苯环上的亚硝基化合物都有明显的颜色，且在酸性和碱性条件下显不同的颜色。

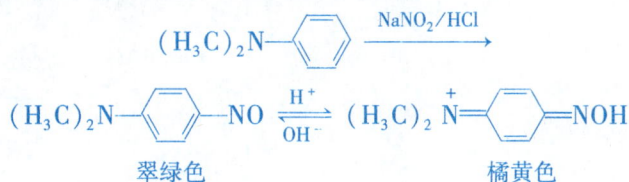

$$(H_3C)_2N-\text{〈苯环〉} \xrightarrow{NaNO_2/HCl}$$

$$(H_3C)_2N-\text{〈苯环〉}-NO \underset{OH^-}{\overset{H^+}{\rightleftharpoons}} (H_3C)_2\overset{+}{N}=\text{〈苯环〉}=NOH$$

翠绿色　　　　　　　　　橘黄色

11.3　芳香族重氮盐的化学性质

芳香重氮盐的通式为 ArN_2X，它是离子型化合物，是一种活泼中间体，可发生许多反应，在合成上的用途十分广泛。芳香重氮盐的主要反应有两大类：一类是取代反应，重氮盐中的重氮基被其他原子或原子团取代，同时放出氮气；另一类是不放出氮气的还原反应或偶合反应。

11.3.1　取代反应

重氮基可以被卤素、羟基、烃基和氢原子取代，生成相应的衍生物。因此利用该类反应，可以从芳烃开始合成一系列芳香族化合物，特别是制备一些一般不能用直接方法制取的芳香族化合物。

利用芳香重氮盐通过取代反应制取其他化合物的反应综合如下：

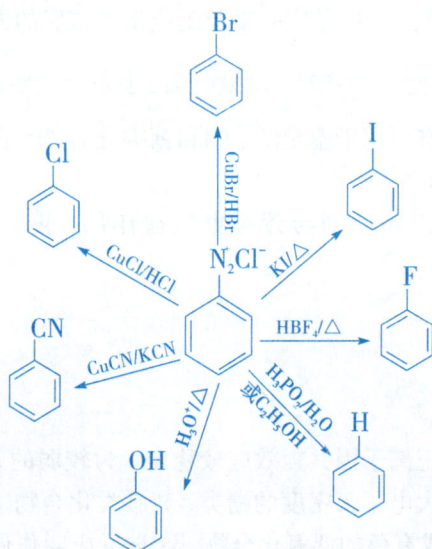

重氮盐的取代反应广泛用于有机合成中。为在苯环特定的位置引入取代基，常利用氨基的活化作用和邻、对位定位效应，指导基团进入某个位置，然后氨基又可通过形成重氮盐而转变成其他基团或除去，以

达到制备某些难以直接制取的化合物的目的。以 1,2,3 - 三溴苯胺的制备为例，首先用逆合成分析法推知原料和目标产物间的关系：

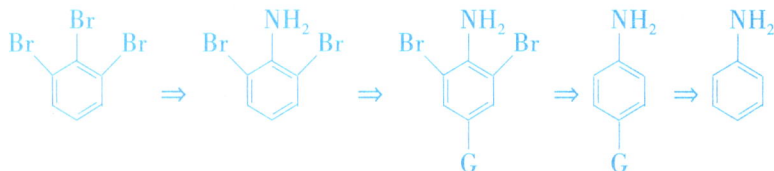

在合成过程中还要注意氨基的保护，其具体合成路线如下：

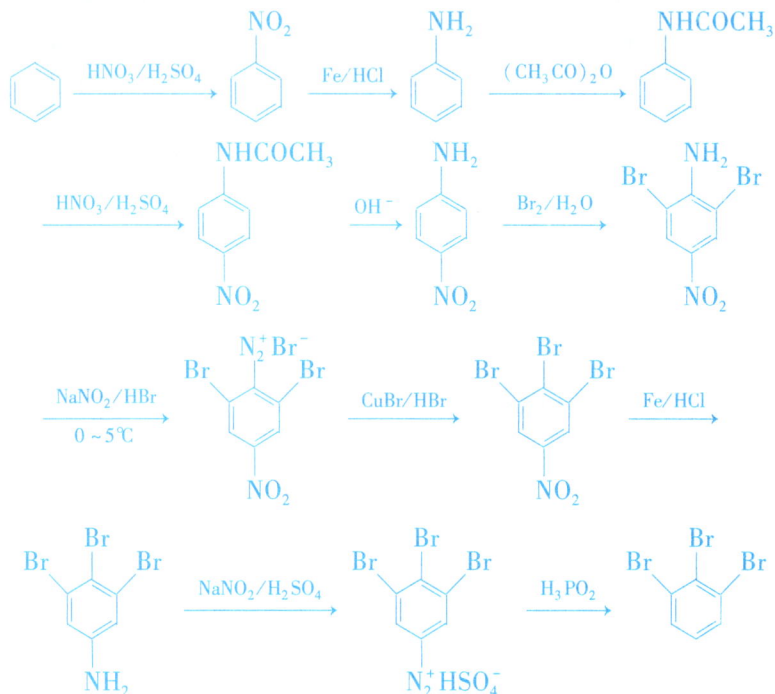

11.3.2　还原反应

重氮盐作为含氮氮三键的正离子体系，很容易被还原。在某些还原剂（如 $SnCl_2/HCl$、Na_2SO_3、$NaHSO_3$、NaS_2O_3 等）的作用下，芳香重氮盐能被还原成苯肼，这是实验室及工业生产苯肼的方法。

苯肼在实验室可用于鉴定醛、酮和糖类化合物，在工业上是制备染料、药物的重要原料。

如果使用较强还原剂与芳香重氮盐作用，重氮盐则被还原成苯胺。

11.3.3　偶联反应

芳香重氮盐正离子因共轭效应较稳定，为较弱的亲电试剂，只能与芳环上具有较大电子云密度的酚类、芳胺类化合物进行芳环上的亲电取代反应，生成有色的偶氮化合物，这类反应叫作偶合反应或偶联反应（diazonium coupling reaction）。

重氮盐与芳香叔胺的偶合反应一般在弱酸性或中性溶液（pH = 5 ~ 7）中进行，偶联反应一般发生在氨基的对位，当对位有取代基时，

甲基橙是一种酸碱指示剂，它是由对氨基苯磺酸经重氮化后，再与 N,N - 二甲苯胺偶合而成的。

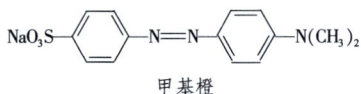

甲基橙

偶氮染料是具有各种鲜艳颜色的一类化学合成染料，有几千个化合物，其中包括一个或多个偶氮基（—N≡N—）的化合物，如：

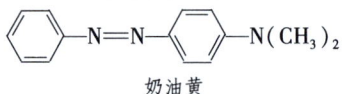

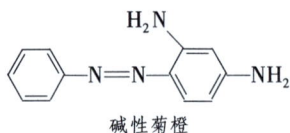

奶油黄

碱性菊橙

偶氮是染料中形成基础颜色的物质，如果摈弃了偶氮结构，那么大部分染料基础颜色将无法生成。有少数偶氮结构的染料品种在化学反应分解中可能产生致癌芳香胺物质（指定 24 种），属于禁用的，这些禁用的偶氮染料品种占全部偶氮染料的 5% 左右。

才在邻位发生偶联。

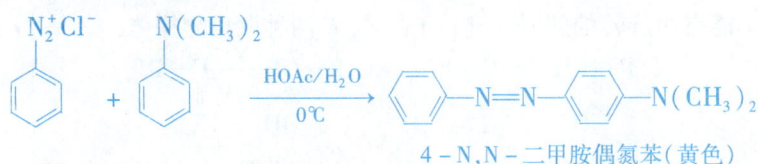

4 − N,N − 二甲胺偶氮苯(黄色)

该反应之所以在弱酸性条件下进行,主要有两个原因:①芳香重氮盐正离子在酸性条件下浓度最高,对偶联反应(亲电取代反应)有利;②芳香叔胺在水中溶解度不大,在弱酸性条件下可形成铵盐而增大溶解度。成盐反应为可逆反应,随着偶联反应中芳香胺的消耗,芳香铵盐会逐渐转化成芳香胺而满足反应的需要。但是偶联反应也不宜在强酸性溶液中进行,当溶液 pH < 5 时,芳胺会大量形成铵盐使其浓度降低,使偶联反应变慢甚至终止。

重氮盐和酚的偶联反应一般在弱碱性溶液(pH = 8 ~ 10)中进行,偶联反应一般发生在羟基的对位,当对位有取代基时,则得到邻位偶联产物。

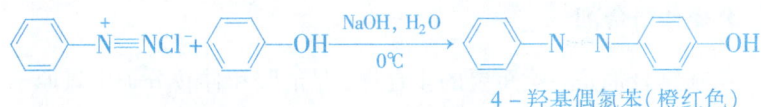

4 − 羟基偶氮苯(橙红色)

由于酚是弱酸性化合物,在碱性条件下,酚与碱作用形成的苯氧基负离子(ArO⁻)是强给电子基,可使苯环上电子云密度增高,有利于偶联反应的发生。但是溶液碱性不能太强,因为在强碱性(pH > 10)条件下,芳香重氮盐会与氢氧根负离子反应生成反应活性低的重氮酸或重氮酸离子,从而使偶联反应速率降低或反应终止。

重氮化反应和偶联反应是制备偶氮化合物的两个基本反应。

11.4　其他重要的含氮化合物

1. 重氮甲烷

重氮甲烷(diazomethane,CH_2N_2)是最简单也是最重要的脂肪族重氮化合物,其结构可用共振式表示:

重氮甲烷是一种黄色的有毒气体(bp. −23℃),而且具有爆炸性,在制备和使用时要注意安全。它易溶于乙醚和四氢呋喃等,一般使用其乙醚溶液。

重氮甲烷的化学性质非常活泼,可作为甲基化试剂,能与许多含活泼氢的化合物(如酸、酚、β − 二酮和 β − 酮酯类)反应生成甲酯或甲醚。重氮甲烷在光照或加热的条件下能分分解成最简单的卡宾——亚甲基卡宾(:CH₂)。

2. 羟肟和异羟肟酸

(1)羟肟

羟肟是指分子结构中同时含有羟基和肟酸(C=NOH)的一类化

羟肟类化合物与铜离子的螯合反应如下:

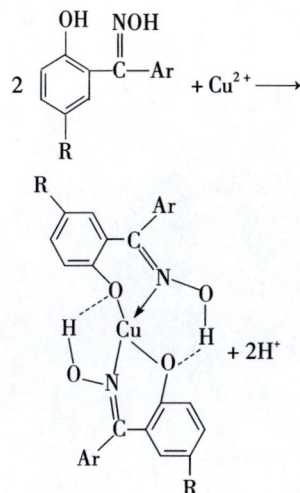

合物。长链及芳香族的羟肟是铜的有效萃取剂。羟肟的分子结构中具有不能自由旋转的碳氮双键，存在 Z、E 两种顺反异构体：

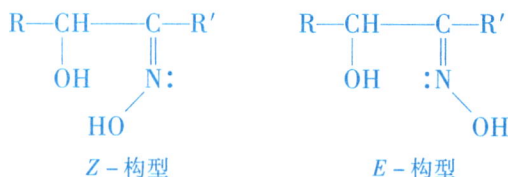

$$R-CH—C-R' \qquad R-CH—C-R'$$
$$\quad | \qquad \| \qquad\qquad | \qquad \|$$
$$\quad OH \quad N: \qquad\qquad OH \quad :N$$
$$\qquad\qquad | \qquad\qquad\qquad\qquad\qquad |$$
$$\qquad\qquad HO \qquad\qquad\qquad\qquad\qquad OH$$

Z – 构型   *E* – 构型

羟肟萃取金属是通过羟基氧原子及肟基氮原子与金属离子的螯合作用来实现的，由于 Z – 异构体的—OH 在双键的同侧，生成 O—H····O 分子内氢键，因此只有 E – 异构体才能萃取金属。E – 异构体约占总异构体的 85%。

（2）异羟肟酸

在分子内含有—CONHOH 官能团的化合物称为异羟肟酸，它是较好的氧化矿捕收剂和螯合萃取剂。异羟肟酸或其碱金属盐可与铜离子、铁离子等许多金属离子生成五元环的螯合物。

3. 氨羧络合剂

氨羧络合剂是一类重要的化合物，是伯胺和仲胺分子中氮原子上的氢被两个或两个以上的羧烃基（HOOCR—）取代后的产物。例如：

$$H_2NCH_2COOH \qquad\qquad\qquad \begin{array}{c} HOOCH_2C \qquad\qquad CH_2COOH \\ \backslash \qquad\qquad\qquad / \\ NCH_2CH_2N \\ / \qquad\qquad\qquad \backslash \\ HOOCH_2C \qquad\qquad CH_2COOH \end{array}$$

氨基乙酸   乙二胺四乙酸（EDTA）

氨羧络合剂是一类很强的金属离子络合剂，这是由于其分子中含有的叔胺基及羧基，均具有配位能力，前者易与 Co、Ni、Zn、Cu、Hg 等金属离子络合，后者易与高价金属离子络合，所以氨羧络合剂几乎能与所有的金属离子生成相当稳定的螯合物，广泛用于金属离子的分离，以及作为化学分析中金属离子的掩蔽剂和电镀工业的整平剂及辅助光亮剂。还有一些长链的氨羧络合剂难溶于水，可用于矿物浮选和萃取冶金。目前，研究的氨羧络合剂有几十种，应用最多的是乙二胺四乙酸（EDTA）的二钠盐，其他还有氮三乙酸（NTA）、环己二胺四乙酸（DCTA）等。

反式 –1,2 – 环己二胺四乙酸

trans – 1,2 – cyclohexanediamine – N,N,N',N' – tetraacetic acid（DCTA），结构式如下：

(HOOCH₂C)₂N～N(CH₂COOH)₂

习 题

1. 用简便的化学方法鉴别下列各组化合物：

（1）苯乙酮、苯酚、苯甲酸、苯胺和乙酰苯胺

（2）环己醇、环己酮、环己胺、苯胺和苯酚

（3）对甲基苯胺、N – 乙基苯胺、N,N – 二乙基苯胺

（4）$(C_2H_5)_2NCH_2CH_2OH$ 和 $(C_2H_5)_4N^+OH^-$

2. 比较下列各组化合物的碱性，按碱性递减的次序排列：

（1）氨、苯胺、环己胺、氢氧化四丁铵、苯甲酰胺、苯磺酰胺

（2）苯胺、对硝基苯胺、对甲基苯胺

3. 完成下列各反应方程式：

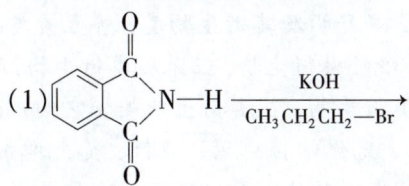

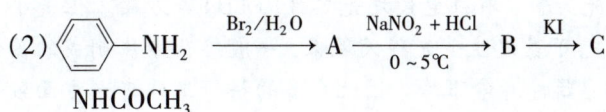

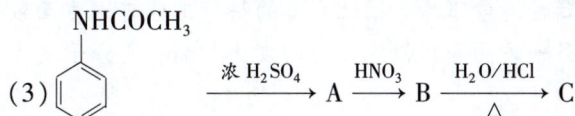

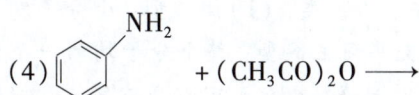

(1) 邻苯二甲酰亚胺 $\xrightarrow[CH_3CH_2CH_2-Br]{KOH}$

(2) $C_6H_5-NH_2$ $\xrightarrow{Br_2/H_2O}$ A $\xrightarrow[0\sim5℃]{NaNO_2+HCl}$ B $\xrightarrow{KI}$ C

(3) $C_6H_5-NHCOCH_3$ $\xrightarrow{浓 H_2SO_4}$ A $\xrightarrow{HNO_3}$ B $\xrightarrow[\triangle]{H_2O/HCl}$ C

(4) $C_6H_5-NH_2$ $+ (CH_3CO)_2O \longrightarrow$

4. 按要求合成下列化合物：

(1) 选择合适的原料，合成甲基橙

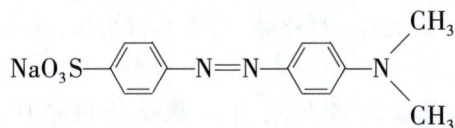

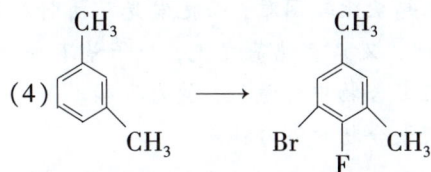

$$NaO_3S-\!\!\!\!\bigcirc\!\!\!\!-N=N-\!\!\!\!\bigcirc\!\!\!\!-N\!\!\!\begin{matrix}CH_3\\CH_3\end{matrix}$$

(2) $C_6H_5-CH_3 \longrightarrow NC-\!\!\!\!\bigcirc\!\!\!\!-CH_2N(CH_3)_2$

(3) $O_2N-\!\!\!\!\bigcirc\!\!\!\!-NH_2 \longrightarrow HO-\!\!\!\!\bigcirc\!\!\!\!-NHCOCH_3$

(4)

5. A、B、C 三个化合物的分子式均为 $C_4H_{11}N$，当与亚硝酸作用时，A 和 B 生成含有四个碳原子的醇，而 C 则与亚硝酸结合成盐。将由 A 所得的醇氧化生成异丁酸，氧化由 B 所得的醇生成丁酸。试推出 A、B、C 的结构式。

6. 有一化合物分子式为 $C_7H_7O_2N$，无碱性，还原后生成 C_7H_9N，则有碱性。使 C_7H_9N 的盐酸盐与亚硝酸作用，加热后，能放出氮气并生成对甲苯酚，试推出原化合物的结构。

🔴 **扩展阅读**

有机荧光材料

荧光材料是指 吸收一定波长的光，立刻向外发出不同波长的光，称为荧光，当入射光消失时，荧光材料就会立刻停止发光。更确切地讲，荧光是指在外界光照下，人眼见到的一些相当亮的颜色光，如绿色、橘黄色、黄色，人们也常称它们为霓虹光。

有机小分子发光材料种类繁多，它们多带有共轭杂环及各种生色团，结构易于调整，通过引入烯键、苯环等不饱和基团及各种生色团

来改变其共轭长度,从而使化合物光电性质发生变化。如恶二唑及其衍生物类,三唑及其衍生物类,罗丹明及其衍生物类,香豆素类衍生物,1,8-萘酰亚胺类衍生物,吡唑啉衍生物,三苯胺类衍生物,卟啉类化合物,咔唑、吡嗪、噻唑类衍生物,芘类衍生物等。它们广泛应用于光学电子器件、DNA诊断、光化学传感器、染料、荧光增白剂、荧光涂料、激光染料、有机电致发光器件(ELD)等方面。但是小分子发光材料在固态下易发生荧光猝灭现象,一般掺杂方法制成的器件又容易聚集结晶,器件寿命下降。因此众多的科研工作者一方面致力于小分子的研究,另一方面寻找性能更好的发光材料,高分子发光材料就应运而生了。

有机高分子光学材料通常分为三类:(1)侧链型:小分子发光基团挂接在高分子侧链上,(2)全共轭主链型:整个分子均为一个大的共轭高分子体系,(3)部分共轭主链型:发光中心在主链上,但发光中心之间相互隔开没有形成一个共轭体系。所研究的高分子发光材料主要是共轭聚合物,如聚苯、聚噻吩、聚芴、聚三苯基胺及其衍生物等。还有聚三苯基胺,聚咔唑,聚吡咯,聚卟啉[8]及其衍生物、共聚物等,研究得也比较多。

还可以把发光基团引入聚合物末端或引入聚合物链中间,Kenneth P. Ghiggino等把荧光发色团引入RAFT试剂,通过RAFT聚合,把荧光发色团连在聚合物上。从以上的各种发光聚合物中可以看出,多数是主链共轭的聚合,主链聚合易形成大的共轭面积,但是其溶解性、熔融性都降低,加工起来比较困难;而把发光基团引入聚合物末端或引入聚合物链中间时,又只有端基发光,分子量不会很大,若分子量很大,则发光基团在聚合物中含量低,荧光很弱。而侧链聚合物发光材料,是对主链共轭聚合物的有力补充。

第 **12** 章

杂环化合物
(Heterocyclic Compounds)

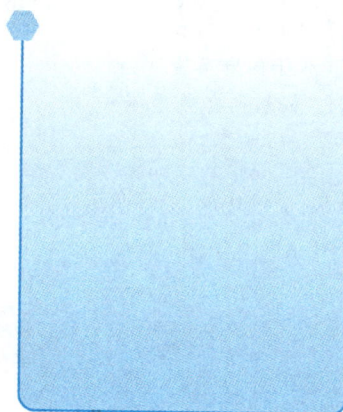

杂环化合物是由碳原子和非碳原子(即杂原子,一般为氮原子、氧原子和硫原子)共同构成的环状化合物。杂环上可以有一个杂原子,也可以有两个或更多个杂原子,杂原子可以是一种原子,也可以是两种不同的原子。杂环化合物是数目最庞大的一类有机物,它们广泛存在于自然界,在动植物的生命活动中起重要生理作用的化合物多数为杂环化合物,例如核酸、某些维生素、抗生素、激素、色素和生物碱等。此外,科学家还通过化学合成制备了多种多样具有各种不同性能的杂环化合物,可以用作药物、杀虫剂、除草剂、染料、塑料等。大多数杂环化合物比较稳定,环不易被破坏,性质与苯、萘等有些类似,具有某些芳香族化合物的特性,这类杂环化合物常称为芳香杂环化合物。环氧化合物、内酯、交酯、环状酸酐、内酰胺等也应属于杂环化合物,但因其性质上和相应的开链化合物相似,不列入杂环化合物中讨论。本章重点介绍常见的五元杂环化合物和六元杂环化合物的化学性质。

12.1 　五元杂环化合物

12.1.1 　五元杂环化合物的结构

含一个杂原子的五元杂环化合物中最常见和最重要的是呋喃(furan)、噻吩(thiophene)和吡咯(purrole),含两个杂原子的五元环体系则有吡唑(pyrazole)、咪唑(imidazole)、噻唑(thiazole)和噁唑(oxazole)等。

| 呋喃 | 噻吩 | 吡咯 | 吡唑 | 咪唑 | 噻唑 | 噁唑 |

这里重点介绍呋喃、噻吩和吡咯的性质。近代物理方法测知,呋喃、噻吩和吡咯都是平面型分子,环上碳原子和杂原子都是以 sp^2 杂化轨道与相邻的原子彼此以 σ 键构成五元环,每个原子都有一个未参与杂化的 p 轨道与环平面垂直,碳原子的 p 轨道中有一个电子,而杂原子的 p 轨道中有两个未共用电子,这些 p 轨道相互侧面重叠形成封闭的大 π 键,大 π 键的 π 电子数为 6 个,符合 $4n+2$ 规则,因此这些杂环具有一定程度的芳香性。呋喃、噻吩和吡咯结构如图 12 – 1 所示。

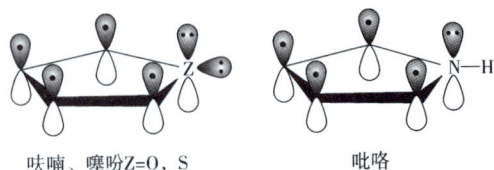

呋喃、噻吩 Z=O, S　　　　　吡咯

图 12 – 1　呋喃、噻吩和吡咯的电子结构

由于电负性和原子结构的关系,杂环的 π 电子云密度分布不像苯环那样均匀,表现为杂环的稳定性不如苯环,芳香性较苯差。氧原子的电负性最大,π 电子云的离域性最小,所以芳香性最小,硫原子电负性最小,对 π 电子云的吸引力最小,环上电子云分布比较均匀,离

吡咯、呋喃和噻吩分子中碳原子上的电子云密度都较苯大而较易发生卤代、硝化、磺化等一系列的亲电取代反应,反应活性顺序是:吡咯 > 呋喃 > 噻吩 > 苯,且 α 位比 β 位更活泼。以苯环碳原子的电荷密度为标准,这三个化合物的有效电荷分布为:

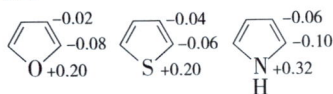

域程度较大，故芳香性最强。芳香性有如下顺序：

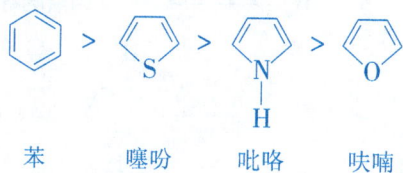

苯　　　　　噻吩　　　　吡咯　　　　呋喃

12.1.2　五元杂环化合物的化学性质

1. 亲电取代反应

呋喃、噻吩和吡咯的五元环上有六个 p 电子，因此环上电子云密度大于苯环，较苯活泼，易发生亲电取代反应。综合考虑杂原子的吸电子诱导效应和给电子共轭效应，它们的亲电取代反应活性顺序是：吡咯 >呋喃 >噻吩 > >苯。五元杂环的亲电取代反应主要有：卤代、硝化、磺化和酰化等，取代基一般进入 2 位（α 位）。

由于五元环上电子云密度大，很容易被强酸和氧化剂破坏，因而进行亲电取代反应一般需要在较温和的条件下进行。硝化反应通常用比较温和的非质子硝化试剂硝化乙酰酯（CH_3COONO_2）来进行硝化，反应必须在低温下进行。磺化反应使用比较温和的非质子性的磺化试剂，如吡啶三氧化硫。

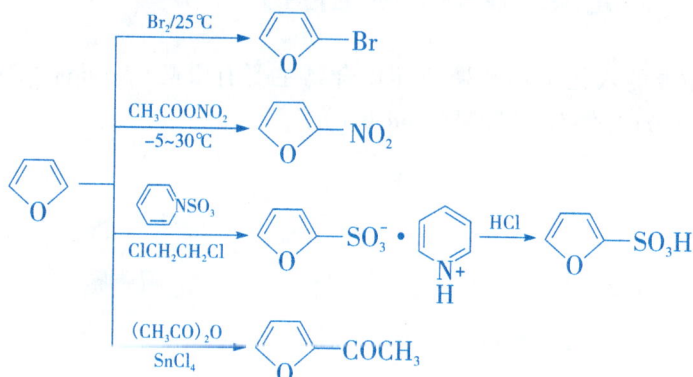

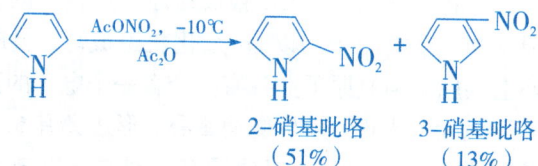

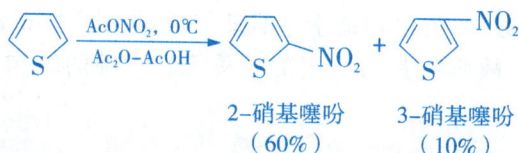

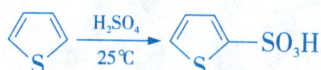

血红素的基本骨架为卟吩，它是卟吩骨架以共价键及配位键与亚铁原子所形成的配合物，同时在吡咯环的 β 位还有不同的取代基。血红素与蛋白质结合生成血红蛋白，其功能是在血液中运送氧气。携氧的二价铁为六配位，除了与卟啉环中的四个氮原子结合外，一侧与蛋白质中组氨酸残基的咪唑环结合，另一侧则与分子氧结合。在 0℃、0.1 MPa 时，1 g 血红蛋白可结合 1.35 mL O_2，但血红蛋白与 CO 的结合能力是与 O_2 结合能力的 210 倍，这正是一氧化碳会使人中毒的重要原因。Hans Fischer 因 1929 年合成血红素而获得了 1930 年的诺贝尔化学奖。

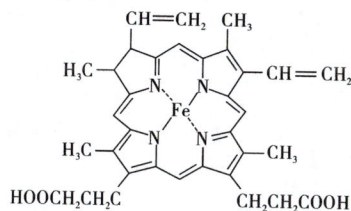

血红素（heme）

2-硝基吡咯　　　3-硝基吡咯
（51%）　　　　（13%）

2-硝基噻吩　　　3-硝基噻吩
（60%）　　　　（10%）

2. 加成反应

呋喃、噻吩和吡咯都可催化加氢生成相应的四氢衍生物，噻吩及吡咯还可以部分还原为二氢衍生物。

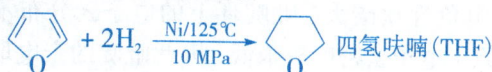

$$\text{吡咯} + 2H_2 \xrightarrow{\text{Ni/200℃}} \text{四氢吡咯}$$

$$\text{吡咯} + 2H_2 \xrightarrow[\text{室温}]{\text{Zn/CH}_3\text{COOH}} \text{二氢吡咯}$$

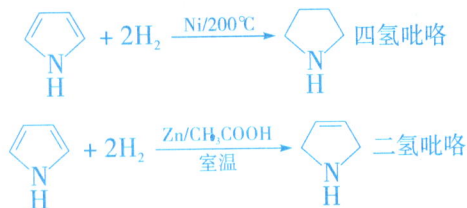

3.吡咯的弱酸性

吡咯从结构上看是环状仲胺,但几乎不具有碱性。这是由于氮原子上的未共用电子对参与了环的共轭体系,使氮原子上电子云密度降低,减弱了与质子的结合能力。相反,吡咯氮原子上的氢却较活泼,具有弱酸性($pK_a = 17.5$),其酸性介于醇和酚之间,可以和强碱(如金属钾、固体氢氧化钾)作用生成盐,也可以与格氏试剂反应生成吡咯卤化镁和烃。

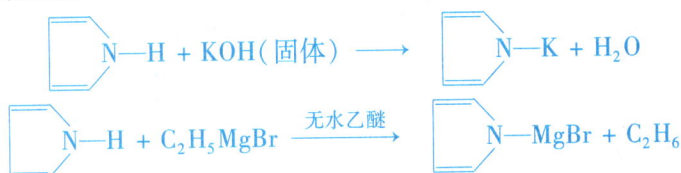

$$N\text{—}H + KOH(\text{固体}) \longrightarrow N\text{—}K + H_2O$$

$$N\text{—}H + C_2H_5MgBr \xrightarrow{\text{无水乙醚}} N\text{—}MgBr + C_2H_6$$

12.2   六元杂环及稠杂环化合物

重要的六元杂环及稠杂环化合物主要有吡啶(pyridine)、嘧啶(pyrimidine)及稠杂环喹啉(quinoline)。

吡啶   嘧啶   喹啉   异喹啉

12.2.1   吡啶的结构

吡啶可看出是将苯环的一个 CH 换成氮原子所得到的化合物。环上的五个碳原子和一个氮原子均以 sp^2 杂化轨道成键,组成六元平面环状结构。环上碳原子和氮原子上各有一个含一个电子的互相平行的 2p 轨道,垂直于六元环平面,发生侧面重叠,形成具有 6 个原子 6 个电子的环状共轭体系(大 π 键),氮原子有一对电子以未共用电子对的形式占据在 sp^2 杂化轨道上,不参与成键。因大 π 键电子符合 Hückel 规则,故吡啶具有一定的芳香性。吡啶的结构如图 12 - 2 所示。

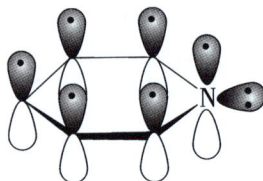

图 12 - 2   吡啶的结构

由于氮的电负性比碳大,吡啶环上的电子云分布不如苯那样均匀,且环上碳原子电子云密度较苯低,因此吡啶的亲电取代反应比苯

难，亲电取代活性类似硝基苯。吡啶环上氮原子附近电子云密度较大，可以接受质子，因而具有碱性，易溶于水。

12.2.2　吡啶的化学性质

1. 吡啶的碱性

吡啶具有弱碱性（$pK_b = 8.8$），碱性比氨和脂肪胺弱，比苯胺强，与无机酸作用能形成盐。

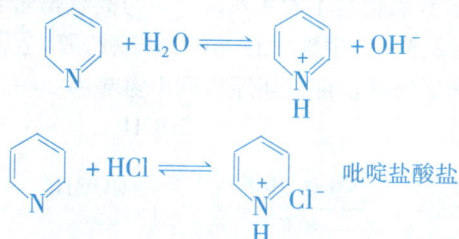

吡啶与长链（碳原子数在 10~20 之间）的卤代烷结合得到一类相当于季铵盐的产物，可在选矿中用作阳离子捕收剂。

2. 吡啶的取代反应

吡啶可发生卤化、硝化、磺化等亲电取代反应，但比苯要难，取代基主要进入 β 位。吡啶不能发生傅－克反应。例如：

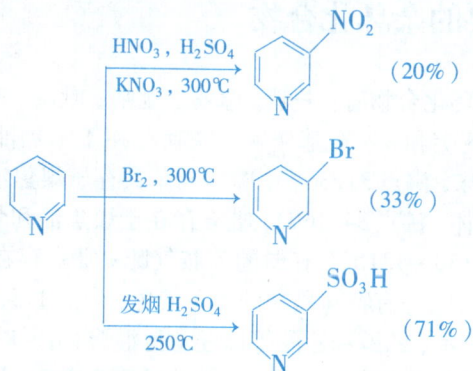

3. 吡啶的还原反应

吡啶较苯容易还原，可用催化氢化或乙醇钠还原。例如：

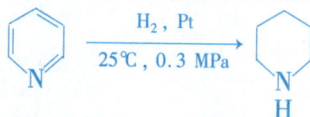

12.2.3　喹啉的化学性质

喹啉的化学性质与吡啶相似，具有弱碱性，可以成盐；能够发生亲电取代反应和亲核取代反应。由于喹啉中吡啶环上氮原子的电负性使吡啶环电子云密度小于苯环，因此亲电取代反应发生在苯环上，亲核取代反应发生在吡啶环上。

吡啶的亲电取代反应主要发生在 β 位，是因为 β 位电子密度相对较大，亲电试剂较易进攻。根据量子力学的计算，吡啶分子中有效电荷分布为：

$+0.18$
$+0.05$
$+0.15$
$N -0.58$

思考题：

一般芳烃的卤代用 FeX_3 做催化剂，但吡啶溴代时不能用 $FeBr_3$ 催化，为什么？

因吡啶氮原子上的孤对电子可与 $FeBr_3$ 形成配合物，氮原子带正电，进一步降低环碳电子密度，使得吡啶更难发生亲电取代。

5 - 硝基喹啉(52%)   8 - 硝基喹啉(48%)

8 - 羟基喹啉是喹啉的衍生物,在冶金和选矿中用作浮选药剂和冶金萃取剂。8 - 羟基喹啉难溶于水,溶于乙醇或稀酸,易和金属离子生成难溶于水的五元环螯合物。这种螯合物易溶于有机溶剂,因此,8 - 羟基喹啉是一种很重要的萃取剂,同时也可做捕收剂。

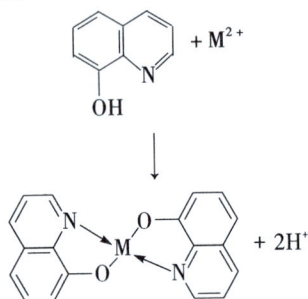

喹啉与大多数氧化剂不发生反应,但与高锰酸钾作用时,苯环断裂,生成吡啶 - 2,3 - 二甲酸。在 Sn/HCl 或乙醇/金属钠中还原喹啉可得到四氢喹啉,进一步催化还原得到十氢喹啉。

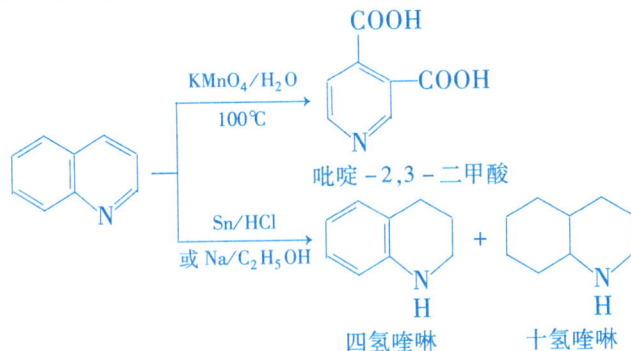

吡啶 - 2,3 - 二甲酸

四氢喹啉   十氢喹啉

12.3 重要的杂环化合物

重要的杂环化合物有:呋喃、噻吩、吡咯、吡啶、喹啉、α - 呋喃甲醛、吲哚、嘧啶和 8 - 羟基喹啉。呋喃存在于木焦油中,为无色液体,有氯仿气味,沸点 31.36℃;噻吩与苯共存于煤焦油中,为无色有特殊气味的液体,沸点 84.16℃;吡咯存在于煤焦油和骨焦油中,为无色液体,沸点 130 ~ 131℃,有弱的苯胺气味;吡啶存在于煤焦油、页岩油和骨焦油中,是有特殊臭味的无色液体,沸点 115.5℃,相对密度为 0.982,可与水、乙醇和乙醚等以任意比混溶;α - 呋喃甲醛俗称糠醛,是呋喃的重要衍生物之一。α - 呋喃甲醛为无 α - H 的醛,具有广泛的用途,是有机合成的重要原料,广泛应用于油漆和树脂工业。

习题

1. 完成下列反应:

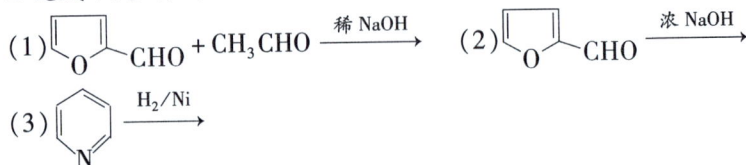

2. 简要回答下列问题:

(1) 为什么呋喃、吡咯和噻吩比苯容易发生亲电取代反应,而吡啶则比苯难发生亲电取代反应?

(2) 用休克尔规则说明二茂铁为何具有芳香性。

(3) 为什么碱性:哌啶(六氢吡啶) > 吡啶 > 吡咯?

第13章

元素有机化合物
(Elemento-Organic Compounds)

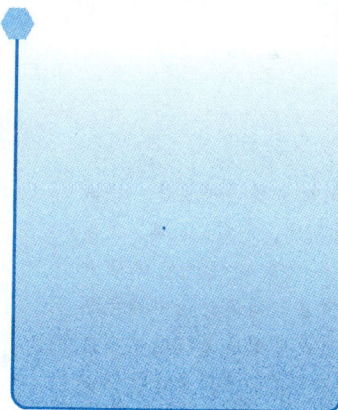

13.1　含硅有机化合物

含硅有机化合物指的是分子中含有碳—硅键的有机化合物。重要的有机硅化合物有硅烷、硅氧烷和有机硅高分子等。

硅和碳同属元素周期表的第ⅣA族,它们都是4价态元素。二者在化学性质上有许多相似的地方,能够形成许多结构相似的化合物,例如硅烷、卤代硅烷、硅醇、硅醚和硅酮等。这类化合物分子含有碳—硅键,称为有机硅化合物,见表13-1。

但是与碳原子不同,硅的原子半径较大(硅原子半径为0.17 nm,碳原子为0.077 nm),因此有机硅在性质上与含碳化合物又有差别,这些差别反映在有机硅化合物的结构上,有如下几个突出的特点。

1)Si—Si键没有C—C键牢固,因此硅原子不能形成很长的硅链。已知的最长硅链为6个硅原子的己硅烷。但是,Si—O键的键能比C—O键能大,因而硅能通过Si—O键形成很长的聚硅氧链。这可以从下面列出的电负性和键能数据得到解释。

电负性:Si 1.8;C 2.5;O 3.5;H 2.15

键能/(kJ·mol^{-1}):C—Si 301

C—C 327.3 > Si—Si 221.5

C—H 415.3 > Si—H 317.7

C—O 359.8 < Si—O 451.4

表13-1　有机含硅化合物

碳化合物		硅化合物	
名称	构造式	名称	构造式
甲烷	CH_4	甲硅烷	SiH_4
乙烷	$CH_3—CH_3$	乙硅烷	$H_3Si—H_3Si$
三氯甲烷	$CHCl_3$	三氯(甲)硅烷	$SiHCl_3$
四氯化碳	CCl_4	四氯化硅	$SiCl_4$
甲醇	CH_3OH	甲硅醇	SiH_3OH
四甲基甲烷	$(CH_3)_4C$	四甲基(甲硅)烷	$(CH_3)_4Si$
叔丁基醚	$(CH_3)_3C—O—C(CH_3)_3$	六甲基二(甲)硅醚	$(CH_3)_3Si—O—Si(CH_3)_3$

2)硅一般不能形成烯烃、炔烃相应的硅化物,也不形成简单的硅芳香环。

3)硅原子半径比碳大,可极化度大,而电负性较小,与C、H相连时呈正电性,因此易受亲核试剂进攻。由于碳原子体积较大,在反应时所受空间位阻较小,因而化学反应活性比碳大。

4)硅原子除以sp³杂化轨道成键外,还可利用其空的3d轨道参与成键,采取sp³d杂化(五配位体,双三角锥型络合物)或sp³d²杂化(六配位体,正八面体型络合物)形成不同的化合物。如氟硅酸根负离子[SiF$_6$]$^{2-}$就是一个六配位体化合物,而碳原子的价态一般不超过4。

有机硅化合物自20世纪30年代以来得到了迅速的发展,是元素有机化合物中研究得较多的一种,在现代化学工业中占有相当重要的

硅油

(1)硅油的分类:硅油是一类具有各种不同黏度,无毒、无臭、无腐蚀,不易燃烧的聚硅氧烷液体油状物。其中,甲基硅油是硅油中最主要的品种,通过改变聚硅氧烷的聚合度及有机基团的种类,或使聚硅氧烷与其他有机物共聚,可以制得具有防水、抗黏、脱模、消泡等基本特性的硅油。硅油的品种很多,大致可分为线形硅油及改性硅油两大类。

(2)硅油制品及应用:硅油有许多特殊性能,如温黏系数小、耐高低温、抗氧化、闪点高、挥发性小、绝缘性好、表面张力小、对金属无腐蚀、无毒等。由于这些特性,硅油被应用在许多方面而具有卓越的效果。在各种硅油中,以甲基硅油应用得最广泛,是硅油中最重要的品种,其次是甲基苯基硅油。各种官能性硅油及改性硅油主要用于特殊目的。

地位。

有机硅又称硅酮或硅氧烷，是由硅氧互相交联而成的硅氧烷有机聚合物，具有耐寒、耐热、耐氧化、电绝缘等一般有机聚合物所不具备的优良特性，在这些有机硅的化合物中，聚硅氧烷由于其自身的特殊结构特点，应用领域尤为广泛。

有机硅材料主要分为硅橡胶、硅油及二次加工品、硅树脂及硅烷偶联剂四大类产品。由于有机硅产品具有电气绝缘、耐辐射、阻燃、耐腐蚀、耐高低温、形态多样以及生理惰性等优良特性，被誉为工业味精，广泛应用于电子电气、建筑建材、纺织、轻工、医疗、机械、交通运输、塑料橡胶等各行业，并深入到人们生活的各个领域，成为化工新材料的佼佼者，其发展正可谓方兴未艾。

有机硅产品繁多，品种牌号多达万余种，常用的就有 4000 余种，大致可分为原料、中间体、产品及制品三大类：1）有机硅单体，主要指有机氯硅烷等合成有机硅高聚物的单体，如甲基氯硅烷、苯基氯硅烷、乙烯基氯硅烷等原料。2）有机硅中间体，主要指线状或环状体的硅氧烷低聚物，如六甲基二硅氧烷（MM）、八甲基环四硅氧烷（D4）、二甲基环硅氧烷混合物（DMC）等。3）有机硅产品及制品，由中间体通过聚合反应，并添加各类无机填料或改性助剂制得的有机硅产品，主要有硅橡胶（高温硫化硅橡胶和室温硫化硅橡胶）、硅油及二次加工品、硅树脂及硅烷偶联剂四大类。

13.2　含硫化合物

硫与氧处于同一主族，能形成一系列与含氧化合物相当的共价化合物，对应于醇、醚、酚，有机硫化合物有**硫醇**（thiol 或 mercaptan）、**硫醚**（thioether）和**硫酚**（thiophenols）。命名时将对应的氧化物醇、醚和酚改为"硫醇""硫醚""硫酚"即可。例如：

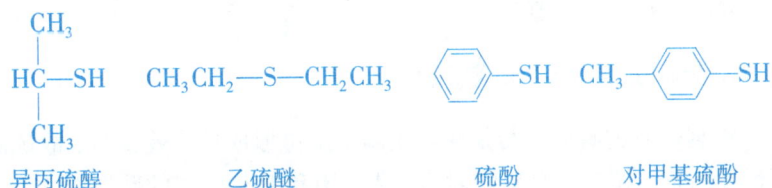

$$\begin{matrix} & CH_3 & & & & \\ & | & & & & \\ & HC—SH & CH_3CH_2—S—CH_2CH_3 & \bigcirc—SH & CH_3—\bigcirc—SH \\ & | & & & & \\ & CH_3 & & & & \end{matrix}$$

异丙硫醇　　　　　　乙硫醚　　　　　　硫酚　　　　对甲基硫酚

13.2.1　硫醇、硫酚和硫醚

1. 硫醇的酸性及与重金属成盐

硫原子半径比氧原子大，S—H 键的键长较 O—H 键长，以致硫氢键的离解能比相应的氧氢键的离解能小，因此硫醇、硫酚的酸性比醇和酚的酸性要强。如 C_2H_5SH 的 $pK_a = 10.6$，硫酚的 $pK_a = 7.8$。

硫氢键的离解还表现在与重金属（Hg^{2+}、Pb^{2+}、Ag^+、Cu^{2+} 等）的氧化物或盐作用，生成不溶于水的硫醇盐。

$$2RSH + HgO \longrightarrow (RS)_2Hg\downarrow（白色）+ H_2O$$

$$2RSH + (CH_3COO)_2Pb \longrightarrow (RS)_2Pb（黄色）+ 2CH_3COOH$$

硫醇的重金属盐溶解度小，因此硫醇可用作硫化矿的捕收剂，由于相对分子质量较小的硫醇具有异臭，选矿时不选用，而用相对分

重金属解毒剂原理：

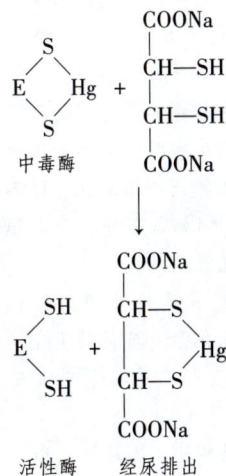

中毒酶

活性酶　经尿排出

质量较大的二元硫醇做铜、铅、锌和铁等金属硫化矿捕收剂。硫醇能很好地萃取钯,而铂系其他金属不被萃取,故可用于分离其他铂系金属。在医学上,邻二硫醇(如 2,3 - 二巯基丁二酸钠)可用作重金属的解毒剂。

2. 硫醇的氧化反应

硫醇比醇易氧化。在缓和的氧化剂(如空气中的 O_2,H_2O_2、I_2—NaOH 等)存在下,硫醇可被氧化生成二硫化合物。

$$C_5H_{11}SH + I_2 + NaOH \longrightarrow C_5H_{11}—S—S—C_5H_{11}$$

硫醇与强氧化剂(如 HNO_3、$KMnO_4$)作用时,则可氧化成磺酸。

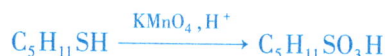

$$C_5H_{11}SH \xrightarrow{KMnO_4,H^+} C_5H_{11}SO_3H$$

在蛋白质中,二硫键对保持蛋白质分子特殊空间结构具有重要意义。

3. 硫醚的氧化

硫醚在室温下可被 HNO_3 或 H_2O_2 氧化成亚砜;在高温下,硫醚可被发烟硝酸、高锰酸钾氧化成砜。例如:

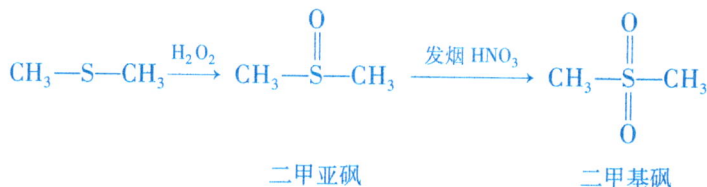

二甲亚砜　　　　　二甲基砜

二甲亚砜(DMSO)为无色液体,溶于水。由于它极性较强,能溶解许多在其他溶剂中不能溶解的物质,故为一种优良的非质子极性溶剂。也是一种萃取剂,通过氧原子配位。与二烷基硫醚一样,它能萃取钯、金等亲硫金属。在性质上二烷基亚砜比二烷基硫醚抗氧化能力强,因而更有实用价值。

4. 硫醚与金属离子形成𬭩盐

硫醚可通过硫原子与某些金属离子配位形成配合物𬭩盐,故硫醚可做萃取剂,如二己基硫醚对金、汞、铂和钯有很高的萃取能力,而对其他杂质几乎不萃取。

13.2.2　含硫捕收剂

1. 黑药和黄药

醇与 NaOH 和 CS_2 作用,生成黄原酸钠,在选矿上称为黄药,为应用最广泛的硫化矿捕收剂。

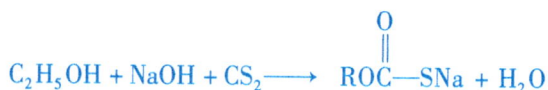

$$C_2H_5OH + NaOH + CS_2 \longrightarrow ROC(=O)—SNa + H_2O$$

醇与 P_2S_5 作用,得到二烷基二硫代磷酸,又称黑药。若烷基为丁基,称为丁基黑药,用氨和丁基黑药可得到丁铵黑药,也是一种硫化矿捕收剂。

捕收剂,是改变矿物表面疏水性,使浮游的矿粒黏附于气泡上的浮选药剂。其为最重要的一类浮选药剂,它具有两种最基本的性能:(1)能选择性地吸附在矿物表面上;(2)能提高矿物表面的疏水程度,使之易于在气泡上黏附,从而提高矿物的可浮性。

捕收剂绝大多数都是异极性有机化合物,例如黄药类、羧酸类、脂肪胺类等。其分子的结构中一般都包含两个基:极性基和非极性基,它们对整个分子浮选性能有重要影响,捕收剂极性基的组成和结构决定捕收剂的化学性质和在水中的解离性质。

各类捕收剂在水中解离后,极性基中的亲固原子主要是—S—、—O—和—NH_3^+。一般地说,当捕收剂的亲固原子与矿物中的非金属元素同类时,就可以发生捕收作用。

黑药在硫矿浮选中应用较广泛,仅次于黄药的捕收剂。1925 年开始应用,化学名称为二烃基硫代磷酸盐,分二烷基二硫代磷酸盐与二烷基一硫代磷酸盐两大类别。黑药的品种很多,但早期应用的大部分品种为黑褐色液,故中国通称黑药。黑药可视为磷酸二烃酯中有两个氧被硫取代的衍生物。酸式黑药不溶于水,可溶于有机物溶剂,例如苯胺中。铵盐和钠盐可溶于水成混浊液。

黑药比黄药性质稳定,不易分解。受到氧化后,与黄药类似,也可生成"复黑药","复黑药"也是硫化矿捕收剂。

与黄药相比,黑药的浮选性质具有选择性高、稳定性好的特点。

$$4n - C_4H_9OH + P_2S_5 \longrightarrow 2(n - C_4H_9O)_2P \overset{S}{\underset{SH}{\parallel}} + H_2S$$

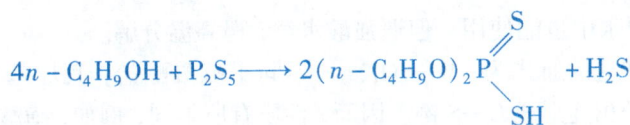

二丁基二硫代磷酸(丁基黑药)

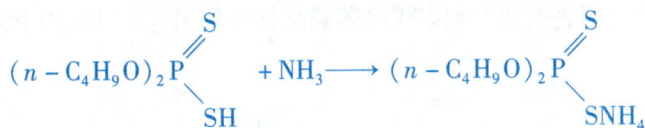

$$(n - C_4H_9O)_2P \overset{S}{\underset{SH}{\parallel}} + NH_3 \longrightarrow (n - C_4H_9O)_2P \overset{S}{\underset{SNH_4}{\parallel}}$$

丁铵黑药

2. 甲酚黑药

甲酚与 P_2S_5 在 120～240℃反应 2h，生成二甲苯基二硫代磷酸，又称为甲酚黑药，一种硫化矿浮选剂。

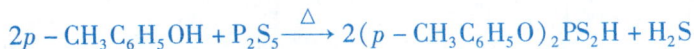

$$2p - CH_3C_6H_5OH + P_2S_5 \overset{\triangle}{\longrightarrow} 2(p - CH_3C_6H_5O)_2PS_2H + H_2S$$

13.2.3　含硫表面活性剂

凡是溶于水能够显著降低水的表面能的物质称为表面活性剂 (surface active agent，SAA) 或表面活性物质。表面活性剂是一类即使在很低浓度时也能显著降低表(界)面张力的物质。表面活性剂有天然的，如磷脂、胆碱、蛋白质等，但更多的是人工合成的，如十八烷基硫酸钠 ($C_{18}H_{37}$—SO_3Na)、硬脂酸钠 ($C_{17}H_{35}$—$COONa$) 等。表面活性剂范围十分广泛(阳离子、阴离子、非离子及两性)，为具体应用提供多种功能，包括发泡效果、表面改性、清洁、乳液、流变学、环境和健康保护等。

表面活性剂分子具有独特的两亲性：一端为亲水的极性基团，简称亲水基，也称为疏油基或憎油基，如—H、—COOH、—SO_3H、—NH_2；另一端为亲油的非极性基团，简称亲油基，也称为疏水基或憎水基，如 R—(烷基)、Ar—(芳基)。两类结构与性能截然相反的分子碎片或基团分处于同一分子的两端并以化学键相连接，形成了一种不对称的、极性的结构，因而赋予了该类特殊分子既亲水又亲油，但又不是整体亲水或亲油的特性。表面活性剂的这种特有结构通常称之为"双亲结构"(amphiphilic structure)。表面活性剂要呈现特有的界面活性，必须使疏水基和亲水基之间保持一定的平衡。亲水亲油平衡值 (Hydrophile - Lipophile Balance，简称 HLB 值)，表示表面活性剂的亲水疏水性能，如石蜡 HLB 值为 0(无亲水基)，聚乙二醇 HLB 值为 20(完全亲水)。对阴离子表面活性剂，可通过乳化标准油来确定 HLB 值。HLB 值可作为选用表面活性剂的参考依据。

常见的含硫表面活性剂有硫酸酯盐和磺酸盐。

硫酸酯盐是硫酸酸性酯(单酯)的盐，一般为钠盐，通式为：R—OSO_3Na。其中烃基 R 一般为 C_{12-18}。可用高级醇、烯烃、含有羟基或双键的羧酸及其酯与硫酸、发烟硫酸或氯磺酸盐反应，再与碱中和制备。例如：月桂醇硫酸酯钠的制备：

$$C_{12}H_{25}OH \overset{H_2SO_4}{\longrightarrow} C_{12}H_{25}OSO_3H \overset{NaOH}{\longrightarrow} C_{12}H_{25}OSO_3Na$$

高级醇硫酸酯盐的水溶性、洗涤性均好于肥皂，对羊毛等无损

表面活性剂的分类方法很多，根据疏水基结构进行分类，分直链、支链、芳香链、含氟长链等；根据亲水基进行分类，分为羧酸盐、硫酸盐、季铵盐、PEO 衍生物、内酯等；根据其分子构成的离子性分成离子型、非离子型等，还有根据其水溶性、化学结构特征、原料来源等的各种分类方法。但是众多分类方法都有其局限性，很难将表面活性剂合适定位，并在概念内涵上不发生重叠。人们一般都认为按照它的化学结构来分比较合适。即当表面活性剂溶解于水后，根据是否生成离子及其电性，分为离子型表面活性剂和非离子型表面活性剂。

按极性基团的解离性质分类：

(1) 阴离子表面活性剂：硬脂酸、十二烷基苯磺酸钠；

(2) 阳离子表面活性剂：季铵化物；

(3) 两性离子表面活性剂：卵磷脂、氨基酸型、甜菜碱型；

(4) 非离子表面活性剂：烷基葡糖苷(APG)、脂肪酸甘油酯、脂肪酸山梨坦(司盘)、聚山梨酯(吐温)。

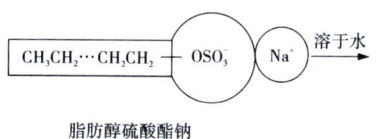

脂肪醇硫酸酯钠

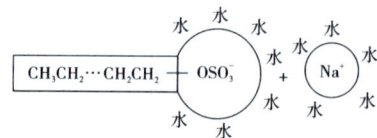

溶于水中的阴离子表面活性剂示意图

害,在硬水中也能使用。但遇强酸水解,遇高温分解。

磺酸盐的通式为:R—SO₃Na。不同于硫酸酯盐,其烃基 R 直接与 S 原子相连形成 C—S 键。因而,性质有所不同,例如,磺酸盐遇强酸或加热均不易分解。

磺酸盐型表面活性剂以烷基苯磺酸钠应用最广,可以用下列方法制备:

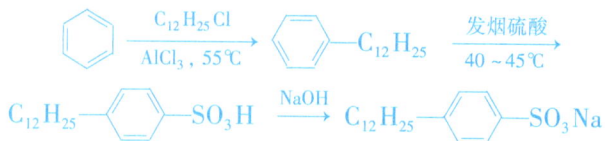

十二烷基苯磺酸钠广泛用于工业和日常生活中,是合成洗涤剂的主要成分之一。

13.3 含磷化合物

含有 C—P 键的化合物和含有有机基团的磷酸衍生物统称为有机磷化合物。常见的含磷化合物有:烃基膦酸、酸性磷酸酯、中性有机磷(膦)化合物和有机磷酰胺。请注意磷、膦和鏻的区别:磷表示单质及不含 C—P 键的化合物,膦表示含有 C—P 键的化合物,鏻表示 $R_4P^+X^-$ 型的化合物。

13.3.1 烃基膦酸

正磷酸分子中一个或两个羟基被烃基取代的化合物,称为烃基膦酸:

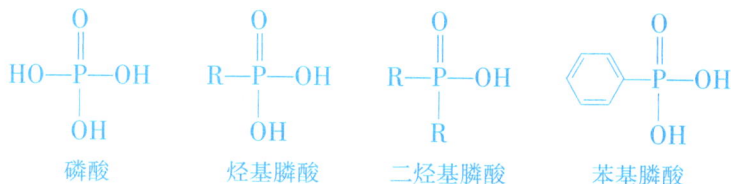

磷酸   烃基膦酸   二烃基膦酸   苯基膦酸

按烃基的种类又可分为烷基膦酸和芳基膦酸,由于都含有一个共同的官能团—P=O,因而有着基本相同的性质。

几乎所有的烃基膦酸的 pK_a 均在 2.5 左右,酸性强于脂肪酸,在水中分为两步电离:

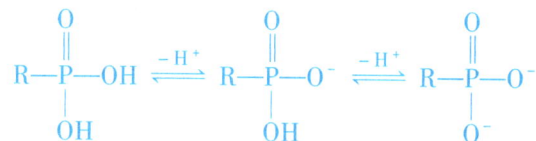

膦酸在水中有一定溶解度,但在酸性介质中电离受到抑制,烃基膦酸根减少,故在酸性溶液中,溶解度降低;反之,在碱性溶液中,溶解度增大。当 pH 为 9.5~12.0 时溶解度最大。

膦酸与 Ca^{2+}、Fe^{2+}、Fe^{3+}、Sn^{4+}、Cu^{2+}、Pb^{2+} 等生成难溶于水的盐。例如,膦酸与亚锡离子的反应为:

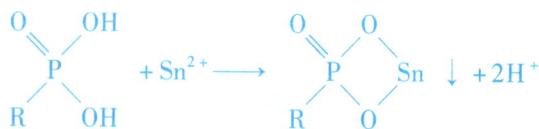

与四价锡作用时,除生成四价锡配合物外,还生成二氧化锡的水合物,只有在特定条件下才产生膦酸高锡:

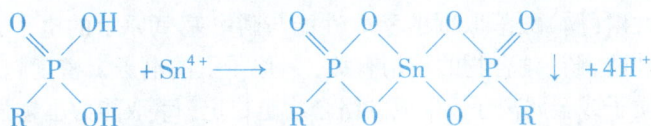

由于能与二价和四价锡等生成难溶于水的盐,膦酸可用作捕收剂。长链的膦酸也能用作萃取剂。

13.3.2　酸性磷酸酯

磷酸分子中的一个或两个氢原子被烷基取代后生成的化合物,称为酸性磷酸酯:

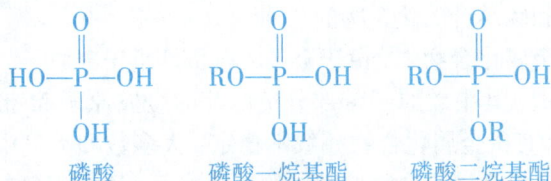

磷酸　　磷酸一烷基酯　　磷酸二烷基酯

它们在构造式上的特点是烷基碳原子通过氧原子间接与磷相连,对于很多萃取剂,习惯上不叫磷酸某酯,而叫作某基磷酸。

与烃基膦酸一样,在水溶液中酸性磷酸酯会电离出氢离子,其酸性强于脂肪酸,在水中的溶解度也随 pH 增大而增大。

与羧酸一样,二烷基磷酸通过氢键发生分子间的缔合作用:

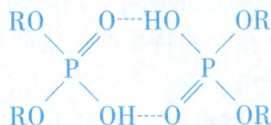

一般认为在非极性溶剂中,二烷基磷酸是以双分子缔合形式(二聚体)存在的。

某些金属离子可与二烷基磷酸分子中的氢发生交换反应。例如与钴离子的反应为:

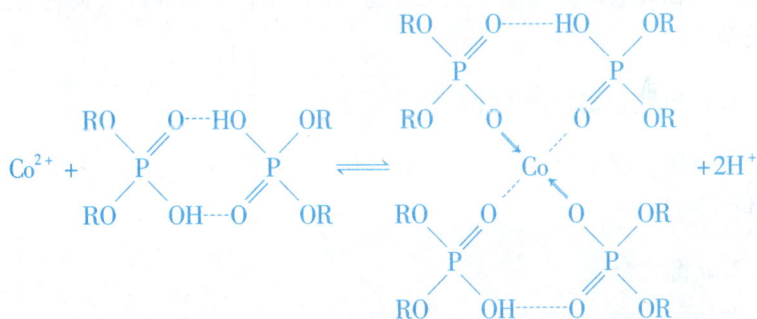

在萃取冶金中,有时把二烷基磷酸转换为铵盐或钠盐,再进行阳离子交换,由于它们和脂肪酸一样都具有酸性,也叫酸性萃取剂。

13.3.3　中性有机磷(膦)化合物

当磷酸分子中三个羟基全被烃基化或取代可得到中性有机磷(膦)化合物。烃基可以是烷基和芳基,但工业中萃取剂一般都是烷基构造的化合物,按取代情况有以下四类:

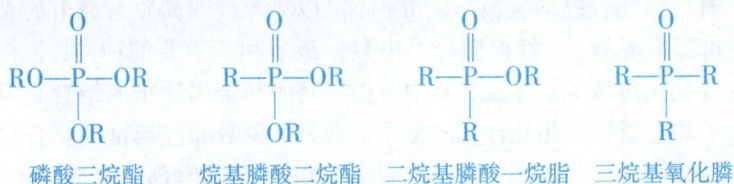

磷酸三烷酯　　烷基膦酸二烷酯　　二烷基膦酸一烷脂　　三烷基氧化膦

冶金萃取剂:能与被萃取物形成溶于有机相的萃合物的化学试剂。在湿法冶金中,萃取剂的作用是与被萃取的金属通过配合化学反应生成萃合物萃入到有机相,又能通过某种化学反应使被萃取的金属从有机相反萃取到水相,由此而达到金属提纯与富集的目的。萃取剂是影响萃取工艺成败的最关键因素。

中性磷(膦)酸萃取剂的萃取性能与磷酰基氧原子的电子云密度以及中性磷(膦)化合物的结构有关,氧原子上的电子云密度越大,越易结合质子或金属离子,生成的络合物越稳定,萃取能力也越强。

13.4 有机金属化合物简介

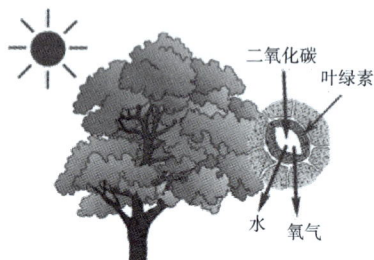

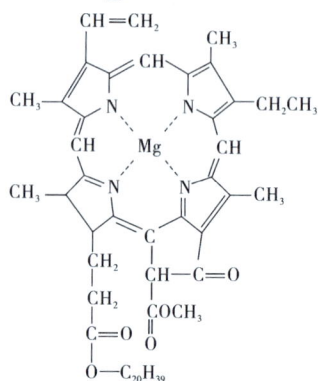

叶绿素

维生素 B_{12}

在有机化合物中,除含有 H、O、N、X 和 S 等常见元素外,还含有其他元素的有机化合物称为元素有机化合物。可分为两大类:有机金属化合物和有机非金属化合物。所谓有机金属化合物即除金属碳化物以外金属和碳结合的化合物的总称。

在有机金属化合物中,由于金属的电负性小于碳原子,因此,C—M 键为极性键,其中碳原子带部分负电荷而金属原子 M 带部分正电荷质,因此,有机金属化合物一般不稳定,大多数和大气中的氧反应引起自燃。有机金属化合物烷基链的长度越短,这个现象越显著。如三甲基铝 $(CH_3)_3Al$ 可引起爆炸。另外,一般的有机金属化合物与水、醇等的反应性也强,多数生成醚、胺络合物。有机金属化合物多数对热不稳定,热分解生成链烷、链烯和氢等,同时析出金属。金属有机化合物有重要的实际应用,例如四乙基铅曾作为汽油抗爆剂、有机锡和有机锑作为聚氯乙烯的热稳定剂等。同时,有机金属化合物还可以用作催化剂,如烯烃定向聚合的特异性催化剂 $R_3Al - TiCl_3$。烷基铝、烷基铟、烷基镓主要用于电子工业作化学气相沉积(CVD)材料。在常温常压下多呈液态,不易分解且能气化的也不少。

13.4.1 有机金属化合物分类

根据金属在元素周期表中的位置和 C—M 键的类型,传统上有机金属化合物大致可分为离子型化合物、σ 键化合物和非经典化合物三种类型。

1. 正电性金属的离子化合物

碱金属和碱土金属所形成的烃基化合物大多为离子化合物,通式为 RM、R_2M。

2. σ 键化合物

这类化合物是由正电性较低的大多数金属生成,当然也包括非金属元素在内,分子内有机基团与金属通过一般的双电子共价键结合(虽然某些场合具有一些离子键的性质),通常的价键规则在这里是适用的,并且有机基团能够部分取代卤离子、氢氧离子等,主要形成 σ 键的化合物,例如 R_2Hg、$(C_2H_5)_4Pb$、$(CH_3)_3SnCl$ 等。

3. 非经典键的化合物

有许多化合物的金属—碳键,不能以离子键或简单意义上的 M—C 共价键来解释,非经典键分子中数量最多和最重要的种类,包括那些主要是由过渡元素生成,其中不饱和基团与金属原子的结合是通过 π 电子和金属轨道相互作用的分子。此外,少数非经典键的化合物是带有桥式烃基组成的,B、Al、Ga、In、和 Tl 等元素都能生成很稳定、

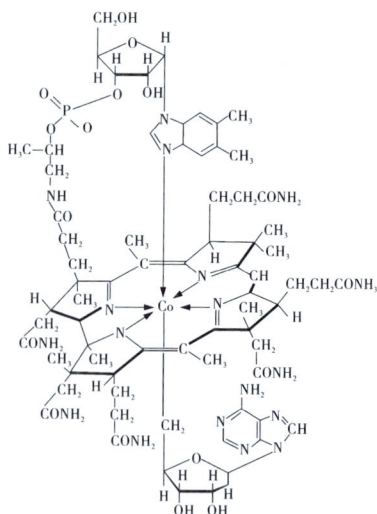

但又很活泼的三烷基和三芳基化合物，其中 B、Ga、In、Tl 的化合物在蒸气和溶液中都以单体形式存在，$(CH_3)_3In$ 和 $(CH_3)Tl$ 在晶体中形成四聚物但缔合力弱，性质不稳定，在第三族中唯一能生成几种稳定的二聚物是铝化合物，三甲基铝在苯溶液中是二聚物，甚至在气象中也有部分二聚物。其中一类为多中心键化合物，例如 Al···R···Al 等；另一类非经典化合物是由过渡金属与不饱和烃、芳烃形成的 Π 配合物，例如二茂铁等，通称为非经典化合物。有机金属化合物是一类重要的有机化合物，常见的如二茂铁。

13.4.2　主族金属元素有机化合物简介

化学家认识有机金属化合物是从主族有机金属化合物开始的，有机镁、有机锂、有机锌以及后来的有机铝、有机硼和有机硅等，在有机合成上都获得了广泛的应用。格氏试剂以及格氏试剂在有机合成中的广泛应用获 1912 年诺贝尔奖，三乙基铝和四氯化钛催化剂实现了烯烃的定向聚合，获得了 1963 年诺贝尔奖，1979 年有机硼和有机磷试剂及其在有机合成上的应用获诺贝尔奖等。

有机金属化合物的反应活性主要是由有机金属化合物中的 C—M 键化学活性决定的，C—M 键化学活性与金属的电负性有关。电负性很小，电正性很强的 I_A（Li 除外）、II_A（Be 和 Mg 除外）金属，C—M 键是离子键，它们的有机金属化合物活性高，制备也困难，在过去，有机钠（钾）的有机金属化合物，一般都避免用它们作为有机合成试剂，更谈不上在工业上的应用。

某些具有活泼氢的烃类（酸性较大），如，乙炔、环戊二烯、三苯甲烷以及一些杂环化合物可以与金属发生反应生成有机金属化合物。如：

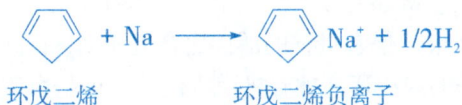

$$\text{环戊二烯} + Na \longrightarrow \text{环戊二烯负离子} \ Na^+ + 1/2H_2$$

Wŭrtz（武慈）合成法是一种实验室用卤代烷的乙醚溶液与金属钠反应制备烷烃的方法。反应有可能生成有机钠。

$$2RX + Na \longrightarrow R\text{—}R + NaX$$

还有许多金属有机化合物可以与 C=C 或 C≡C 加成。例如：

$$CH_2=CH_2 + (CH_3)_3CLi \xrightarrow{\triangle} (CH_3)_3CCH_2CH_2Li$$

$$RC\equiv CH \xrightarrow{Na} RC\equiv CNa$$

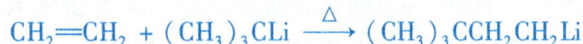

炔钠中炔基负离子（$R\text{—}C\equiv C^-$）是很稳定的，作为亲核试剂制备高级炔。很细的金属钠分散于烷烃中可与氯代烃反应，得到高产率的有机钠化合物，有机钠化合物比钾化合物应用得更广泛。

锂、镁的电负性比钠和钾要大，C—Li 键和 C—Mg 键都是极性共价键，因此这两种金属的有机化合物的反应活性要温和些，使用起来也就更方便；并且，它们又具有多样的反应性能，几乎可用来制备各类有机化合物，这也就是有机锂和有机镁（格氏试剂）在有机合成中广泛应用的原因。有机锂和有机镁的化合物有许多相似之处，它们都溶于乙醚和其他醚类溶剂中。它们的化学性能相似，凡是有机镁（格氏试剂）能发生的反应，有机锂化物都可以发生，它还比有机镁化物活

泼一些，格氏试剂不能发生的反应，有机锂化物则可能发生。但由于有机锂比较贵，凡是能用有机镁的反应，就不必用有机锂化物，当然有时必须用有机锂化物才能完成的反应除外。格氏试剂的制备与有机锂化合物的制备可以用金属与卤代烃反应得到，是比较经典的一类方法。例如，

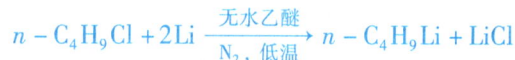

$$n-C_4H_9Cl + 2Li \xrightarrow[N_2,\ 低温]{无水乙醚} n-C_4H_9Li + LiCl$$

有机金属化合物中与金属原子连接的碳原子带负电，可以与卤代烷发生偶联(亲核取代)形成更长碳链的烃。例如：

$$(CH_3CH_2CH_2)_2CuLi + CH_3I \longrightarrow CH_3CH_2CH_2CH_3 + CH_3CH_2CH_2Cu + LiI$$

格氏试剂还可制备许多其他元素的有机物：

$$nRMgX + M'X_n \rightarrow R_nM' + nMgX_2$$

金属 M′ 的电负性小于 Mg，如 Zn、Sn、Pb、B、Al、Si、Hg 等。该法称为金属交换法，广泛用于制备其他元素的有机化合物。例如：

$$2C_2H_5MgCl + CdCl_2 \longrightarrow (C_2H_5)_2Cd + 2MgCl_2$$
$$3C_2H_5MgCl + AlCl_3 \longrightarrow (C_2H_5)_3Al + 3MgCl_2$$
$$2C_2H_5Li + ZnCl_2 \longrightarrow (C_2H_5)_2Zn + 2LiCl$$

三乙基铝可以与 α-烯烃在 100~120℃ 和加压条件下发生加成反应，使乙烯聚合生成聚乙烯，反应式如下：

$$(C_2H_5)_3Al \xrightarrow{CH_2=CH_2} (C_2H_5)_2AlCH_2CH_2C_2H_5 \xrightarrow{CH_2=CH_2} \cdots$$
$$Al[(CH_2CH_2)_mC_2H_5]_3 \xrightarrow{H_2O} 3CH_3(CH_2CH_2)_mCH_3 + Al(OH)_3$$

三乙基铝和四氯化钛组成复合催化剂，称为齐格勒-纳塔(Ziegler-Natta)催化剂，在工业上有广泛应用。

有机锌是发现和在有机合成中应用最早的有机金属化合物，布特列洛夫为了证明丁醇还有叔丁醇这个异构体而成叔丁醇时用的就是二甲基锌和丙酮反应。但有机锌的活性比有机镁低，有机镁(格氏试剂)发现后，有机锌的应用逐渐被有机镁所代替。正是由于有机锌的活性比有机镁低，它不与酯反应，由 α-卤代酸酯制备 β-羟基酸酯，即雷弗马斯基反应，使用的仍是有机锌。

有机硼是继有机锂、有机镁化合物之后又一类重要的有机金属化合物。硼的电负性为 2.0，远远高于碱金属、碱土金属和所有过渡金属的电负性，而与碳的电负性 2.5 非常接近，C—B 键基本上是共价的。因此，有机硼化合物与有机锂、有机镁不同，它是不亲核的，不与卤代烃、环氧化合物、羰基化合物等发生亲核的离子型反应。相反，在这类化合物中，硼原子周围只有六个电子，有机硼是缺电子化合物，所以，它是亲电的。这两点决定了有机硼化合物具有独特的化学性质。

较早制备有机硼是用金属交换的方法，1956 年，Brown 发现了硼氢化反应，使有机硼的制备更加方便，并发现了有机硼具有多样的反应性能，可以广泛应用于 C—H、C—O、C—C、C—X、C—N 键的形成，已是一类重要的有机合成试剂。如经硼氢化—氧化反应制备醇，是由烯烃制备特定取向和特定结构醇的好方法，反应步骤简单、副产物少、产率高，生成的醇恰好相当于烯烃酸催化水合的反马产物，反应具有高度的立体专一性，用手性的硼氢化试剂，可直接合成几乎光

Victor Grignard
1912 年法国科学家维克多·格林尼亚因格氏试剂获诺贝尔化学奖(分享)。

学纯的醇。

$$RCH{=\!\!=}CH_2 \xrightarrow{B_2H_6} (RCH_2CH_2)_3B \xrightarrow[OH^-,H_2O]{H_2O_2} RCH_2CH_2OH$$

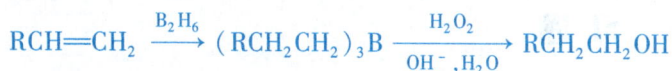

13.4.3　过渡金属有机配位化合物与金属有机框架化合物(MOFs)简介

　　过渡金属有机配位化合物属于无机化学和有机化学交叉学科的研究范围。1827 年,丹麦药学家蔡斯制得了铂的乙烯络合物 $K[Pt(C_2H_4)Cl_3]$,即蔡斯盐。这是第一个被发现的过渡金属有机配位化合物。1951 年英国与美国科学家独立地分别发现了二茂铁 $Fe(C_5H_5)_2$,并指出二茂铁为夹心式结构,这是一类全新的结构。如今,已在这类化合物中发现了许多新结构、新键型,以及不同于经典有机化学反应机理的新反应。随着有机过渡金属化学的飞速发展,许多均相催化反应相继用于工业化生产,不仅丰富了有机化学的内容,促进了理论有机化学的发展,也使有机合成的面貌为之一新。

　　金属有机框架化合物(MOFs)就是指由金属离子或金属簇与含有 O、N 原子的有机配体(大部分是吡啶,芳香羧酸类的配体)自组装而成的具有周期性网络结构的配位聚合物,它与高分子聚合物、无机聚合物及碳基材料不同,它具有许多优点:1)由于是由有机配体和金属离子组成,所以它无形中将有机化学、无机化学、配位化学等多个学科联系起来;2)由于是晶体化合物,所以具有高度的有序性、良好的热稳定性及化学稳定性;3)结构能够具有高度的可设计性;4)通过对有机配体的修饰,可以对孔道及表面进行功能化修饰,使其能够满足选择性吸附、催化或实现多功能化;5)金属有机框架化合物的合成比较简单,金属与羧酸或氮杂环反应比较容易。至今大多数 MOFS 使用的芳香族的羧酸都是多酸,它们的配位模式多种多样,由于反应过程中环境条件的不同,配位的方式也有所不同。吡啶类的配位模式比较单一(4,4′-联吡啶),且配位能力与羧酸相比弱一些,构筑的框架结构热稳定性能比羧酸的差一些,因此很多框架材料是用羧酸和吡啶类的混合双配体来做的。

　　MOFs 的基本构造单元是中心金属离子和有机配体,因此开放框架配位聚合物的设计合成可以通过选择合适的金属离子和具有延伸作用的空间配体在分子水平上进行自组装,并通过适当手段对配合物的结构进行调控,来得到结构新颖、性能特殊的 MOFs 材料。MOFs 作为一种潜在的新型功能性分子材料,与传统的沸石相比不仅具有无机和有机两方面的特点,而且化学稳定性好、空隙率高、比表面积大、合成方便、骨架规模大小可变以及可根据目标要求进行化学修饰、结构丰富等优点。这些特殊的性质使其在多相不对称催化、选择性分离、气体的吸附、分子传感、荧光、磁性、非线性光学、光活性纳米级药物的传输、生物医学成像等方面的潜在应用价值,已经成为材料科学研究领域的热点方向之一。

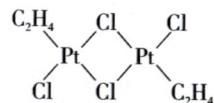

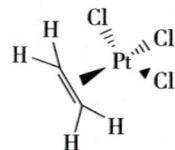

蔡斯盐

二茂铁　　　　乙酰二茂铁

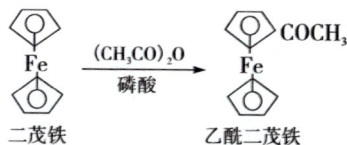

　　二茂铁是一种很稳定的具有芳香性的有机过渡金属配合物,其衍生物可作为火箭燃料的添加剂,还可以作为汽油的抗震剂、硅树脂和橡胶的防老剂及紫外线吸收剂等。二茂铁具有类似苯的一些芳香性,比苯更容易发生亲电取代反应,由于二茂铁分子中存在亚铁离子,对氧化剂的敏感限制了它在合成中的应用,如不能用混酸对其硝化。

习 题

1.名词解释：

(1)非经典金属有机化合物 (2)σ键化合物有机金属化合物
(3)MOFs

2.命名下列化合物：

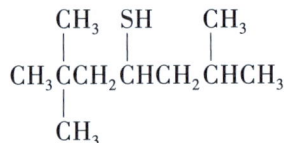

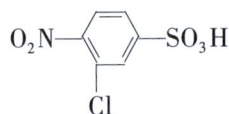

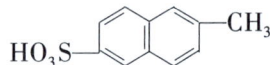

$$CH_3CH_2CHCH_2CHCH_3$$
（带有 CH_3、SH、CH_3 取代基，主链下方一个 CH_3）

邻硝基苯硫酚（SH 与 NO_2）

环己基异丙基硫醚（S）

O_2N—苯环—SO_3H，Cl 取代

HO_3S—萘环—CH_3

$(C_2H_5)_4Pb$ $(CH_3)_3SiCl$ $(C_2H_5O)_2P(CH_3)_2$

3.比较下列化合物的酸性

(1)CH_3CH_2OH 和 CH_3CH_2SH

(2)C_6H_5OH 和 C_6H_5SH

第 14 章

生物有机分子简介
(Introduction to Biological Organic Molecules)

有机化合物最早来源于生命体,认识和了解生命体中重要的有机化合物是有机化学的重要内容。糖、脂类、蛋白质和核酸等有机化合物是维系生命体的基本物质。

14.1 糖类

糖类是通过植物光合作用形成的,是无机分子和太阳能结合进入生命过程的主要产物,糖类和纤维素是以葡萄糖为单位的相对分子质量巨大的高聚物,是植物主要的结构成分,同时,糖类又是动物体内的重要能量来源。最初研究这类化合物时,发现都含有碳、氢、氧三种元素,且多数可用通式 $C_n(H_2O)_m$ 来表示,故而糖类又称之为碳水化合物。从化学结构的特点来看,碳水化合物是多羟基醛或多羟基酮和它们的脱水缩合产物。凡不能被水解成更小分子的糖称为单糖,如葡萄糖、果糖;凡能水解成 2~10 个单糖分子的糖称为低聚糖,又称寡糖,如麦芽糖、蔗糖;凡能水解为多个单糖分子的糖为多糖,如淀粉、纤维素等。

14.1.1 单糖

1. 单糖的结构

根据所含的羰基是醛基还是酮基,单糖可分为醛糖和酮糖。根据分子中所含碳原子的多少,单糖分为丙糖、丁糖、戊糖和己糖。重要的单糖有核糖、脱氧核糖(五碳糖)与葡萄糖、果糖(六碳糖)。自然界的单糖大都为 D - 构型。

D - 甘油醛　　D - 核糖　　D - 脱氧核糖　　D - 葡萄糖　　D - 果糖

游离单糖常以环状和开链的平衡混合物存在。例如,D - 葡萄糖在水溶液中以下列形式存在:

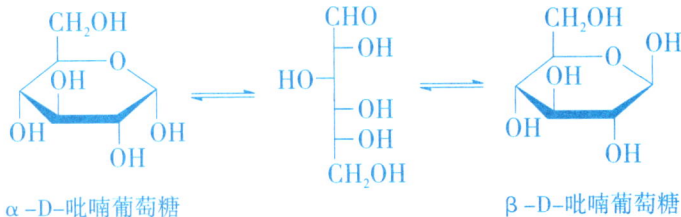

α -D-吡喃葡萄糖　　　　　　　　β -D-吡喃葡萄糖

上述环状结构式称为 Hamorth 式。C(1)羟基(半缩醛羟基)、C(5)羟甲基在环平面异侧的称为 α - 异构体,在环平面同侧的称为 β - 异构体,在水溶液中它们通过开链结构进行相互转化,平衡混合物中 β - 异构体占 64%,α - 异构体占 36%,开链占 0.02%。在晶体状态下,两者都可稳定存在。以下是自然界常见的 D - 核糖和 D - 果糖的环状结构:

Emil Fischer (1852—1919)

Emil Fischer 出生于德国科隆地区的奥伊斯基兴小镇,父亲劳伦兹·费歇尔是当地富有的企业家。他是 19 世纪的有机化学大师,对糖、酶、嘌呤、氨基酸和蛋白质进行了广泛、深入的研究。他发现了苯肼,对糖类、嘌呤类有机化合物的研究取得了突出的成就,因而荣获 1902 年的诺贝尔化学奖。

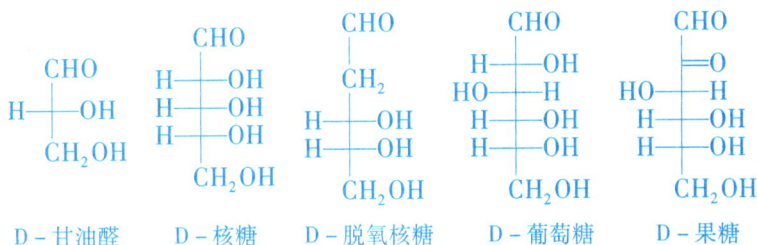

β-D-呋喃果糖　　　　　　β-D-呋喃核糖

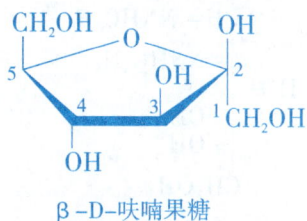

2. 单糖的化学性质

单糖分子中有多个羟基，具有醇的一般性质，如能发生酯化、氧化、成醚、分子内脱水等反应。单糖主要以环状结构形式存在，但在水溶液中环状结构与链状结构达到平衡，因此，除具有环状结构中半缩醛(酮)羟基的特有性质外，同时也具有链状结构中醛(酮)基的性质。

（1）**氧化反应**　单糖有还原性，能被许多氧化剂氧化，氧化剂不同，产物也不同。醛糖比酮糖更易氧化。

例如，葡萄糖与 Fehling 试剂或 Tollens 试剂作用，生成复杂的氧化产物，并有银镜或砖红色的氧化亚铜沉淀生成：

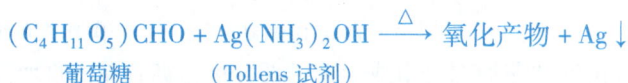

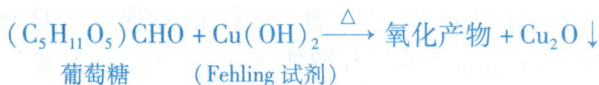

$$(C_4H_{11}O_5)CHO + Ag(NH_3)_2OH \xrightarrow{\triangle} 氧化产物 + Ag\downarrow$$
葡萄糖　　　（Tollens 试剂）

$$(C_5H_{11}O_5)CHO + Cu(OH)_2 \xrightarrow{\triangle} 氧化产物 + Cu_2O\downarrow$$
葡萄糖　　　（Fehling 试剂）

Fehling 试剂或 Tollens 试剂都是碱性弱氧化剂。酮糖是 α-羟酮，在碱性水溶液中通过异构化反应转变成醛糖：

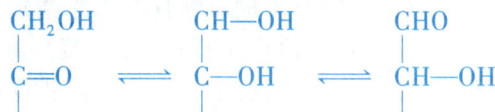

所以酮糖也能被这两个试剂氧化。凡能与 Fehling 试剂或 Tollens 试剂反应的糖，称为还原糖，不反应的糖称为非还原糖。

醛糖可被温和的酸性氧化剂如溴水氧化，生成相应的糖酸，而室温下酮糖不被氧化，由此可以区别醛糖与酮糖。

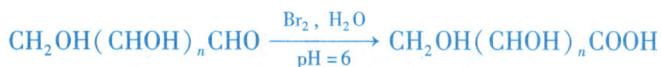

$$CH_2OH(CHOH)_nCHO \xrightarrow[pH=6]{Br_2,\ H_2O} CH_2OH(CHOH)_nCOOH$$

若用较强的氧化剂如硝酸氧化时，醛糖除醛基被氧化外，它的伯醇基也被氧化为羧基。酮糖在加热条件下被硝酸氧化时，C(2)—C(3)键断裂，生成两分子羧酸。

（2）**糖脎的生成**　无论是醛糖还是酮糖，其羰基均可与苯肼反应生成苯腙。当苯肼过量时，可进一步氧化相邻碳原子上的羟基成羰基，再与第三分子苯肼作用生成二苯腙，称为糖脎。糖脎较稳定，不再被过量苯肼氧化。D-葡萄糖脎的生成过程如下：

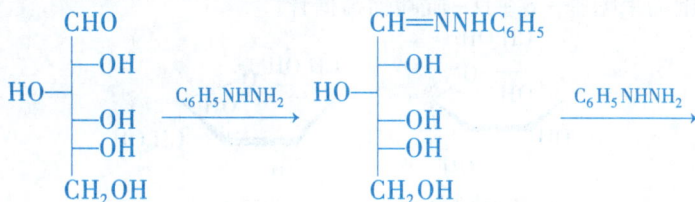

由于脎分子可以形成如下所示的分子内氢键，很稳定，即使苯肼大大过量，反应也不会继续进行，即停止在成脎这一步。

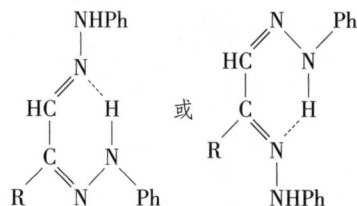

糖苷广泛存在于自然界，很多具有生理活性，是许多中草药的主要成分。除氧苷键外还有氮苷键、硫苷键和碳苷键。例如：

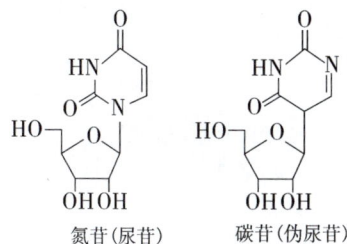

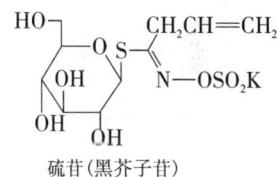

氮苷(尿苷)　　　碳苷(伪尿苷)

硫苷(黑芥子苷)

蔗糖即白糖，甘蔗中含蔗糖 16%~20%，甜菜中含蔗糖 12%~15%。蔗糖是无色结晶，熔点为 180℃，易溶于水，比葡萄糖甜，不如果糖甜。世界上每年从甘蔗或甜菜中榨取 5000 万吨以上的蔗糖。蔗糖是工业生产数量最大的天然有机化合物。

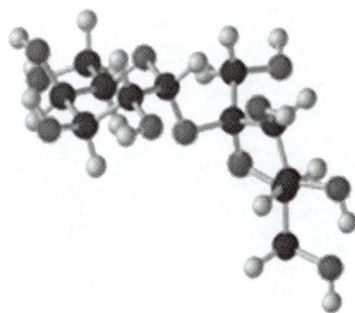

蔗糖

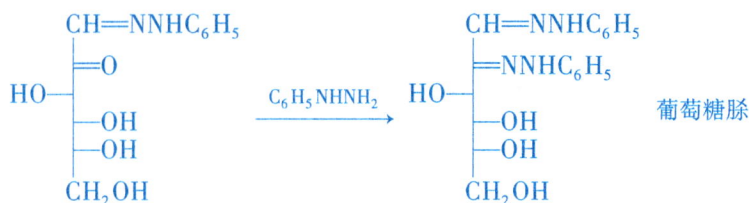

D - 葡萄糖、D - 果糖、D - 甘露糖的糖脎为同一物质。因为三者的 C(3)、C(4)和 C(5)三个碳原子构型一样，反应中不受影响，而 C(1)、C(2)上不同的构型，在成脎过程中转变为相同的糖脎结构。糖脎为黄色结晶，难溶于水。各种糖生成的糖脎结晶形状不同，熔点也不一样，因此，常用糖脎的生成来鉴定各种不同的糖。

（3）**苷的生成**　如前所述，单糖的环状结构中存在半缩醛(酮)羟基(又称苷羟基)，它可以在干燥氯化氢催化下，与甲醇发生脱水反应，生成糖苷。此反应只发生在半缩醛(酮)羟基上。反应如下：

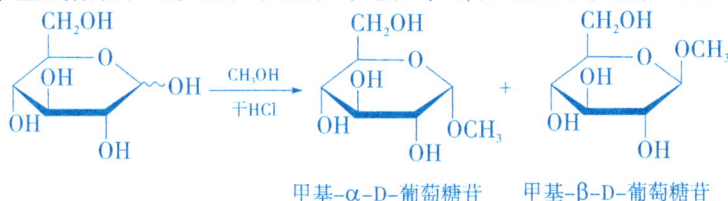

甲基-α-D-葡萄糖苷　　甲基-β-D-葡萄糖苷

糖苷由糖和非糖部分组成。糖的部分称为糖苷基，非糖部分称为配基，糖苷基与配基之间的键称为苷键。由氧原子把糖和非糖部分结合起来的结构称为氧苷键。除氧苷键外还有氮苷键、硫苷键和碳苷键。由于半缩醛(酮)羟基有 α 型和 β 型之分，故生成的糖苷也有 α 和 β 两种形式。

糖苷与糖的化学性质完全不同。糖具有半缩醛羟基，容易变为醛，从而显示醛的多种反应。糖苷分子中无半缩醛羟基，只有水解后才分解为糖与配基，故糖苷比糖稳定。它不与苯肼反应，不易被氧化，在碱性条件下能稳定存在。糖苷在自然界分布很广。糖苷为白色结晶或无定形固体，无臭，具有吸湿性，能溶于水与乙醇，难溶于醚，有的可溶于氯仿、乙酸乙酯等有机溶剂中。

14.1.2　二糖

二糖是由一个单糖分子的苷羟基与另一单糖分子中的一个苷羟基或者醇羟基之间脱水而成，故二糖的两个单糖是通过苷键结合的。

1. 蔗糖

蔗糖是自然界中分布最广的二糖。因为在甘蔗和甜菜中含量最多，故俗称蔗糖或甜菜糖。蔗糖是由一个 α - D - 葡萄糖分子的苷羟基与一个 β - D - 果糖分子的苷羟基之间失去一分子水而形成的。其结构为 α - D - 吡喃葡萄糖基 - β - D - 吡喃果糖苷，也可称为 β - D - 吡喃果糖基 - α - D - 吡喃葡萄糖苷。

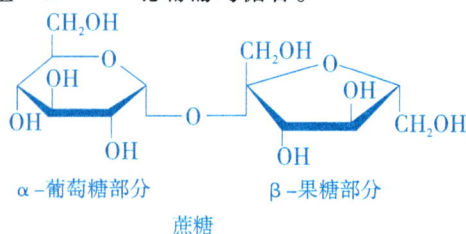

α-葡萄糖部分　　　　β-果糖部分

蔗糖

由于蔗糖结构中无苷羟基存在，不能互变异构形成链状式产生游离醛基。所以无还原性，为非还原糖，也不能成脎。但蔗糖易于水解，水解产物是葡萄糖和果糖。

日常食用的糖主要是蔗糖，它很甜，易结晶，易溶于水，但较难溶于乙醇。若加热至 160℃，便成为玻璃样的晶体，热至 200℃ 便成为棕褐色的焦糖。

2. 麦芽糖

麦芽糖大量存在于发芽的谷粒，特别是麦芽中。淀粉、糖原由淀粉酶水解也可产生少量麦芽糖。因麦芽中含有淀粉糖化酶，所以常用麦芽使淀粉部分水解成麦芽糖，故得其名。麦芽糖结构如下：

麦芽糖

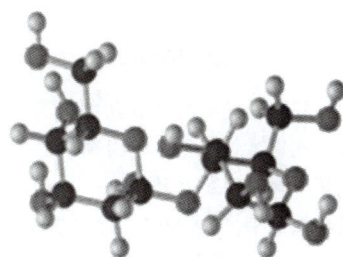

麦芽糖

麦芽糖是由一分子 D – 葡萄糖的 α – 苷羟基与另一分子 D – 葡萄糖的 C(4) 醇羟基失去一分子水而形成的 α – 葡萄糖苷，二者以 α – 1,4 – 苷键结合。由上述结构可知，麦芽糖含有苷羟基。因此，在水溶液中，环状结构可以互变成链状结构，通过链状结构，α – 麦芽糖与 β – 麦芽糖互变达到平衡。所以麦芽糖的水溶液具有还原性，它是还原糖，可以生成脎。

14.1.3　多糖

多糖是多个单糖分子缩合、失水的产物，其结构单元是单糖。单元之间以苷键相连接，可以连接成直链，也可以连接成支链。常见的多糖有淀粉、糖原和纤维素。

1. 淀粉

淀粉在淀粉酶作用下水解成麦芽糖；在无机酸作用下，最终水解产物为 D – 葡萄糖。淀粉是白色、无臭、无味的粉状物质，其颗粒的形状和大小因来源不同而异，前者含量为 20% ~ 25%，后者含量为 75% ~ 80%。直链淀粉不易溶于冷水，在热水中有一定的溶解度；支链淀粉在热水中也不溶。二者水解后的最终产物都是 D – 葡萄糖。直链淀粉结构如下：

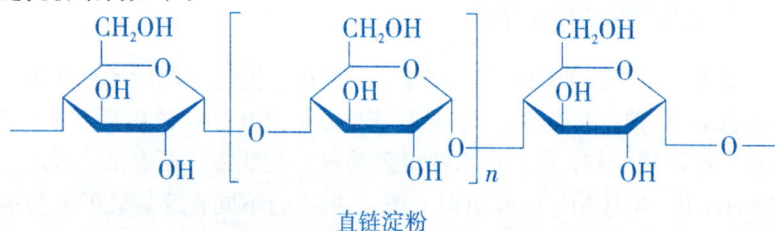

直链淀粉

直链淀粉与碘作用呈蓝色；支链淀粉与碘作用生成紫红色配合物，将溶液加热，颜色消失，冷却后颜色重现。在分析化学的碘量法试验中，常用淀粉溶液做指示剂，就是利用直链淀粉与碘作用显蓝色这个原理。该原理实质上是直链淀粉螺旋状结构中的空穴恰好适合碘分子进入，依靠分子间力使碘与淀粉形成紫蓝色的配合物，二者并非

直链淀粉的分子通常是卷曲成螺旋形，这种紧密规整的线圈式结构不利于水分子的接近，因此不溶于冷水。直链淀粉的螺旋通道适合插入碘分子，并通过 Van der Waals 力吸引在一起，形成深蓝色淀粉 – 碘络合物，所以直链淀粉遇碘显蓝色。

淀粉与碘形成络合物示意图

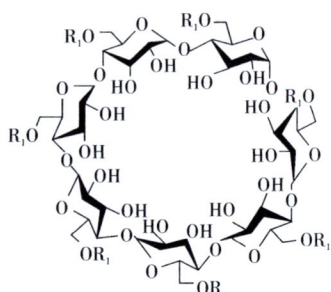

β - CD

β - 环糊精

环糊精是一种呈环状的低聚葡萄糖。在通常情况下，环糊精是由6、7或8个葡萄糖单元通过 α，1→4 键环状相互连接的结晶体，分别称 α -、β - 或 γ - 环糊精。

环糊精分子具有略呈锥形的中空圆筒立体环状结构，在其空洞结构中，外侧上端(较大开口端)由 C2 和 C3 的伸羟基构成，下端(较小开口端)由 C6 的伯羟基构成，具有亲水性，而空腔内由于受到 C—H 键的屏蔽作用形成了疏水区。它既无还原端也无非还原端，没有还原性；在碱性介质中很稳定，但强酸可以使之裂解；只能被 α - 淀粉酶水解而不能被 β - 淀粉酶水解，对酸及一般淀粉酶的耐受性比直链淀粉强；在水溶液及醇水溶液中，能很好地结晶；无一定熔点，加热到约200℃开始分解，有较好的热稳定性；无吸湿性，但容易形成各种稳定的水合物；它的疏水性空洞内可嵌入各种有机化合物，形成包接复合物，并改变被包络物的物理和化学性质；可以在环糊精分子上交链许多官能团或将环糊精交链于聚合物上，进行化学改性或者以环糊精为单体进行聚合。

有化学作用。

在无机酸作用下，淀粉部分水解产物可得糊精、麦芽糖，产物都是 D - 葡萄糖，正常情况下得到定量产物。糊精相对分子质量比淀粉小，能溶于水，性质与淀粉相似。反应式为：

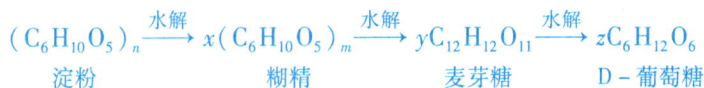

$$(C_6H_{10}O_5)_n \xrightarrow{水解} x(C_6H_{10}O_5)_m \xrightarrow{水解} yC_{12}H_{12}O_{11} \xrightarrow{水解} zC_6H_{12}O_6$$

淀粉　　　　　　　糊精　　　　　麦芽糖　　　　D - 葡萄糖

2.纤维素

纤维素的结构单元是 D - 葡萄糖。一般由 8000 ~ 10000 个 D - 葡萄糖结构单元通过 β - 1,4 苷键连接成直链。纤维素分子中，D - 葡萄糖单元的构象平面交替反转以保持 β - 1,4 苷键的正常键角，使直链成为一种稳定的空间排列。纤维素的结构表示如下：

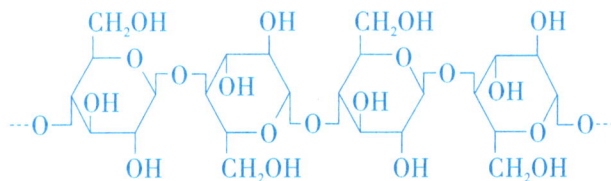

与淀粉一样，纤维素用稀无机酸水解，最终产物是 D - 葡萄糖。若用浓酸处理，可得纤维糊精。纤维素分子中每一个 D - 葡萄糖单元有三个羟基，分别连接在 C(2) 、C(3) 和 C(6) 上，特别是 C(6) 上的羟基伸出环外，空间位阻小，比其他羟基容易发生反应，形成纤维素衍生物。例如羧甲基纤维素，简称 CMC，在我国的选矿工业中又称为1 号纤维素。它与纤维素不同，由于分子中引入了羧甲基，增加了在水中的溶解度。研究结果表明，醚化度即羧甲基取代程度高，则水溶性好，抑制性能强。醚化度在 0.45 以上，即可满足做浮选抑制剂的要求。我国在研究应用羧甲基纤维素做抑制剂，进行锡石浮选，在铅锌分离、铜铅分离和铜钼分离等方面，取得了较好的成果。

14.2 氨基酸和蛋白质

蛋白质和核酸是生物体中最重要的物质，蛋白质是与生命起源和生命活动密切相关的最为重要的物质，核酸是遗传的物质基础。

14.2.1 氨基酸

1.氨基酸的结构和分类

氨基酸是蛋白质的基本组成单位，存在于生物体内用于合成蛋白质的仅有 20 种，见表 14 - 1。氨基酸是分子内既含有氨基又含有羧基的双官能团化合物，蛋白质水解得到的氨基酸属 α - 氨基酸，可用通式表示：R—CH(NH_2)—COOH。按 R 基团的不同，氨基酸可分为链状、碳环氨和杂环三类氨基酸；根据所含氨基和羧基的相对数目，又可分为中性、酸性和碱性氨基酸。氨基酸的系统命名法是以羧酸为母体，氨基做取代基，常见的氨基酸多为俗名。除甘氨酸外，都为 L - 构型。表 14 - 1 中带 * 号的 8 个氨基酸是人体内不能合成的，必须从食物中获得，称为人体必需氨基酸。

表 14-1　20 种氨基酸的结构和名称

构造式	名　称		缩写符号	等电点
NH_2CH_2COOH	甘氨酸	glycine	Gly	5.97
$CH_3CH(NH_2)COOH$	丙氨酸	alanine	Ala	6.02
$(CH_3)_2CHCH(NH_2)COOH$	缬氨酸 *	valine	Val	5.96
$(CH_3)_2CHCH_2CH(NH_2)COOH$	亮氨酸 *	leucine	Leu	5.98
$CH_3CH_2CH(CH_3)CH(NH_2COOH)$	异亮氨酸 *	isoleucine	Ile	6.02
$HOCH_2CH(NH_2)COOH$	丝氨酸	serine	Ser	5.68
$CH_3CH(OH)CH(NH_2)COOH$	苏氨酸 *	threonine	Thr	5.60
$HSCH_2CH(NH_2)COOH$	半胱氨酸	cysteine	Cys	5.05
$CH_3SCH_2CH_2CH(NH_2)COOH$	蛋氨酸 *	methionine	Met	5.74
$HOOCCH_2CH(NH_2)COOH$	天冬氨酸	aspartic acid	Asp	2.77
$H_2NCOCH_2CH(NH_2)COOH$	天冬酰胺	asparagine	Asn	5.41
$HOOCCH_2CH_2CH(NH_2)COOH$	谷氨酸	glutamic acid	Glu	3.22
$H_2NCOCH_2CH_2CH(NH_2)COOH$	谷氨酰胺	glutamine	Gln	5.63
$H_2NCH_2CH_2CH_2CH_2CH(NH_2)COOH$	赖氨酸 *	lysine	Lys	9.74
$\underset{\substack{\|\|\\NH}}{H_2NCNHCH_2CH_2CH_2CH(NH_2)COOH}$	精氨酸	arginine	Arg	10.76
$C_6H_5CH_2CH(NH_2)COOH$	苯丙氨酸 * phenylalanine		Phe	5.46
$p-OHC_6H_5CH_2CH(NH_2)COOH$	酪氨酸	tyrosine	Tyr	5.68
（脯氨酸结构式）	脯氨酸	proline	Pro	6.30
（色氨酸结构式）$CH_2CHCOOH$ NH_2	色氨酸 *	tryptophan	Try (Trp)	5.89
（组氨酸结构式）$CH_2CHCOOH$ NH_2	组氨酸	histidine	His	7.59

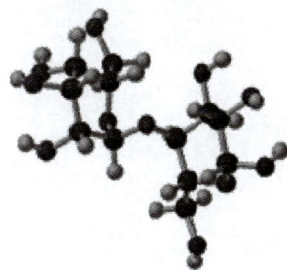

纤维二糖

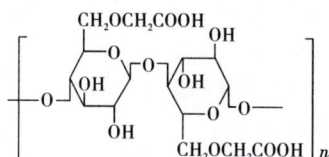

羧甲基纤维素结构

2. 氨基酸的性质

α-氨基酸均为无色晶体，熔点常在 200℃ 以上，在熔化时发生分解。氨基酸在水中溶解度大小不一，但均可溶于强酸、强碱中。大多数氨基酸不溶于无水乙醇。几乎所有的氨基酸均不溶于乙醚。氨基酸具有氨基和羧基的一些典型性质，同时，还有一些特殊的性质。

（1）**两性电离与等电点**　氨基酸分子中，碱性基团和酸性基团相互作用可成内盐。

$$R\underset{\underset{NH_2}{|}}{C}HCOOH \rightleftharpoons R\underset{\underset{\overset{+}{N}H_3}{|}}{C}HCOO^-$$

内盐分子中,具有带正电荷和带负电荷两部分,故又称两性离子。实验表明,在氨基酸晶体中,分子以两性离子的形式存在。这种特殊的离子结构,是氨基酸具有低挥发性、高熔点、易溶于水和难溶于有机溶剂的根本原因。

氨基酸在水溶液中,形成如下的平衡体系:

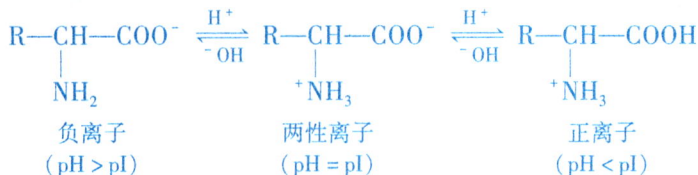

$$\underset{\underset{NH_2}{|}}{R-CH-COO^-} \underset{^-OH}{\overset{H^+}{\rightleftharpoons}} \underset{\underset{\overset{+}{N}H_3}{|}}{R-CH-COO^-} \underset{^-OH}{\overset{H^+}{\rightleftharpoons}} \underset{\underset{\overset{+}{N}H_3}{|}}{R-CH-COOH}$$

$$\underset{(pH>pI)}{负离子} \qquad \underset{(pH=pI)}{两性离子} \qquad \underset{(pH<pI)}{正离子}$$

由上式可知,氨基酸在溶液中的带电状态与溶液的 pH 有关。当将氨基酸溶液的 pH 调到某一值时,此时氨基酸所带正电荷与负电荷数相等,即氨基酸本身净电荷为零,在电场中不移动,此 pH 就称为氨基酸的等电点,常用 pI 表示。

由于不同的氨基酸中所含氨基和羧基的数目不同,因而它们的等电点也各不相同(见表 14-1)。一般说来,酸性氨基酸的 pI 为 2.7~3.2,中性氨基酸的 pI 为 5.0~6.3,碱性氨基酸的 pI 为 7.6~10.7。值得注意的是,等电点时,氨基酸是电中性的,但其水溶液不是中性的,pH 不等于 7。在等电点时,氨基酸的溶解度最小,因此可以用调节溶液 pH 的方法,使不同的氨基酸在各自的等电点结晶析出,以分离或提纯氨基酸。

(2)**与亚硝酸反应** 氨基酸与亚硝酸反应放出氮气,反应如下:

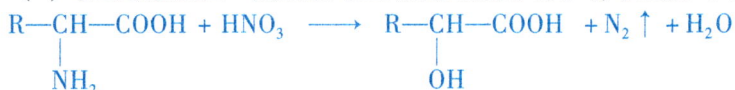

$$\underset{\underset{NH_2}{|}}{R-CH-COOH} + HNO_3 \longrightarrow \underset{\underset{OH}{|}}{R-CH-COOH} + N_2\uparrow + H_2O$$

根据反应放出氮气的体积,可计算出氨基酸和蛋白质分子中氨基的含量。这一方法叫作范斯莱克(Vanslyke)氨基测定法。

(3)**与茚三酮反应** 氨基酸的水溶液与茚三酮水溶液混合加热,能发生显色反应。大多数氨基酸的产物呈蓝紫色或蓝红色,而脯氨酸与茚三酮反应显黄色。这是鉴别伯氨基酸最灵敏、最简便的方法。

(4)**受热反应** 氨基酸在受热时,易于发生反应。不同的氨基酸,受热时所发生的反应各不相同(类似于羟基酸)。

α-氨基酸受热时,两分子 α-氨基酸也可脱去一分子水生成二肽,但反应的主产物是交酰胺。若用盐酸或碱处理,生成的交酰胺也可转变为二肽。

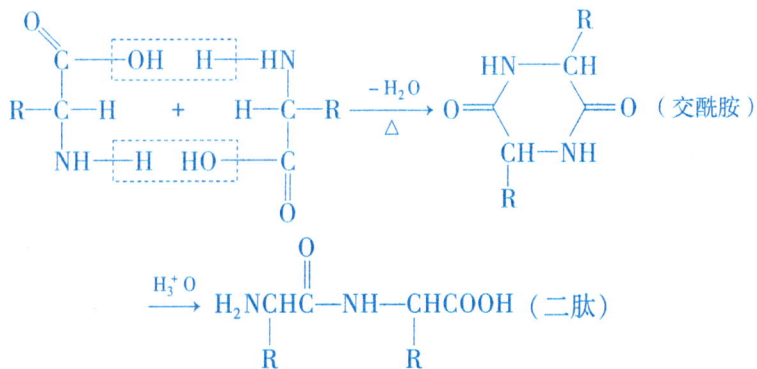

思考:已知天冬氨酸、丙氨酸和精氨酸的 pI 分别为 2.77、6.02 和 10.76,将三者的混合溶液于 pH 为 6.0 的缓冲溶液中进行纸上电泳,各向何极移动?

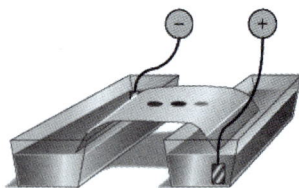

电泳示意图

分析:当溶液的 pH = pI 时,氨基酸处于等电状态,呈电中性,主要以两性离子存在,在电场中不泳动;当溶液 pH > pI 时,氨基酸主要以负离子形式存在,在电场中向正极泳动;当溶液 pH < pI 时,氨基酸主要以正离子存在,在电场中向负极泳动。因此,丙氨酸不移动,天冬氨酸向正极移动,精氨酸向负极移动。

二肽分子中的酰胺键 $\overset{O}{\underset{\|}{-C-NH-}}$ 常称为肽键。肽键是多肽和蛋白质分子中氨基酸之间相互连接的基本方式。

β-氨基酸受热时，生成 α，β-不饱和酸，反应为：

$$R-CH-CH_2-COOH \xrightarrow{\triangle} R-CH=CH-COOH + NH_3$$
$$\underset{NH_2}{|}$$

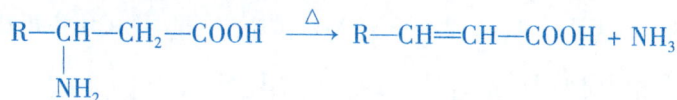

γ-氨基酸或 δ-氨基酸受热时，生成比较稳定的五元环或六元环的内酰胺。例如：

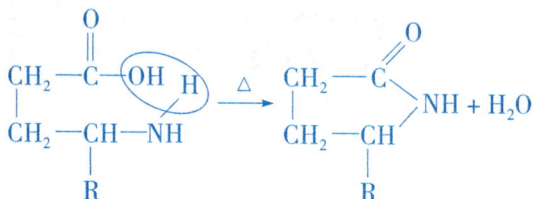

当氨基酸分子中的氨基与羧基相隔 5 个或 5 个以上碳原子时，受热时发生分子间脱水反应，生成链状聚酰胺。例如：

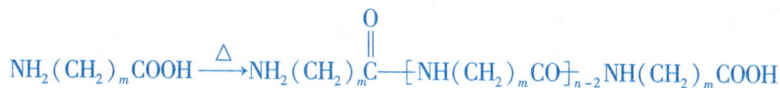

$$NH_2(CH_2)_mCOOH \xrightarrow{\triangle} NH_2(CH_2)_m\overset{O}{\underset{\|}{C}}-[NH(CH_2)_mCO]_{n-2}NH(CH_2)_mCOOH$$

尼龙-6、尼龙-7、尼龙-9、尼龙-11 等聚酰胺纤维，就是由相应的氨基酸脱水聚合制备的。

14.2.2 多肽

两个以上 α-氨基酸通过肽键相互连接起来的化合物称为多肽，其通式是：

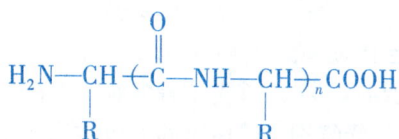

$$H_2N-CH-[\overset{O}{\underset{\|}{C}}-NH-CH-]_nCOOH$$
$$\quad\;\; | \qquad\qquad\quad |$$
$$\quad\;\; R \qquad\qquad\quad R$$

在多肽链中，保留有游离氨基的一端称为 N 端，保留有游离羧基的一端称为 C 端，习惯上将 N 端写在左边，C 端写在右边。

X-射线衍射证明，肽键中的酰胺基团处于平面状态，羰基碳和氮原子之间存在 p-π 共轭而具有一定的双键特征，这是构成蛋白质特定构象的基础。图 14-1 和图 14-2 所示分别为肽分子中酰胺的双键特征和平面关系。

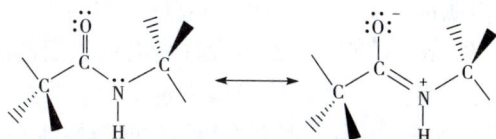

图 14-1 肽分子中的酰胺键的双键特征

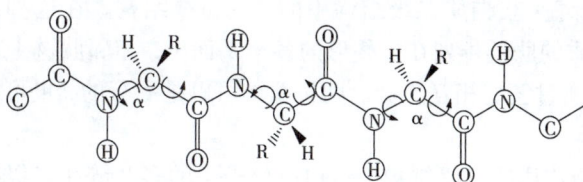

图 14-2 酰胺键的平面关系

头发中的二硫键

头发的主要成分是角蛋白。角蛋白富含半胱氨酸残基，含量高达 8%，这些半胱氨酸形成的二硫键维系了角蛋白的空间结构。

研究证明，当头发被卷曲在卷发器上时，其中的二硫键被拉伸变形，在冷烫精中还原剂的作用下，二硫键很容易被切断，胱氨酸被还原成两个半胱氨酸，毛发从刚韧状态变成柔软状态，这时在卷发器的物理作用下很容易卷曲变形。然后在定型液（氧化剂）的作用下以形成新的二硫键，新的二硫键维系着头发新的形状。

从上面的机理可以看出，化学烫发包括卷曲和定型两个过程，所以冷烫精也有卷发剂和定型剂两剂。卷曲和定型这两个相反的过程实际上并不是完全可逆，也就是说发生断裂的过程中二硫键不可能完全复原，在烫发的过程中，二硫键的数目会减少，也会有硫元素的损失，这些都会给头发带来损伤，开发高效安全的烫发化妆品，在美化头发的同时，又可以尽量减少对头发的伤害，是当前烫发化妆品发展的趋势。

多肽的命名是以含有完整羧基的氨基酸为母体(即 C 端),从另一端(即 N 端)开始,将形成肽键的氨基酸的"酸"字改为"酰"字,依次列在母体名称之前。例如:

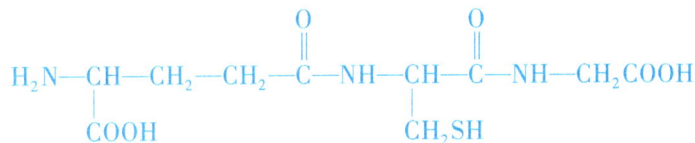

命名为 γ - 谷氨酰半胱氨酰甘氨酸,俗名谷胱甘肽,可缩写成 γ - Glu - Cys - Gly,因谷胱甘肽中含有疏基,故称还原型谷胱甘肽,简写成 GSH。它的氧化态为 GSSG,存在二硫键。

多肽合成时需对一种氨基酸的氨基进行保护使其不能酰化,而对其羧基进行活化使其更容易进行酰化反应。

14.2.3　蛋白质

蛋白质是由氨基酸通过肽键连接而成的多肽。为了区别,通常把相对分子质量低于 1 万的视为多肽,高于 1 万的称为蛋白质,酶也是蛋白质。

1. 蛋白质的结构

可从四个层次来描述蛋白质的结构:多肽链中氨基酸的排列顺序称为蛋白质的一级结构;二级结构是氨基酸链的空间构型,常见为螺旋结构和折叠式结构;三级结构是螺旋的折叠和弯曲;而四级结构则是由单个的蛋白质缔合形成一些独特的复合超分子。每个结构特性对蛋白质的生物功能都十分重要。

（1）蛋白质的一级结构　多肽链中氨基酸的排列顺序为蛋白质的一级结构。多肽链中氨基酸的排列顺序,与蛋白质的功能有密切的关系,研究蛋白质的结构,必须首先了解多肽链中氨基酸的排列次序。

（2）蛋白质的二级结构　蛋白质的二级结构是指局部或某一段肽链的空间结构,即肽链某一区段中氨基酸残基的相对空间位置。根据 X - 射线分析证明,组成蛋白质的多肽链并不是以线型伸展在空间,而是卷曲、折叠成具有一定形状的空间构型。在二级结构中,以氢键维持其稳定性。

α - 螺旋:多肽链的构象为螺旋形,且大多为右旋螺旋,在此 α - 螺旋形模型中,每一圈含 3.6 个氨基酸单元,相邻螺圈之间形成链内氢键,氢键是由肽键中氮原子上的氢与它后面的第 4 个氨基酸羰基上的氧之间形成的。α - 螺旋体的结构允许所有的肽键都能参与链内氢键的形成,氢键越多,α - 螺旋体的构象越稳定。天然 α - 氨基酸的构型基本上是 L 型的,而由 L 型氨基酸组成的螺旋体,一般是较稳定的右手螺旋。

β - 折叠:蛋白质二级结构中的 β - 折叠结构。在这种结构模型中,蛋白质的肽链排列在折叠形的各个平面上,相邻肽链上的羰基和氨基之间通过氢键相互连接。两条肽链可以是平行的,也可以是反平行的。

（3）蛋白质的三级结构　蛋白质分子中的多肽链在二级结构的基础上,通过副键(二硫键、氢键等)或肽链之间的范德华力,进一步折

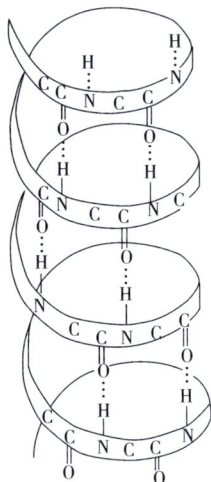

蛋白质的 α - 螺旋结构图

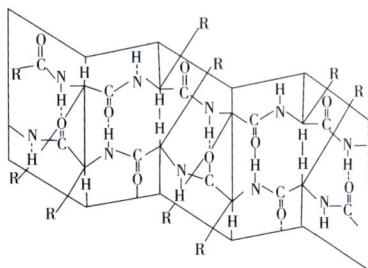

蛋白质的 β - 折叠形结构图

叠盘曲所形成的空间构象，称为蛋白质的三级结构。

　　蛋白质三级结构的形成和它的稳定性与一级结构有关，蛋白质所以能形成稳定的空间结构，必须要有某种作用力将链与链之间或链内某些片段联系在一起。对蛋白质的三级结构来说，这种作用力便是疏水基团的相互作用，诸如丙氨酸的侧链甲基、苯丙氨酸侧链的苯环等非极性基团都有疏水性能，在球形蛋白质分子中它们趋向于分子内部而脱离分子表面的水溶液。因此，它们在分子内部紧密相邻，彼此吸引，使蛋白质分子的三级结构趋向稳定。

　　蛋白质的三级结构实际是各种主链构象和侧链构象单元相互间复杂的空间关系。多肽链经过折叠卷曲形成的三级结构，使分子表面形成某些具有生物功能的区域，如酶的活性中心等。

　　(4)**蛋白质的四级结构**　结构复杂的蛋白质分子，由两条或多条具有三级结构的多肽链(称为亚基)以一定形式，聚合成一定空间构型的聚合体，这种空间构象称为蛋白质的四级结构。

　　四级结构包括亚基的数目、类型，亚基的立体排布，亚基间相互作用与接触部位的布局，亚基可以相同，也可不同。不同蛋白质分子中，亚基的数目往往差别很大。

2. 蛋白质的性质

　　组成蛋白质分子的氨基酸，虽然大部分羧基和氨基都形成了肽键，但在链端和侧链上，仍含有游离羧基和氨基，因此，蛋白质也是两性电解质。为简便起见，用 $N_2N-P-COOH$ 代表蛋白质分子。

　　(1)**两性电离与等电点**　在水溶液中，蛋白质的两性电离可用下式表示：

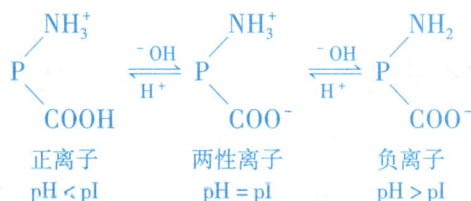

正离子　　　　　两性离子　　　　负离子
$pH < pI$　　　　$pH = pI$　　　　$pH > pI$

　　调节蛋白质溶液的 pH，使其酸式电离和碱式电离程度相等，则蛋白质完全以两性离子形式存在，此时溶液的 pH，为该蛋白质的等电点。等电点时，蛋白质的溶解度、黏度、渗透压、膨胀性都最小。

　　不同蛋白质所含的游离氨基和游离羧基数目不同，加之氨基和羧基电离程度不同，故等电点也不相同，大多数蛋白质等电点小于7。

　　(2)**盐析**　蛋白质是生物高分子，其分子颗粒大小为 $0.001 \sim 0.1 \ \mu m$，在胶粒范围之内，故蛋白质溶液具有胶体性质。另外，蛋白质分子在溶液中通常都带有相同的电荷，由于同性电荷相斥，使蛋白质分子不易凝聚，所以蛋白质溶液可以形成稳定的胶体体系。

　　往蛋白质胶体溶液中加入一定量的中性盐，如 Na_2SO_4、$(NH_4)_2SO_4$ 等，蛋白质便沉淀析出，这种现象称为蛋白质的盐析。其原因是中性盐为电解质，能中和蛋白质颗粒所带的电荷，同时盐能与水亲和，能破坏蛋白质颗粒表面的水化膜，从而使胶体凝聚。

　　蛋白质的盐析是一个可逆过程，在一定条件下，盐析出来的蛋白质仍可溶于水，并恢复其原来的生理活性，蛋白质盐析所需盐的最小浓度，称为盐析浓度，不同的蛋白质其盐析浓度是不相同的。因此可

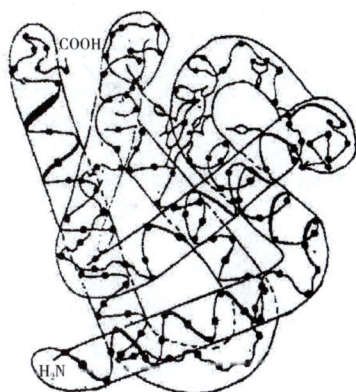

肌红蛋白的三级结构图

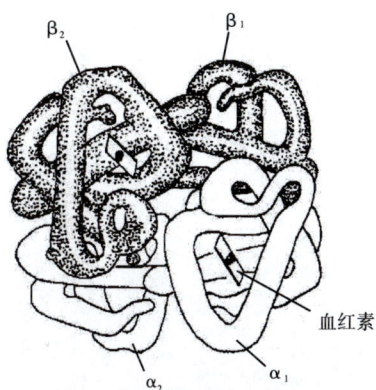

血红蛋白的四级结构图

以用不同浓度的盐溶液使不同的蛋白质分段析出,达到分离的目的。

(3)**蛋白质的变性** 蛋白质在某些物理或化学因素的影响下,改变其分子内部结构,且理化性质和生物功能也随之改变,这称为蛋白质的变性。能使蛋白质变性的物理方法有干燥、加热、高压、紫外光、X-射线、超声波等,能使蛋白质变性的化学方法有强酸、强碱、尿素、重金属盐、甲醛、乙醇、丙酮等处理。若引起变性的因素比较温和,蛋白质的分子结构改变较小,一旦除去这些因素,仍可恢复其原来的空间构型和原有的生物功能,这便是可逆变性。若用较强烈的处理方法,蛋白质的变性将是不可逆的。蛋白质的二级结构和三级结构的改变或破坏,一般都是变性的结果。

14.3 核酸

核酸是一类含磷的酸性生物高分子化合物,由于最早发现于细胞核,故称为核酸。生物的遗传信息便是由脱氧核糖核酸(DNA)携带的。核酸是由重复的戊糖分子单元通过磷酸酯键连接起来的高聚物。

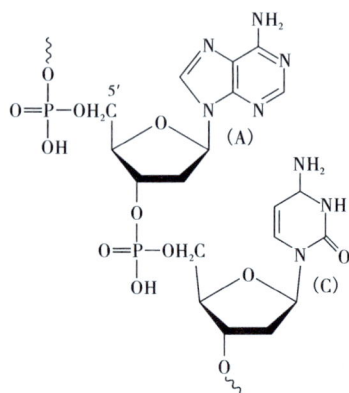

DNA 多聚核苷酸链的部分结构

1.核糖和脱氧核糖

核糖核酸(RNA)中的糖是核糖,而在脱氧核糖核酸(DNA)中的糖是脱氧核糖,它们的结构如下,区别是脱氧核糖的结构中 $2'$-碳上没有连接 OH。

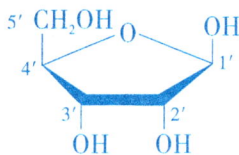 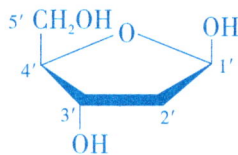

β-D-呋喃核糖　　　　　β-D-呋喃脱氧核糖

2.碱基

存在于核酸中的碱基主要有嘧啶碱和嘌呤碱两类。其中最常见的有胞嘧啶(C)、尿嘧啶(U)、胸腺嘧啶(T)、腺嘌呤(A)和鸟嘌呤(G)5种,它们分别是嘧啶和嘌呤的衍生物,结构式分别为:

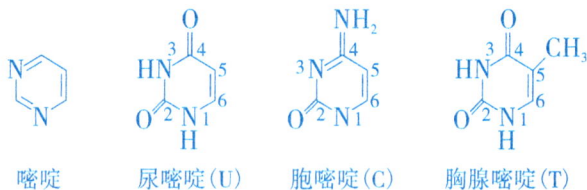

嘧啶　　　尿嘧啶(U)　　　胞嘧啶(C)　　　胸腺嘧啶(T)

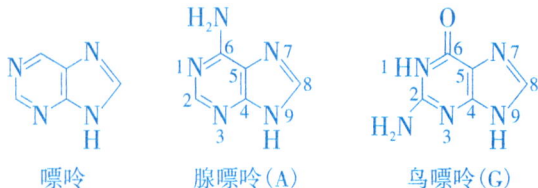

嘌呤　　　腺嘌呤(A)　　　鸟嘌呤(G)

3.核苷

核苷是由核糖或脱氧核糖以 C_1 上的羟基与嘌呤碱的 9 位或嘧啶碱 1 位氮原子上的氢原子脱水缩合而生成的产物。腺苷和脱氧胸苷的

结构式如下：

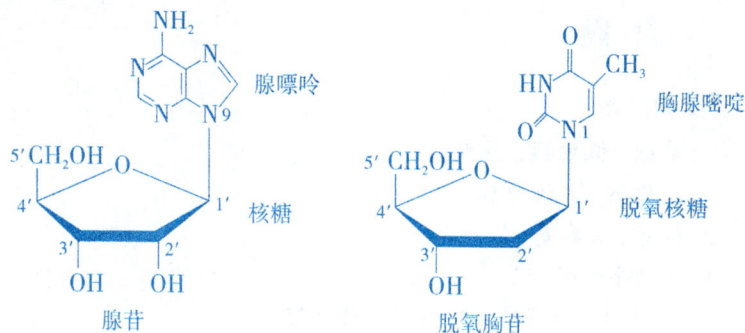

4. 核苷酸

核苷酸是核酸的基本组成单位，它由一分子戊糖、一分子碱基和一分子磷酸组成。戊糖与碱基缩合成核苷，核苷再与磷酸结合成为核苷酸，磷酸基团以酯键与糖环的5′-碳相连。例如：

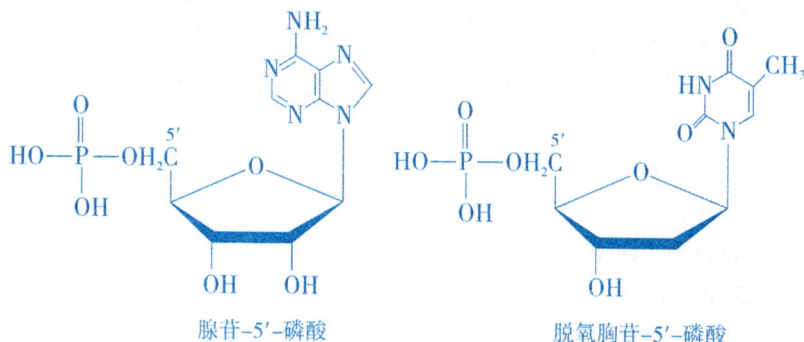

5. 核酸

核酸是以各种核苷酸为单体，通过磷酸二酯键缩合而成的生物大分子，其中磷酸基以酯键与一个糖的5′-碳和下一个糖的3′-碳结合。DNA 双螺旋结构表明，DNA 分子是由两条逆向平行的多核苷酸链组成，这两条链称为主链，主链由脱氧核糖和磷酸组成。两条主链围绕着一个共同的轴心以右手方向盘旋，方向平行且走向相反，形成双螺旋构型，主链处于螺旋的外侧，碱基位于内侧，与轴心垂直，两条主链通过它们的碱基间形成的氢键结合。碱基间形成氢键有一定规律，即腺嘌呤(A)与胸腺嘧啶(T)结合，而鸟嘌呤(G)与胞嘧啶(C)相结合，这就是所谓"碱基互补"规律。据此，只要确定了 DNA 中一条主链的单核苷酸的排列顺序(称为碱基序列)，另一条主链的碱基序列也就随之确定了。

RNA 和 DNA 不同，常以单链形式存在。单链 RNA 分子通过自身回折，使链中 A 与 U、G 与 C 之间形成氢键配对，形成一些短的双螺旋区域。但也有少数 RNA(如某些病毒的 RNA)的多核苷酸链，是以双螺旋结构形式存在。

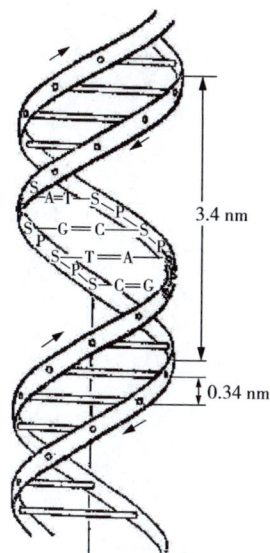

DNA 的双螺旋结构示意图

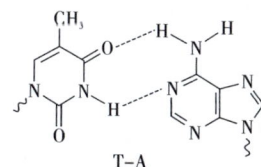

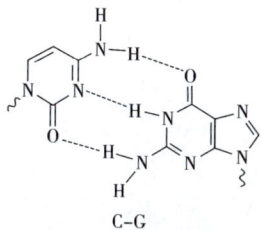

碱基配对示意图

习 题

1. 名词解释:

(1)单糖、低聚糖、多糖

(2)还原糖、非还原糖

(3)糖苷、苷羟基

(4)糖的半缩醛羟基

(5)$\alpha - 1,4 -$糖苷键、$\beta - 1,4 -$糖苷键

2. 给下列化合物命名或写出构造式。

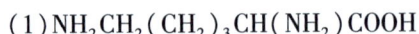

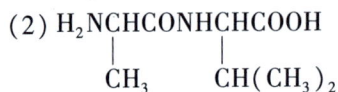

(1)$NH_2CH_2(CH_2)_3CH(NH_2)COOH$

(2)$\underset{\underset{CH_3}{|}}{H_2NCHCONH}\underset{\underset{CH(CH_3)_2}{|}}{CHCOOH}$

(3)L - 果糖

(4)丙 - 酪 - 甘

3. 请写出 D - (+) - 葡萄糖与下列试剂反应的主要产物:

(1)过量苯肼

(2)CH_3OH/HCl

(3)HIO_4

(4)$(CH_3CO)_2O$

(5)Br_2/H_2O

4. 区别下列化合物,写出反应式。

(1)葡萄糖与果糖

(2)葡萄糖与蔗糖

(3)淀粉与麦芽糖

5. 指出蔗糖、麦芽糖、纤维素的基本结构单元及结合方式,有无还原性。

6. 如何判断葡萄糖与果糖分子中 C(3)、C(4)和 C(5)碳原子的构型相同?

7. 某化合物分子式为 $C_3H_7O_2N$,有旋光性,能与 NaOH 反应,也能与 HCl 反应,能与醇反应生成酯,与亚硝酸反应放出氮气,写出该化合物的结构式并写出有关反应式。

8. 根据蛋白质的性质,回答问题。

(1)为什么可以用蒸煮的方法给医疗器械消毒?

(2)为什么硫酸铜、氯化汞溶液能杀菌?

(3)误服重金属盐,为什么可以服用大量牛奶、蛋清或豆浆解毒?

9. 某蛋白质的等电点为4.5,该蛋白质的水溶液呈酸性还是碱性?如何调节其水溶液的 pH 使蛋白质处于等电点状态?

10. 组成核酸的基本单位是什么? 两类核酸的组成差别哪些? 单核苷酸中各组分是通过什么键连接的?

第 15 章

有机化合物的波谱基础

(Spectral Basis of Organic Compounds)

有机化合物结构分析：化学法和现代仪器法。

化学法主要包括：元素分析、官能团分析、衍生物的制备及化学全合成等。化学法有需要试样较多、损坏样品、耗时长等缺点。例如镇痛药吗啡(morphine)从发现分离提纯、元素分析到全合成确定结构(1803—1952年)花了近150年。

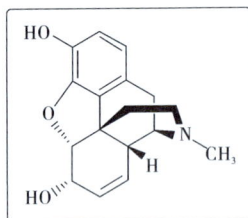

吗啡结构

现代仪器法在有机结构分析中主要是波谱方法：1905年科伯伦茨发表128种有机和无机化合物的红外光谱，红外光谱与分子结构间的特定联系被确认。到1930年前后，随着量子理论的提出和发展，红外光谱的研究得到了全面深入的开展。

分子中有原子与电子。原子、电子都是运动着的物质，都具有能量。在一定的条件下，整个分子有一定的运动状态，具有一定的能量，即是电子运动、原子间的振动、分子转动能量的总和。

$$E_{分子} = E_{电子} + E_{振动} + E_{转动}$$

当分子吸收一个具有一定能量的光子时，分子就由较低的能级 E_1 跃迁到较高的能级 E_2，被吸收光子的能量必须与分子跃迁前后的能级差恰好相等，否则不能被吸收，它们是量子化的。

$$\Delta E_{分子} = E_2 - E_1 = E_{光子} = h\nu$$

上述分子中这三种能级，以转动能级差最小(为 $0.05 \sim 10^{-4}$ eV)，分子的振动能差在 $1 \sim 0.05$ eV 之间，分子外层电子跃迁的能级差为 $20 \sim 1$ eV。

转动能级之间的能量差很小，所以转动光谱位于电磁波谱中长波部分，即在远红外线及微波区域内。

根据简单分子的转动光谱可以测定键长和键角。

在有机化学发展初期，有机化合物结构的确定常常是通过化学的方法来完成的。自20世纪中叶以波谱技术为代表的现代物理方法问世以后，通过波谱图人们可以清晰分辨出相应有机化合物的分子结构。现在各种化合物的波谱数据广泛出现在研究论文和教科书中，现代波谱技术已成为研究有机分子结构的重要手段，其具有用量少、分析速度快和准确性高的特点。本节将简要介绍有机化合物结构测定中常用的红外光谱(Infrared Spectroscopy，IR)、核磁共振氢谱(Proton Nuclear Magnetic Resonance Spectroscopy，$^1H - NMR$)和质谱(Mass Spectroscopy，MS)。

15.1　红外光谱

分子吸收了红外线能量后，导致分子内振动能级的跃迁而产生信号，将这些信号加以记录即得红外光谱。

15.1.1　红外光谱的产生及表示方法

分子获得能量后可以改变原子的振动，但它们是量子化的，因此只有当光子的能量恰好等于两个振动能级之间的能量差时(即 ΔE)才能被吸收。而分子振动能级的范围大多在中红外区域($2.5 \sim 25\mu m$)内，这样就产生红外光谱。

分子振动分为伸缩振动和弯曲振动两大类。伸缩振动是键长改变的振动，分为对称和反对称两种。弯曲振动是键角改变的振动，分为面内弯曲和面外弯曲两种，前者可分为剪式振动和面内摇摆振动，后者可分为扭曲振动和面外摇摆振动，如图15-1所示。

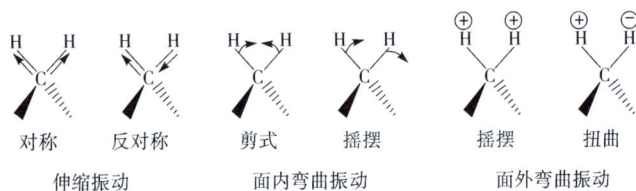

（图中⊕和⊖分别表示原子垂直于纸面向前和向后运动）

图15-1　化学键的各种振动形式

一个多原子的有机化合物分子可能存在很多振动方式，但并不是所有的分子振动都能吸收红外光。当分子的振动不至于改变分子的偶极矩时，这种振动没有能级跃迁，它就不能吸收红外光，因而也就没有相应的吸收谱带。只有使分子的偶极矩发生变化的分子振动才具有红外活性。由于多原子分子可能存在的分子振动方式很多，所以它的红外光谱总是非常复杂的，要从理论上全面分析一个红外吸收光谱是比较困难的。但我们可以识别在一定频率范围内出现的谱带是由哪些化学键或基团的振动产生的。相同的官能团或相同的键型往往具有相同的红外特征吸收频率。因而一个有机化合物的红外光谱对于确定其结构有很大的帮助。

红外光谱图横坐标是红外光的波长(μm)或波数(cm^{-1})，现多以波数表示。纵坐标以透光率(T，%)或吸光度 A 表示，现多以透光率表示。图15-2所示为2-戊酮的红外光谱。

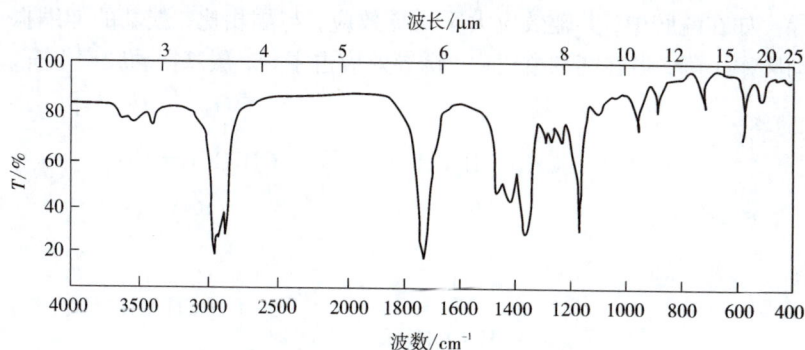

图 15 - 2　2 - 戊酮红外光谱

由于纵坐标为透光率，即透射光的强度与入射光的强度之比，因此透光率越低，表示吸收强度越强。吸收强度还可定性地用 vs（很强）、s（强）、m（中）、w（弱）、v（可变）等符号表示。

15.1.2　影响化学键和基团特征吸收频率的因素

如前所述，分子被激发后，分子中各个基团（化学键）都会产生特征吸收，从而在特定的位置出现吸收峰。相同类型化学键的振动是非常接近的，总是在某一范围内出现，例如羰基（C＝O）伸缩振动的频率范围在 1850～1600 cm⁻¹。因此，认为这一频率范围是羰基的特征频率区。

红外吸收峰的位置取决于各化学键的振动频率。而化学键的振动可视为一种简谐振动，其频率可由虎克（Hooke）定律近似求得：

$$\sigma = \frac{1}{2\pi c}\sqrt{k\left(\frac{1}{m_1}+\frac{1}{m_2}\right)}$$

式中：σ 为波数（cm⁻¹），c 为光速（cm·s⁻¹），k 为键力常数（N/cm 或 g/s），m_1、m_2 分别为两个原子的质量，单位为克（g）。可见，原子质量越小，则频率越高，也就是说原子的质量和振动的频率或波数成反比。k 值的大小与键能、键长有关。键能越大，键长越短，k 值就越大。因此 k 值和振动频率或波数成正比，常见原子的力常数可查有关手册，然后利用上述公式可以计算出两个原子间振动的吸收位置。由于实际分子并不是谐振子，因而实际值和计算值会有一些偏差。

诱导效应、共轭效应等电子效应的影响会引起分子中电子云密度分布变化，从而引起化学键力常数的变化，因而改变基团的特征频率。

（1）**诱导效应的影响**　当一强吸电子基团与羰基碳原子邻接时，将使得羰基氧上的电子向双键偏移，从而增加了 C＝O 键的力常数，使 C＝O 吸收波数增大。如：

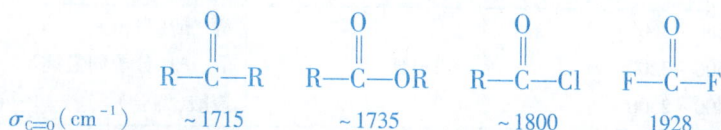

$$\begin{matrix} O & O & O & O \\ \| & \| & \| & \| \\ R\!-\!C\!-\!R & R\!-\!C\!-\!OR & R\!-\!C\!-\!Cl & F\!-\!C\!-\!F \end{matrix}$$

$\sigma_{C=O}$（cm⁻¹）　~1715　　~1735　　~1800　　1928

（2）**共轭效应的影响**　共轭体系中的电子离域使得羰基的双键性降低。例如具有 π - π 共轭的芳酮和 α、β 不饱和酮的羰基的伸缩振动波数均低于孤立羰基的振动波数。但在 p - π 共轭体系中，常同时存在诱导效应与共轭效应，吸收谱带的位移方向取决于哪一个占主

分子中振动能级之间能量要比同一振动能级中转动能级之间能量差大 100 倍左右。振动能级的变化常常伴随转动能级的变化，所以，振动光谱是由一些谱带组成的，它们大多在红外区域内，因此，叫红外光谱。

$$\Delta E = \Delta E_振 + \Delta E_转$$

思考：

下列共价键中，哪一个伸缩振动的吸收波数最高？哪一个吸收峰的强度最大？

C—H

C—C

C—O

导。如在酰胺中，共轭效应大于诱导效应，与酮相比，羰基的伸缩振动频率下降，但在酯和酰卤中，诱导效应占主导，羰基振动频率上升。

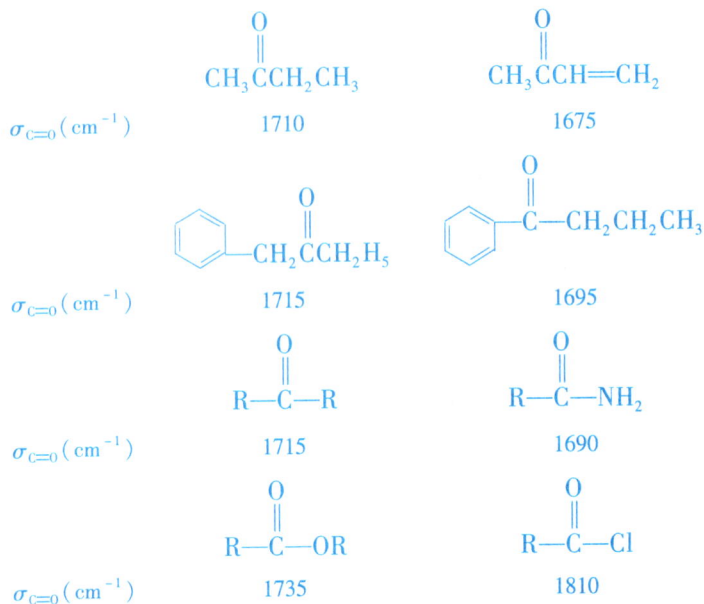

$$CH_3CCH_2CH_3 \qquad CH_3CCH=CH_2$$

$\sigma_{C=O}(cm^{-1})$ 1710   1675

$$\text{苯}-CH_2-CCH_2H_5 \qquad \text{苯}-C-CH_2CH_2CH_3$$

$\sigma_{C=O}(cm^{-1})$ 1715   1695

$$R-C-R \qquad R-C-NH_2$$

$\sigma_{C=O}(cm^{-1})$ 1715   1690

$$R-C-OR \qquad R-C-Cl$$

$\sigma_{C=O}(cm^{-1})$ 1735   1810

（3）**氢键效应** 无论是分子间氢键还是分子内氢键，皆导致吸收频率向低波数移动，谱带变宽。这是因为形成氢键使偶极矩和键长都发生了改变所致。例如：醇与酚的羟基，在极稀的溶液中呈游离状态，在 $3650 \sim 3600\ cm^{-1}$ 处有吸收峰。随着浓度增加，分子间形成氢键，其伸缩振动频率移至 $3450 \sim 3200\ cm^{-1}$，且峰强而宽。

除此以外，空间效应等对红外光的吸收也有影响。表 15-1 列出一些常见官能团的红外吸收频率。除吸收频率以外，官能团吸收的特征性在强度和峰的形状方面也有所表征。此外，同一化合物的气态光谱、液态光谱、固态光谱也存在一些差别，查阅文献和标准图谱时应予以注意。

15.1.3 红外光谱的解析

为了便于解析 IR 图谱，通常将红外光谱划分为两大区域：

官能团区（functional group region），一般指 $4000 \sim 1500\ cm^{-1}$ 区域。这一区域的吸收峰大多由成键原子的伸缩振动产生，与整个分子的关系不大，彼此间很少重叠，容易辨认，不同化合物中的相同官能团的出峰位置相对固定，可用于确定分子中含有哪些官能团。

特征峰：可用于鉴别官能团存在的吸收峰。

表 15-1   常见官能团的红外吸收频率

$4000 \sim 2400\ cm^{-1}$（主要为 Y—H 键的伸缩振动吸收）

吸收频率/cm^{-1}	引起吸收的键或官能团	化合物类别
3650 ~ 3600		醇、酚（自由）
3500 ~ 3200	O—H	醇、酚（分子间氢键）
3400 ~ 2500		羧酸（缔合）
3500 ~ 3100	N—H	胺、酰胺
~ 3300	C≡C—H	炔
3100 ~ 3010	C=C—H，Ar—H	烯、芳香化合物

续表 15–1

吸收频率/cm^{-1}	引起吸收的键或官能团	化合物类别
3000~2850	—C—H	烷烃
2900~2700	—CHO	醛

2400~1500 cm^{-1}（主要为不饱和键的伸缩振动吸收）

吸收频率/cm^{-1}	引起吸收的键或官能团	化合物类别
2400~2100	C≡C, C≡N	炔、腈
1750~1700	C=O	醛、酮、羧酸和酯
1680~1630		酰胺
1815~1785		酰卤
1850~1740		酸酐
1675~1640	C=C, N=O	烯、硝基化合物
1600~1450	芳环	芳香化合物

1500~400 cm^{-1}（某些键的伸缩振动和 C—H 键的弯曲振动吸收）

吸收频率/cm^{-1}	引起吸收的键或官能团	化合物类别
1300~1000	C—O（伸缩振动）	醇、醚、羧酸、酯
1350~1000	C—N（伸缩振动）	胺
1420~1400	C—N（伸缩振动）	酰胺
1475~1300	C—H（面内弯曲振动）	烷
1000~650	=C—H, Ar—H（面外弯曲振动）	取代烯烃、取代苯
750~700	C—Cl	氯化物
700~500	C—Br	溴化物

　　指纹区（fingerprint region），一般指 1500~400 cm^{-1} 之范围。此范围主要是一些单键的伸缩振动和弯曲振动所产生的吸收峰。指纹区吸收峰大多与整个分子的结构密切相关，不同分子的指纹区吸收不同，就像不同的人有不同的指纹，从而可为分子的结构鉴定提供重要信息。例如，当判断两个化合物是否为同一物时，除二者应具备相同的特征峰外，还必须查对指纹区峰位和峰形是否完全一致。不过，此区域内吸收峰的数目繁多，其中大部分难于找到归属。

　　解析红外图谱不必对每个吸收峰都进行指认，重点解析强度大、特征性强的峰，同时考虑相关峰原则。一般步骤为：1）计算不饱和度，看样品中有无双键、脂环或苯环；2）从高波数到低波数识别出特征峰，判断可能存在的官能团；3）寻找相关峰，以确证存在的官能团。通常一个基团有数种振动形式，每种振动形式产生一个相应的吸收峰，习惯上把这些相互依存又可相互佐证的一组峰叫相关峰；4）查对指纹区，以确证可能存在的构型异构或位置异构；5）可能的话，将样品图谱与标准图谱对照，以确定二者是否为同一化合物。现举例说

相关峰：

　　由一个官能团引起的一组具有相互依存关系的特征峰。

明之。

例如:化合物 A,分子式为 $C_9H_{10}O_2$,其红外光谱如图 15-3 所示,试推断 A 的结构。

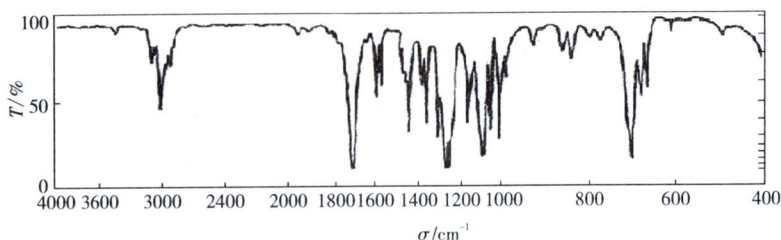

图 15-3 化合物 $C_9H_{10}O_2$ 的红外光谱

解:1)有五个不饱和度,可能含苯环。

2)3100 ~ 3000 cm^{-1},应为不饱 C—H 键的伸缩振动,1600 ~ 1450 cm^{-1} 有 2~3 个吸收峰应归属于苯环骨架振动。

3)约 2960 cm^{-1}、约 2850 cm^{-1} 的信号应分别为—CH_3、—CH_2— 的伸缩振动吸收峰;约 1380 cm^{-1} 和约 1460 cm^{-1} 进一步证明有 —CH_3、—CH_2— 存在。

4)约 1730 cm^{-1} 附近的强吸收,说明有羰基,吸收波数增大,表明可能与吸电子基团相连,1300 ~ 1100 cm^{-1} 的两个吸收信号应为 C—O 伸缩振动所致,推断应含—COO—酯基。

5)750 ~ 650 cm^{-1} 处有两个吸收峰,为芳环碳氢的面外弯曲振动吸收,表明为单取代苯。综上所述,推断化合物 A 可能为苯甲酸乙酯。

6)与苯甲酸乙酯标准图谱对照,确证以上判断。

15.2 核磁共振氢谱

核磁共振是有机化合物结构分析中最有用的工具。一般而言,红外光谱只能指出是什么类型的化合物,而核磁共振则有助于指出是什么化合物。

1. 核磁共振的基本原理

核磁共振(NMR)是由磁性核受辐射而发生跃迁所形成的吸收光谱。所谓磁性核是指能产生自旋运动的原子核,但并非所有的原子核都能产生自旋。通常,用自旋量子数(spin quantum number)I 来表征核的自旋情况。若质量数为奇数,质子数也为奇数,如 $^1H_1$、$^{19}F_9$、$^{31}P_{15}$ 等;或核的质量数为奇数,而质子数为偶数,如 $^{13}C_6$,$I = 1/2$、3/2、5/2 等半整数,其核可自旋。

核磁共振研究的正是这些具有自旋运动的原子核,其中 $^1H_1$ 天然丰度较大,磁性强,核电荷的分布为球形,最容易得到其核磁共振谱,而 $^{13}C_6$、$^{15}N_7$、$^{19}F_9$、$^{31}P_{15}$ 等元素利用 Fourier 变换技术目前也都能得到测量,但由于组成有机化合物的元素主要是碳和氢,其中 $^1H_1$ 和 $^{13}C_6$ 是目前核磁共振研究与应用的热点。这里仅讨论广泛应用的 $^1H - NMR$。

在没有外磁场时,自旋氢核磁矩取向是任意的,但处于外磁场 H_0

核磁共振相关研究先后五次获得诺贝尔奖

1930 年代,伊西多·拉比发现在磁场中的原子核会沿磁场方向呈正向或反向有序平行排列,而施加无线电波之后,原子核的自旋方向发生翻转。由于这项研究,拉比于 1944 年获得了诺贝尔物理学奖。

费利克斯·布洛赫

中时，对于 $I=1/2$ 的质子，会出现 $(2I+1)$ 两种能级不同的取向，即一种与外磁场方向相同，处于低能级 E_1；另一种与外磁场方向相反，为高能级 E_2。两种自旋状态能级差为：

$$\Delta E = E_2 - E_1 = hrH_0/(2\pi)$$

式中：h 为 Plank 常量，r 表示磁旋比，随原子核不同而呈现不同的值。上式表明，^1H 核由低能级向高能级跃迁所需的能量 ΔE 与外磁场 H_0 成正比，H_0 越强，ΔE 就越高。

如果用电磁波照射上述处于外加磁场 H_0 中的氢原子核，当电磁波的能量 $h\upsilon$ 恰好与跃迁所需能量 ΔE 相等时，则处于低能级态的 ^1H 就会吸收电磁波的能量，跃迁到高能级态，发生核磁共振。可见产生核磁共振的条件是：

$$h\upsilon = \Delta E = \frac{h}{2\pi}rH_0 \qquad 简化得：\upsilon = \frac{r}{2\pi}H_0$$

式中：r 和 π 均为定值，若发射的电磁波保持在一个特定的频率范围，则可以保证有机分子中的所有质子在同样的场强 H_0 内产生核磁共振信号。

可见，要使氢核产生核磁共振现象，须具备两方面条件：一是外磁场提供强磁场，使其产生较大的自旋能级分裂；二是电磁场发射一定范围的电磁波，使自旋核完成能级跃迁。

目前获得核磁共振主要有两种手段：一种是固定外磁场强度 H_0，不断改变发射频率 υ 以达到共振条件，称之为扫频法；另一种是固定辐射频率 υ，不断改变外磁场的磁场强度 H 以实现共振，称之为扫场法。因扫场法较简便，故最为常用。由于仪器的灵敏度和分辨率与磁场强度成正比，随着超导磁体技术取得突破性进展，核磁共振仪已由 20 世纪 50 年代的 $30 \sim 60$ MHz，发展到 21 世纪以来的 $400 \sim 900$ MHz 等。图 15-4 所示为核磁共振仪示意图。

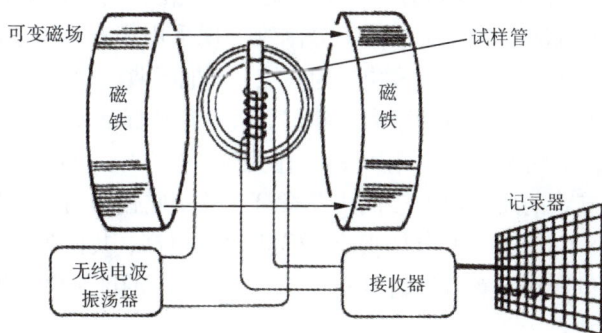

图 15-4　核磁共振仪示意图

爱德华·珀塞尔

1946 年，费利克斯·布洛赫和爱德华·珀塞尔发现，将具有奇数个核子(包括质子和中子)的原子核置于磁场中，再施加以特定频率的射频场，就会发生原子核吸收射频场能量的现象，这就是人们最初对核磁共振现象的认识。为此他们两人获得了 1952 年度诺贝尔物理学奖。

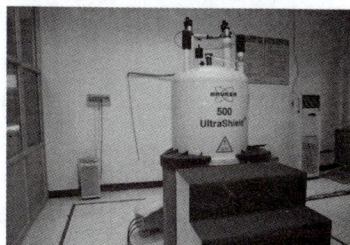

核磁共振仪

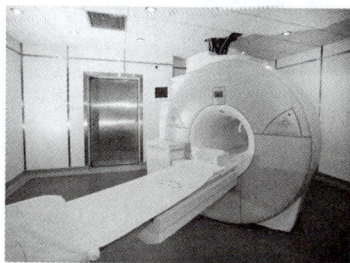

医用核磁共振成像仪

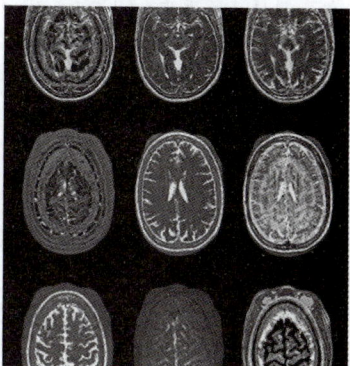

头部核磁共振图

2. 化学位移

（1）**化学位移**(chemical shift)　根据前面讨论的核磁共振的基本原理，^1H 在某一频率照射下，只能在某一磁场强度下发生核磁共振。但实验证明，分子中化学环境不同时，^1H 在不同的工作磁场强度下显示吸收峰。图 15-5 所示为 1-氯丙烷的氢谱。

核磁共振成像技术是核磁共振在医学领域的应用。人体内含有非常丰富的水，不同的组织，水的含量也各不相同，如果能够探测到这些水的分布信息，就能够绘制出一幅比较完整的人体内部结构图像，核磁共振成像技术就是通过识别水分子中氢原子信号的分布来推测水分子在人体内的分布的，进而探测人体内部结构和图像的技术。

瑞士科学家艾斯特因对 NMR 波谱方法、Fourier 变换、二维谱技术的杰出贡献，而获 1991 年诺贝尔化学奖。

瑞士核磁共振波谱学家库尔特·维特里希，由于用多维 NMR 技术在测定溶液中蛋白质结构的三维构象方面的开创性研究，而获 2002 年诺贝尔化学奖。同获此奖的还有一名美国科学家和一名日本科学家。

美国科学家保罗·劳特布尔于 1973 年发明在静磁场中使用梯度场，能够获得磁共振信号的位置，从而可以得到物体的二维图像；英国科学家彼得·曼斯菲尔德进一步发展了使用梯度场的方法，指出磁共振信号可以用数学方法精确描述，从而使磁共振成像技术成为可能，他发展的快速成像方法为医学磁共振成像临床诊断打下了基础。他俩因在磁共振成像技术方面的突破性成就，获 2003 年诺贝尔医学奖。

全世界每年发表的科技文章中，有关核磁共振方面的文章最多，排名第一。

选择四甲基硅烷 TMS[(CH₃)₄Si, tetramethyl silane] 作为参照物(标样)的原因是：(1)TMS 化学性稳定，与一般所测样品不反应；(2)它有 12 个完全相同的氢核和 4 个相同的碳核，信号峰强；(3)Si 的电负性小，氢核和碳核的核外电子的屏蔽作用都很强，无论是氢谱还是碳谱，一般化合物的峰都出现在 TMS 峰的左边，用正值表示；(4)TMS 的沸点(27℃)低容易除去。

分子中处于相同化学环境的质子称为化学等价质子。一组化学等价质子对应一个吸收信号。

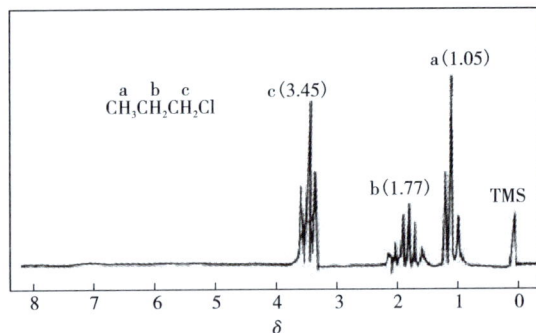

图 15-5   1-氯丙烷的 ^1H-NMR 谱图

图谱表明，化合物中有 7 个氢，由于分别处于 a、b、c 三种不同的化学环境，因此在三个不同的共振磁场下显示三组吸收峰。同种核由于分子中化学环境不同而在不同共振磁场强度下显示吸收峰，称为化学位移。

(2)**屏蔽作用**   化学位移是怎样产生的呢？因为有机化合物分子中的质子周围还有电子，这些电子在外界磁场的作用下发生循环流动，会产生一个感应磁场，假如感应磁场方向与外界磁场方向相反，质子受到的有效磁场应是外界磁场强度减去感应磁场强度，核外电子对核产生的这种作用称为屏蔽效应，也称抗磁屏蔽效应。与屏蔽少的质子相比，屏蔽多的质子将在较高的外磁场强度作用下发生共振吸收。相反，假如感应磁场与外界磁场方向相同，则质子实际上感受到的有效磁场应是外界磁场强度加上感应磁场强度。这种作用称去屏蔽效应，也称顺磁屏蔽效应，受去屏蔽效应的质子在较低的外加磁场强度作用下就能发生共振吸收。综上所述，在相同频率电磁辐射波的照射下，不同化学环境中的质子受到的屏蔽效应各不相同，因此它们发生核磁共振所需外磁场强度也各不相同，即产生化学位移。

(3)**化学位移的表示方法**   不同质子化学位移的差别只有百万分之几，要精确测定其绝对数值十分困难。现采用相对数值表示方法，即选定一标准物质以其吸收位置为零点，其他吸收的化学位移根据这些峰的吸收位置与零点的距离来确定。最常用的标准物质是四甲基硅烷(CH₃)₄Si，简称 TMS。选用 TMS 作为标准物质，是因为 TMS 的四个对称甲基上的质子都处于同一化学环境中，它们只有一个吸收峰，另外，TMS 由于硅的电负性很小，屏蔽效应很高，共振吸收在高场，且吸收峰位置在一般有机物中的质子不发生吸收的区域内。化学位移用 δ 表示。

由于感应磁场与外磁场强度成正比，所以屏蔽作用引起的化学位移也与外加磁场成正比。因此，为了避免因采用不同磁场强度的仪器而引起化学位移的变化，一般都用相对值来表示，其定义为：

$$\delta = \frac{v_{样品} - v_{TMS}}{v_0} \times 10^6$$

式中：$v_{样品}$ 和 v_{TMS}(单位均为 Hz)分别为被测样品和标准物 TMS 的共振频率，v_0 为仪器工作频率，单位是 MHz。乘以 10^6，是为了使 δ 成为量纲一的量，读作 ppm。多数有机化合物的质子信号在 0~10 处，0 是高场，10 为低场。

(4)**影响化学位移的因素**   对化学位移影响最大的是诱导效应和

各向异性效应。

1）诱导效应。化学位移 δ 的大小与电子的屏蔽效应密切相关。邻近原子或基团的电负性越大，即吸电子的诱导效应越大，则质子周围的电子密度越小，即该类质子受到的抗磁屏蔽效应越小，吸收信号移向低场，故化学位移 δ 增大。如：

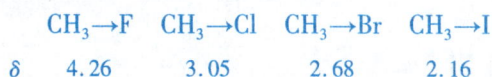

	$CH_3 \rightarrow F$	$CH_3 \rightarrow Cl$	$CH_3 \rightarrow Br$	$CH_3 \rightarrow I$
δ	4.26	3.05	2.68	2.16

由于诱导效应具有加合性，三氯甲烷、二氯甲烷和一氯甲烷的化学位移 δ 依次减小，同时诱导效应随着距离的远离而迅速减弱，导致远离诱导基团的质子在较高场出现吸收。如：

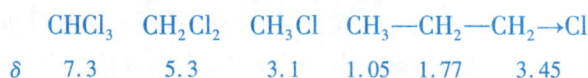

	$CHCl_3$	CH_2Cl_2	CH_3Cl	CH_3 —	CH_2 —	$CH_2 \rightarrow Cl$
δ	7.3	5.3	3.1	1.05	1.77	3.45

2）各向异性效应。分子中的质子所处的空间位置不同，同样会引起化学位移 δ 的变化，这种现象称为各向异性效应（anisotropic effect）。现以芳环、乙烯和乙炔为例分别说明之。

在外磁场 H_0 作用下，苯环上的 π 电子环流产生感应磁场。从图 15 - 6 可以看出：感应磁场方向在苯环的中心及环平面的上下方与外加磁场对抗，此区域称为屏蔽区，而苯环上的质子处于磁力线的回路中，该区域的感应磁场方向与外加磁场方向相同，称为去屏蔽区，故苯环质子的共振信号移向较低场，δ 较大（$\delta = 7.2$）。

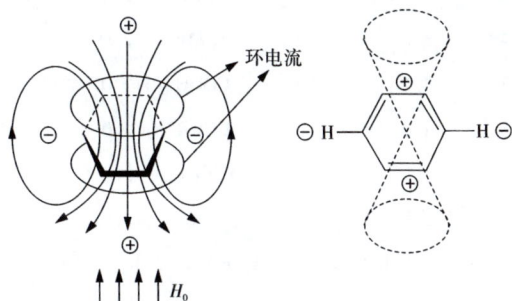

思考：

下列化合物各有几类化学位移等同的质子？

（1）$CH_3CH_2OCH_2CH_3$

（2）$(CH_3)_2CHCH_2Cl$

（3）CH_3CH_2OH

（4）CH_3CH—CH_2Cl
　　　　 |
　　　　Cl

图 15 - 6　苯环的各向异性效应

思考：

影响 ^1H - NMR 化学位移（δ）的主要因素有哪些？为什么 $\delta_{苯环氢} > \delta_{烯氢} > \delta_{炔氢}$？

与芳香环相同，碳碳双键的 π 电子分布于双键平面的上、下方，如图 15 - 7 所示，使烯氢处于去屏蔽区，共振吸收移向低场，δ 较高，故烯氢的 δ 通常为 5。

炔烃中的 C≡C 键的 π 电子云与键轴呈圆柱状对称分布，在外磁场的诱导下形成了绕键轴的环流，从而产生感应磁场，如图 15 - 8 所示。由于磁力线的闭合性，也在分子中形成了屏蔽区和去屏蔽区。炔氢正处于屏蔽区，因而炔氢在相对高场出现吸收，δ 较小，为 2.88。

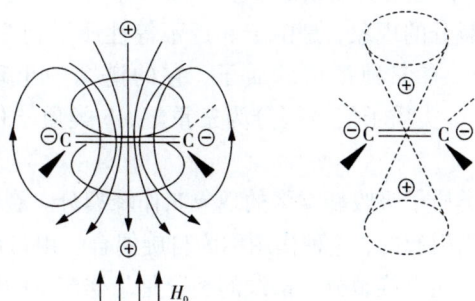

思考：

分别将下列每个化合物中的各类质子按化学位移的大小排序：

（1）CH_3CH_2CHO

（2）$(CH_3)_2CHCH_2Br$

（3）$CH_3COOCH_2CH_3$

（4）〈苯环〉—CH_2CH_3

图 15 - 7　双键的各向异性效应

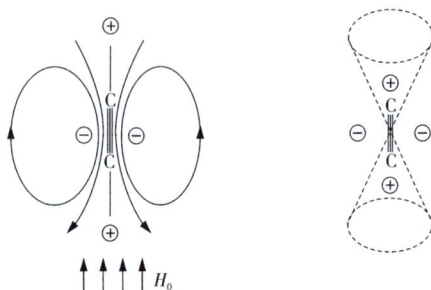

图 15 − 8　三键的各向异性效应

　　像这种分子中某些基团的电子云排布不呈球形对称时，它对邻近的氢核产生一个各向异性磁场，从而使某些空间位置上的核受屏蔽，而另一些空间位置上的核去屏蔽，这一现象称为各向异性效应。

　　除诱导效应和各向异性效应以外，氢键、溶剂效应等也对化学位移有影响。表 15 − 2 列举了常见特征质子的化学位移。

表 15 − 2　常见特征质子的化学位移(δ)

Y	CH_3—Y	R—CH_2—Y	R_2CH—Y	Y	CH_3—Y	RCH_2—Y	R_2CH—Y
R	0.9	1.3	1.5	$CR=CR_2$	1.7	1.8	2.6
Cl	3.1	3.5	4.1	C_6H_5	2.3	2.7	2.9
Br	2.7	3.4	4.1	CHO	2.2	2.2	2.4
I	2.2	3.2	4.2	COR	2.1	2.3	2.5
OH	3.4	3.5	3.9	COAr	2.6	2.7	3.5
OR	3.3	3.4	3.6	COOH	2.0	2.3	2.5
O—COR	3.8	4.0	5.0	COOR	2.0	2.2	
O—COAr	4.3	4.3	5.2	$CONH_2$	2.0		
NR_2	2.5	2.6	2.9	$C≡CR$	1.8	2.1	

R—C≡CH	2 ~ 3	$R_2C=CH_2$	4.5 ~ 6.0	$R_2C=CHR$		5.2 ~ 5.7
Ar—H	6 ~ 9	R—CH=O	9 ~ 10	—CH=C—CH_3		1.7
Ar—CH_2—	2 ~ 3	R—CO_2H	10 ~ 13	—CH=CH—OH		15 ~ 17
R—OH	1 ~ 6	ArOH	4 ~ 8	RNH_2，R_2NH		1 ~ 5

3. 峰的裂分和自旋耦合

　　根据化学位移可知，不同类型的质子就会在不同的 δ 处出现吸收峰。但观察高分辨 ^{1}H − NMR 谱发现，等性质子往往出现的不是单峰（singlet，s），而是二重峰（doublet，d）、三重峰（triplet，t）、四重峰（quaterlet，q），甚至更为复杂的多重峰（multiplet，m）等。

　　这种信号裂分的现象，是由于邻近不等性质子相互干扰造成的。例如乙醇分子，有三种类型的质子，它的谱图中出现三组峰，如图 15 − 9 所示，a 类质子信号裂分为三重峰，b 类质子信号裂分为四重峰。

　　这种同一类质子吸收峰增多的现象叫作峰裂分。裂分是邻近质子的自旋相互作用引起的，这种作用称为自旋偶合。由自旋偶合引起的谱线增多的现象叫自旋裂分。谱线的裂分是怎样产生的呢？下面以乙醇为例说明。

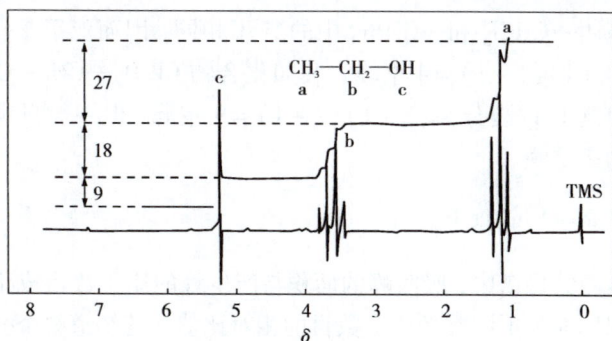

图 15 – 9　乙醇的 ^1H – NMR 图谱

在外磁场的作用下，质子是自旋的，自旋的质子会产生一个小磁矩，通过成键电子的传递，对邻近质子产生影响。图 15 – 10 所示为甲基和亚甲基的自旋组合示意图。

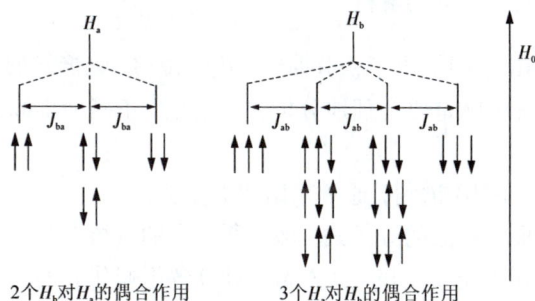

2个H_b对H_a的偶合作用　　　3个H_a对H_b的偶合作用

图 15 – 10　乙醇中甲基和亚甲基的自旋偶合示意图。

先考察 a 类质子(—CH$_3$)受邻近 b 类质子(—CH$_2$—)的干扰：邻近的 b 类两个质子(—CH$_2$—)在外磁场中能形成三种自旋取向组合，使甲基(—CH$_3$)质子分别感受到三种磁场强度：第一种组合其方向与外加磁场方向相同，相当于在 H_a 周围增加了两个小磁场，由于 H_b 的存在，H_a 感受到的磁场强度略大于外加磁场，因此，在扫描时，外加磁场强度比 H_0 略小时即发生能级跃迁。第二种组合是两个 b 类质子的自旋取向相反，对 a 类质子感受的磁场强度没有影响。第三种组合相当于增加两个方向相反、强度相等的小磁场，因此，能级跃迁要在外加磁场强度比 H_0 略大时才能发生。这样由于质子自旋取向方式的不同，构成局部磁场不同，使本来为单峰的甲基裂分为三重峰，面积比 1：2：1。同样道理，甲基(—CH$_3$)三个质子的影响使亚甲基(—CH$_2$—)分裂为四个峰，面积比为 1：3：3：1。

像乙醇这样裂分比较简单的核磁共振谱称为一级谱，其裂分情况可依下面规则计算：

1)当自旋偶合的邻近 H 原子都相同时，峰的数目等于($n+1$)，n 为邻近 H 原子数目。例如 CH$_3$CHCl$_2$ 中 CH$_3$ 的共振吸收峰的数目是 $1+1=2$，CHCl$_2$ 的共振吸收峰的数目是 $3+1=4$。化合物 (CH$_3$)$_2$CHCl 中六个甲基 H 同样只有双重峰，而 CHCl 中的 H 受六个甲基 H 的影响，裂分为 $6+1=7$ 重峰。

2)当自旋偶合的邻近 H 原子化学环境不相同时，裂分数目为 ($n+1$)($n'+1$)($n''+1$)之积。例如，化合物 Cl$_2$CHCH$_2$CHBr$_2$ 中，两

思考：

预测下列化合物中各类质子的化学位移 δ 及峰的裂分数目：

(1) CH$_3$—C(=O)—O—CH(CH$_3$)$_2$

(2) C$_6$H$_5$—C(=O)—CH$_3$

思考：

指出 C$_6$H$_5$CH$_2$CH$_2$OCOCH$_3$ 的下列 ^1H – NMR 谱图中各峰的归属。

思考：

按核磁共振原理，许多金属及金属离子也有核磁共振现象，核磁共振技术可以解决矿冶材料类学科哪些基础问题？

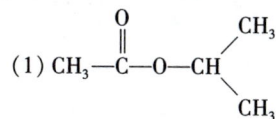

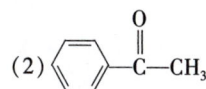

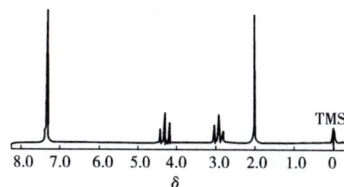

端两个基团—$CHCl_2$ 和—$CHBr_2$ 中的 H 不相同,因而亚甲基—CH_2 应裂分成 $(1+1)(1+1)=4$ 重峰。又如化合物 $ClCH_2$—CH_2—CH_2Br 中间的亚甲基 CH_2 裂分为 $(2+1)(2+1)=9$ 重峰,但一般只观察到一组复杂的多重峰。

4.峰面积与氢原子数目

在核磁共振谱中,吸收峰的面积与产生峰的质子数目成正比。因此峰面积比即为不同类型质子数目的相对比值。若知道整个分子的质子数目,就可以从峰面积的关系中算出各组质子的具体数目。

核磁共振仪用电子积分来测量峰面积,在谱图上从低场到高场用连续阶梯积分曲线表示,各个峰阶梯高度与该峰面积成正比。如图 15-9 中乙醇的 ^1H-NMR 图中,三组峰的积分曲线阶梯高度之比为 $a:b:c=27:18:9$,由分子式 C_2H_6O 可计算出各峰所代表的氢的数目。

5.核磁共振氢谱的解析

^1H-NMR 谱图提供了积分曲线、化学位移、峰形及偶合常数等信息。图谱的解析就是要合理地分析这些信息,正确地推断出化合物的结构。

解析 ^1H-NMR 谱图,通常采用如下步骤:

1)首先根据样品的分子式,确定所含有的氢核总数。

2)按积分曲线高度和氢核总数,计算各组峰代表的氢核数。

3)依据峰的化学位移 δ,识别其可能归属的氢的类型。

4)根据峰的裂分度和 J 找出相互偶合的信号,进而一一确定邻接碳原子上的氢核数和相互关联的结构片段。

5)采用加 D_2O 质子交换后吸收信号会消失来确定其中的活泼氢(—OH、—NH_2、—COOH)。应考虑氢键对质子位移的影响。

6)对于简单化合物,综合上述因素就可推断结构并对结论进行核对。对于已知物,可将样品图谱与标准图谱核对后加以确证。

例如:已知化合物 A 的分子式为 $C_8H_{10}O$,试根据其 ^1H-NMR(图 15-11)推断其结构。

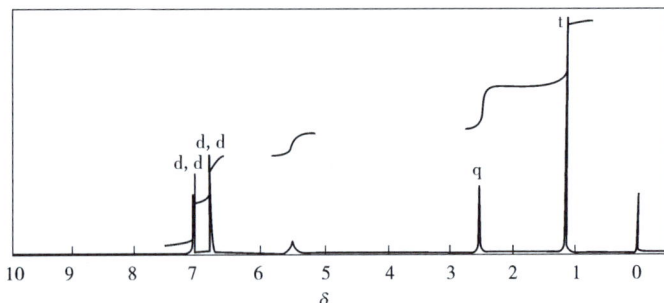

图 15-11 化合物 $C_8H_{10}O$ 的 ^1H-NMR 图谱

解:

1)在化合物 A 的 ^1H-NMR 谱中,TMS 信号除外,共有五组峰,从低场到高场积分线高度比为 $2:2:1:2:3$。由分子式共有 10 个氢可推知各组峰代表的氢核数分别为 2、2、1、2 和 3。

2)由分子式中碳与氢的比值初步推断,位移 δ 为 6.8、7.1 处应为苯环上的质子信号。从其峰型(d)可推测此苯环应是对位取代,且为

不同的基团。

3）δ 为5.5处峰型低且宽，通常为 $OH(\delta$ 为 0.5~5.5），同时在 δ 为 9~10 处无峰，可排除—CHO 的存在。若样品中加入 D_2O 后 OH 峰消失，则可确证是 OH。δ 为 2.7 处四重峰（2H）即应与—CH_3 相连；δ 为 1.2（3H）处的三重峰，提示其邻接碳上有两个氢，即片段—CH_2CH_3。

4）综合上述分析，化合物 A 的结构应为对乙基苯酚。

15.3 质谱

质谱是一种快速、简捷、精确地测定相对分子质量的方法。在质谱仪中，有机化合物分子在高能电子束的轰击下发生电离，并断裂成碎片，这些碎片有正离子、自由基离子或中性分子等。质谱学上将正离子的质量与电荷之间的比率（m/e）称作质荷比。当电荷为 1 时，m/e 就是离子的质量。不同质荷比的正离子在质谱图上都有相应的信号，信号的强度表示相应离子的相对丰度。质谱图中最大的峰称为基峰，其强度定义为100；其他峰的强度用与基峰的相对比值来表示。

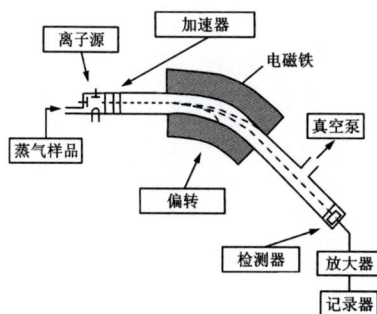

质谱仪工作原理

通常，质荷比最大的峰称作分子离子峰（用 M^+ 表示），其质荷比就是化合物的相对分子质量。显然，借助有机化合物的质谱图，可以推测其相对分子质量。必须指出，并非所有的最大的质荷比峰都是分子离子峰，有时，由于分子离子不稳定已断裂为较小的碎片，因而在质谱图中观察不到分子离子峰。这时可以通过降低电子束的轰击能量，使分子离子保持足够的稳定性。

利用质谱图不仅可以确定化合物的相对分子质量，还能推断分子式。在质谱图中，常常会出现质荷比比分子离子峰还大的信号，其丰度比较小，它们是由于同位素的存在而产生的小峰，也称为同位素峰。

例如，在苯的质谱图中，分子离子峰（m/e 78，M^+）代表 $C_6H_6^+$，质荷比比分子离子峰还大的有 m/e 79（M+1 峰）和 m/e 80（M+2 峰），它们分别代表 $C_5{}^{13}CH_6^+$ 或 $C_6H_5D^+$ 和 $C_4{}^{13}C_2H_6^+$、$C_5{}^{13}CH_5D^+$ 或 $C_6H_4D_2^+$。通常 M+1 峰和 M+2 峰与 M^+ 峰相比，这些同位素峰的强度要低得多，究竟低多少，这要取决于分子的组成元素。也就是说，不同组成元素其同位素峰的相对强度可以从相关质谱手册中查到。因此，根据这些同位素峰就可以推测出化合物的分子式。仍以苯为例，它的 M+1 和 M+2 峰的强度分别为 M^+ 峰的 6.75% 和 0.18%，从表 15-3 可查得 M 为 78 的有如下化合物。

表 15-3 碳、氢、氮和氧的各种组合的质量比和同位素丰度比—Beynon 表

M/78	M+1	M+2
CH_2O_4	1.27	0.80
CH_4NO_3	1.64	0.60
$C_2H_6O_2$	2.38	0.52
$C_4H_2N_2$	5.21	0.11
C_6H_6	6.58	0.18

显然,表中分子式为 C_6H_6 的 $M+1$ 和 $M+2$ 与推算值最接近,故而推算其分子式为 C_6H_6。

另外,利用同位素峰还可以判断氯、溴元素的存在与否以及存在的数量。由于它们的重同位素丰度特别高,$^{37}Cl/^{35}Cl = 32.5/100$,接近 1/3;$^{81}Br/^{79}Br = 98/100$ 接近 1/1。如果分子中含有一个氯或溴原子,其质谱图中的分子离子峰(M^+)附近一定会存在一个 $M^+ + 2$ 峰。而且它们的强度比分别为 1/3 和 1/1。例如,一氯乙烷的分子离子峰位 $M^+ 64$,而 $M^+ + 2$ 峰即为同位素峰,其丰度为 34%,约为 M^+ 峰的 1/3。如果事先只知道该分子的相对分子质量,依同位素峰与分子离子峰的丰度之比为 1/3,即可判断该分子含有一个氯原子(见图 15 - 12)。

在解析质谱时,氮规则对于确定分子离子峰是很有帮助的。所谓氮规则指的是如果一个化合物含有偶数个氮原子或者不含氮原子,则其分子离子的质量一定是偶数;如果分子中含有奇数个氮原子,则其分子离子的质量为奇数。例如 CH_3CH_3,m/e 30;CH_3NH_2 m/e 31;$NH_2CH_2CH_2CH_2NH_2$,m/e 74。

由图 15 - 13 可知该化合物分子离子峰为 m/e 58,因此其相对分子质量为 58。图中除分子离子峰外,还有 m/e 43、29、15 等峰。m/e 43 是由分子离子失去相对分子质量为 15 的基团(即—CH_3)而生成的;m/e 29 的峰为 M—$[C_2H_5]^+$ 离子,根据分子离子峰和其他碎片峰,即可初步判断其结构为 $CH_3CH_2CH_2CH_3$。

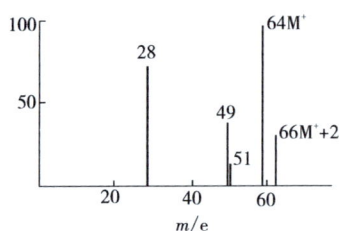

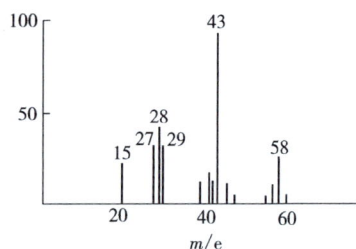

图 15 - 12　一氯乙烷的 MS 图谱　　　图 15 - 13　正丁烷的 MS 图谱

习 题

1. 下列各组化合物可用红外光谱区别之,试指出各组化合物的红外图谱特征。

(1) $CH_3CH_2CH{=}CH_2$　　　　$CH_3CH_2C{\equiv}CH$

(2) $CH_3CH_2CH_2CH_2OH$　　　$CH_3CH_2CH_2COOH$

(3) $Ph_2C{=}O$　　　Ph_3COH　　　Ph_3CCHO

2. 指出下列化合物在 $^1H - NMR$ 图谱中每组峰的化学位移的大致位置(δ)及裂分情况。

(1) CH_3CHO

(2) CH_3COOH

(3) $ClCH_2CH_2CH_2Br$

3. 根据下列化合物的分子式及 IR、^{1}H – NMR 的主要数据推测化合物的构造式。

(1) C_3H_8O, IR/cm^{-1}: 3600 ~ 3200(宽); ^{1}H – NMR: δ 1.1(二重峰, 6H), δ 3.8(多重峰, 1H), δ 4.4(单峰, 1H)。

(2) C_8H_9Br, ^{1}H – NMR: δ 2.0(二重峰, 3H), δ 5.1(四重峰, 1H), δ 7.3(多重峰, 5H)。

4. 有一无色液体化合物 C_6H_{12}, 它与溴的四氯化碳溶液反应, 溴的棕色消失。该化合物的 ^{1}H – NMR 图中, 只在 $\delta = 1.6$ 处有一单峰, 写出该化合物的构造式。

5. 化合物 A ($C_9H_{10}O$), 不起碘仿反应 (即无 CH_3CO—或 $CH_3CH(OH)$—结构特征), 其 IR 在 1690 cm^{-1} 有一强吸收。^{1}H – NMR 数据如下: δ 1.2(三重峰, 3H)、δ 3.0(四重峰, 2H)、δ 7.5(多重峰, 5H)。化合物 B 为 A 的异构体, 能起碘仿反应, 其 IR 在 1705 cm^{-1} 有强吸收。^{1}H – NMR 数据如下: δ 2.0(单峰, 3H)、δ 3.5(单峰, 2H)、δ 7.2(多重峰, 5H)。试写出 A 和 B 的结构。

6. 下列化合物的 ^{1}H – NMR 谱中只有一个单峰, 试写出它们的构造式。

(1) C_2H_6O　　　　(2) C_4H_6
(3) C_4H_8　　　　(4) C_5H_{12}
(5) C_2H_4O　　　　(6) C_8H_{18}

7. 现给出分子式为 $C_5H_{10}Br_2$ 的一些异构体的 ^{1}H – NMR 数据, 试写出相应的结构。

(1) δ 1.0(单峰, 6H)　　　δ 3.4(单峰, 4H)
(2) δ 1.0(三重峰, 6H)　　δ 2.4(四重峰, 4H)
(3) δ 1.0(单峰, 9H)　　　δ 5.3(单峰, 1H)

8. 已知某酯的分子式为 $C_{11}H_{14}O_2$, 试根据下列 ^{1}H – NMR 数据, 进行各信号的归属, 并推断其结构。

δ: 7.2(5H, s), 4.4(2H, t), 2.8(2H, t),
2.1(2H, q), 0.9(3H, t)。

9. 下图与 A、B、C 中哪个化合物的结构相符合?

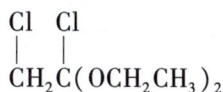

$CH_2C(OCH_2CH_3)_2$ (Cl, Cl)　　　　$Cl_2CHCH(OCH_2CH_3)_2$

A　　　　　　　　　　　B

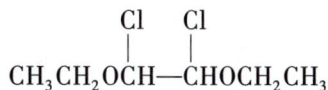

CH_3CH_2OCH—$CHOCH_2CH_3$ (Cl, Cl)

C

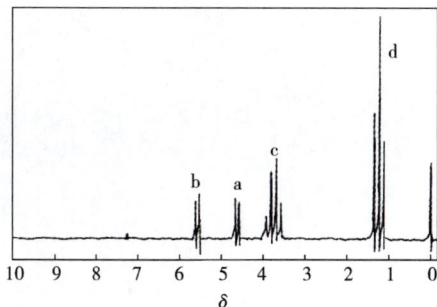

参考文献

［1］成本诚. 有机化学［M］. 长沙：中南工业大学出版社，1998.

［2］邢其毅，徐瑞秋，周政，等. 基础有机化学［M］. 2 版，北京：高等教育出版社，2000.

［3］王积涛，王永梅，张宝申，等. 有机化学［M］. 3 版，天津：南开大学出版社，2009.

［4］李艳梅，赵圣印，王兰英. 有机化学［M］. 2 版，北京：科学出版社，2014.

［5］华东理工大学有机化学教研组. 有机化学［M］. 2 版，北京：高等教育出版社，2013.

［6］R. T. 莫里森，R. N. 博伊德. 有机化学［M］. 北京：科学出版社，1980.

元素周期表

电子层：K / L K / M L K / N M L K / O N M L K / P O N M L K / Q P O N M L K

族 / 周期	元素
第1周期	1 H 氢 $1s^1$ 1.00794(7)；2 He 氦 $1s^2$ 4.002602(2)
第2周期	3 Li 锂 $2s^1$ 6.941(2)；4 Be 铍 $2s^2$ 9.012182(3)；5 B 硼 $2s^2 2p^1$ 10.811(7)；6 C 碳 $2s^2 2p^2$ 12.0107(8)；7 N 氮 $2s^2 2p^3$ 14.0067(2)；8 O 氧 $2s^2 2p^4$ 15.9994(3)；9 F 氟 $2s^2 2p^5$ 18.9984032(5)；10 Ne 氖 $2s^2 2p^6$ 20.1797(6)
第3周期	11 Na 钠 $3s^1$ 22.989770(2)；12 Mg 镁 $3s^2$ 24.3050(6)；13 Al 铝 $3s^2 3p^1$ 26.981538(2)；14 Si 硅 $3s^2 3p^2$ 28.0855(3)；15 P 磷 $3s^2 3p^3$ 30.973761(2)；16 S 硫 $3s^2 3p^4$ 32.065(5)；17 Cl 氯 $3s^2 3p^5$ 35.453(2)；18 Ar 氩 $3s^2 3p^6$ 39.948(1)
第4周期	19 K 钾 $4s^1$ 39.0983(1)；20 Ca 钙 $4s^2$ 40.078(4)；21 Sc 钪 $3d^1 4s^2$ 44.955910(8)；22 Ti 钛 $3d^2 4s^2$ 47.867(1)；23 V 钒 $3d^3 4s^2$ 50.9415；24 Cr 铬 $3d^5 4s^1$ 51.9961(6)；25 Mn 锰 $3d^5 4s^2$ 54.938049(9)；26 Fe 铁 $3d^6 4s^2$ 55.845(2)；27 Co 钴 $3d^7 4s^2$ 58.933200(9)；28 Ni 镍 $3d^8 4s^2$ 58.6934(2)；29 Cu 铜 $3d^{10} 4s^1$ 63.546(3)；30 Zn 锌 $3d^{10} 4s^2$ 65.409(4)；31 Ga 镓 $4s^2 4p^1$ 69.723(1)；32 Ge 锗 $4s^2 4p^2$ 72.64(1)；33 As 砷 $4s^2 4p^3$ 74.92160(2)；34 Se 硒 $4s^2 4p^4$ 78.96(3)；35 Br 溴 $4s^2 4p^5$ 79.904(1)；36 Kr 氪 $4s^2 4p^6$ 83.798(2)
第5周期	37 Rb 铷 $5s^1$ 85.4678(3)；38 Sr 锶 $5s^2$ 87.62(1)；39 Y 钇 $4d^1 5s^2$ 88.90585(2)；40 Zr 锆 $4d^2 5s^2$ 91.224(2)；41 Nb 铌 $4d^4 5s^1$ 92.90638(2)；42 Mo 钼 $4d^5 5s^1$ 95.94(2)；43 Tc 锝 $4d^5 5s^2$ 97.907；44 Ru 钌 $4d^7 5s^1$ 101.07(2)；45 Rh 铑 $4d^8 5s^1$ 102.90550(2)；46 Pd 钯 $4d^{10}$ 106.42(1)；47 Ag 银 $4d^{10} 5s^1$ 107.8682(2)；48 Cd 镉 $4d^{10} 5s^2$ 112.411(8)；49 In 铟 $5s^2 5p^1$ 114.818(3)；50 Sn 锡 $5s^2 5p^2$ 118.710(7)；51 Sb 锑 $5s^2 5p^3$ 121.760(1)；52 Te 碲 $5s^2 5p^4$ 127.60(3)；53 I 碘 $5s^2 5p^5$ 126.90447(3)；54 Xe 氙 $5s^2 5p^6$ 131.293(6)
第6周期	55 Cs 铯 $6s^1$ 132.90545(2)；56 Ba 钡 $6s^2$ 137.327(7)；57~71 La~Lu 镧系；72 Hf 铪 $5d^2 6s^2$ 178.49(2)；73 Ta 钽 $5d^3 6s^2$ 180.9479(1)；74 W 钨 $5d^4 6s^2$ 183.84(1)；75 Re 铼 $5d^5 6s^2$ 186.207(1)；76 Os 锇 $5d^6 6s^2$ 190.23(3)；77 Ir 铱 $5d^7 6s^2$ 192.217(3)；78 Pt 铂 $5d^9 6s^1$ 195.078(2)；79 Au 金 $5d^{10} 6s^1$ 196.96655(2)；80 Hg 汞 $5d^{10} 6s^2$ 200.59(2)；81 Tl 铊 $6s^2 6p^1$ 204.3833(2)；82 Pb 铅 $6s^2 6p^2$ 207.2(1)；83 Bi 铋 $6s^2 6p^3$ 208.98038(2)；84 Po 钋 $6s^2 6p^4$ 208.98；85 At 砹 $6s^2 6p^5$ 209.99；86 Rn 氡 $6s^2 6p^6$ 222.02
第7周期	87 Fr 钫 $7s^1$ 223.02；88 Ra 镭 $7s^2$ 226.03；89~103 Ac~Lr 锕系；104 Rf 鑪 $6d^2 7s^2$ 261.11；105 Db 𨧀 $6d^3 7s^2$ 262.11；106 Sg 𨭎 $6d^4 7s^2$ 263.12；107 Bh 𨨏 $6d^5 7s^2$ 264.12；108 Hs 𨭆 $6d^6 7s^2$ 265.13；109 Mt 鿏 $6d^7 7s^2$ 266.13；110 Ds 鐽 (269)；111 Rg 錀 (272)；112 Cn 鿔 (277)；113 Nh 鿭 (284)；114 Fl 𫓧 (289)；115 Mc 镆 (288)；116 Lv 鉝 (292)；117 Ts 鿬 ；118 Og 鿫 (294)

镧系（★）

序数	符号	名称	电子构型	相对原子质量
57	La	镧	$5d^1 6s^2$	138.9055(2)
58	Ce	铈	$4f^1 5d^1 6s^2$	140.116(1)
59	Pr	镨	$4f^3 6s^2$	140.90765(2)
60	Nd	钕	$4f^4 6s^2$	144.24(3)
61	Pm	钷	$4f^5 6s^2$	144.91
62	Sm	钐	$4f^6 6s^2$	150.36(3)
63	Eu	铕	$4f^7 6s^2$	151.964(1)
64	Gd	钆	$4f^7 5d^1 6s^2$	157.25(3)
65	Tb	铽	$4f^9 6s^2$	158.92534(2)
66	Dy	镝	$4f^{10} 6s^2$	162.500(1)
67	Ho	钬	$4f^{11} 6s^2$	164.93032(2)
68	Er	铒	$4f^{12} 6s^2$	167.259(3)
69	Tm	铥	$4f^{13} 6s^2$	168.93421(2)
70	Yb	镱	$4f^{14} 6s^2$	173.04(3)
71	Lu	镥	$4f^{14} 5d^1 6s^2$	174.967(1)

锕系（★）

序数	符号	名称	电子构型	相对原子质量
89	Ac	锕	$6d^1 7s^2$	227.03
90	Th	钍	$6d^2 7s^2$	232.0381(1)
91	Pa	镤	$5f^2 6d^1 7s^2$	231.03588(2)
92	U	铀	$5f^3 6d^1 7s^2$	238.0289(1)
93	Np	镎	$5f^4 6d^1 7s^2$	237.05
94	Pu	钚	$5f^6 7s^2$	244.06
95	Am	镅	$5f^7 7s^2$	243.06
96	Cm	锔	$5f^7 6d^1 7s^2$	247.07
97	Bk	锫	$5f^9 7s^2$	247.07
98	Cf	锎	$5f^{10} 7s^2$	251.08
99	Es	锿	$5f^{11} 7s^2$	252.08
100	Fm	镄	$5f^{12} 7s^2$	257.10
101	Md	钔	$5f^{13} 7s^2$	258.10
102	No	锘	$5f^{14} 7s^2$	259.10
103	Lr	铹	$5f^{14} 6d^1 7s^2$	260.11